本书的出版得到国家重点研发计划课题（YF2021YFB1407001）、国家自然科学基金资助项目（42204011）、山东省自然科学基金项目（ZR2021QD058、ZR2022QD108）的支持。

卫星融合多传感器导航定位技术及应用

宁一鹏　王坚　柴大帅　邢建平　著

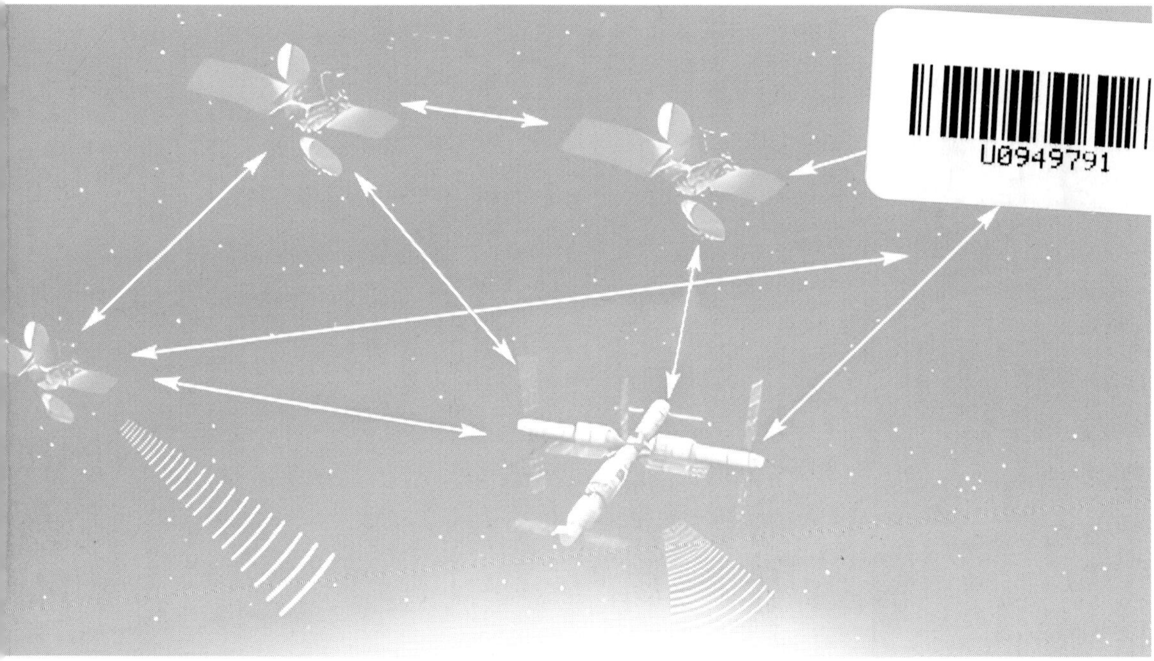

WUHAN UNIVERSITY PRESS
武汉大学出版社

图书在版编目(CIP)数据

卫星融合多传感器导航定位技术及应用 / 宁一鹏等著. -- 武汉 : 武汉大学出版社, 2025.6. -- ISBN 978-7-307-24753-6

Ⅰ. TN967.1

中国国家版本馆 CIP 数据核字第 2024ZC0820 号

责任编辑:谢文涛　　责任校对:汪欣怡　　版式设计:韩闻锦

出版发行: 武汉大学出版社　(430072　武昌　珞珈山)

(电子邮箱: cbs22@whu.edu.cn　网址: www.wdp.com.cn)

印刷:武汉中科兴业印务有限公司

开本:787×1092　1/16　印张:13　字数:297 千字　插页:1

版次:2025 年 6 月第 1 版　2025 年 6 月第 1 次印刷

ISBN 978-7-307-24753-6　定价:65.00 元

前　　言

全球导航卫星系统可在无遮蔽环境中为用户提供高精度、低频率的导航定位服务，然而在复杂环境中易受信号遮挡或干扰影响，导致定位连续性与可靠性显著下降。惯性导航系统经过初始化后，能够独立自主地提供高频率、连续的位置、速度和姿态信息。通过多源信息深度融合，能够在遮蔽或半遮蔽环境中为用户提供连续且可靠的导航解。本书重点研究 GNSS 与 INS、里程计、磁力计等多传感器组合导航体系的关键技术、模型及方法，围绕捷联惯性导航系统基本原理、高精度捷联惯导快速自对准技术、低成本航姿参考系统快速稳健融合对准、车载 GNSS/MIMU 组合定位约束模型、惯导辅助 GNSS 高精度定位技术、组合导航系统故障识别与修复等内容进行了系统的阐述，并结合作者团队研究成果介绍了关键技术的产业化应用。主要研究成果如下：

(1)惯性导航系统初始对准的精度和速度将直接影响系统后续的导航定位性能。针对静基座对准存在精度低、收敛速度慢、可观测性差等问题，建立了静基座对准模型。利用 PWCS 法对静基座的可观测性进行了分析，提出了利用转位机构增强可观测性的最优多位置对准方案。针对惯性系统大失准角故障，推导了 SINS 任意失准角误差模型，提出 SSUKF 算法处理大失准角对准的非线性方程，利用比例最小偏度动态调整 sigma 点至采样中心的距离，实现在降低计算复杂度的同时避免高阶项误差。

(2)低精度 MEMS IMU 姿态初始化需要磁力计等传感器辅助。针对融合对准中的磁力计异常问题，提出了简化的六参数校正模型。通过改进传统的 LM 算法优化了迭代策略，建立了载体系下现场快速磁力计的校正算法。在此基础上，基于相关观测抗差估计理论提出了磁力计/IMU 抗差自适应融合定姿模型，有效抑制磁力计故障引起的姿态融合异常，并实现了低精度 IMU 短时受振时的姿态稳健融合估计。

(3)针对城市环境下车载 GNSS 与 MEMS IMU 组合系统的适应性需求，建立了差分 GNSS/MIMU 组合导航系统下基于位置/速度松组合的滤波模型和地球坐标系下基于载波相位紧组合的滤波模型。为提高车载组合系统在复杂城市中的定位性能，改进了现有的零速检测方法，提出了 ZUPT/DZUTP 多状态约束的 GNSS/MIMU 组合方法，并引入了里程计约束模型来增强约束效果，从而实现了城市复杂环境下车载组合系统的连续定位能力。

(4)针对城市环境下组合系统 GNSS 观测值质量不佳导致的周跳频发和模糊度固定难题，提出了 INS 定位信息辅助的单频、多频组合法，提高了组合系统的细小周跳探测能力。设计了 INS 辅助的部分模糊度固定方法，基于“先固定宽巷模糊度，再固定基础模糊度”的分步模糊度固定策略，提出了一种基于观测值质量的逐级固定宽巷模糊度的方法，有效地提高了城市环境下单频 GNSS 模糊度固定效率。

(5)针对组合导航系统易受观测值粗差和动力学模型故障的双重影响的问题，建立了基于马氏距离的整体故障检测方法，提出了最优 RBF 神经网络训练策略以辅助组合导航故障识别，并针对不同故障来源分别采用双调节抗差因子和自适应遗忘因子进行调节，实现了复杂环境下的组合系统中两类典型故障有效识别、分离和抑制。

(6)系统性介绍了卫星惯导组合系统及其关键技术在智能车辆精准导航、工程机械监管、农业农机自动化、精准场面监视四个场景中的应用，并提供了具有代表性的解决方案。

作者

2024 年 8 月

目　　录

第1章 绪　　论

1.1 研究背景和意义

1.1.1 研究背景

20 世纪 70 年代，美国陆海空三军联合研制了新一代全球卫星定位系统(global position system，GPS)，这是目前技术最成熟，应用最广泛的卫星定位系统。GPS 能够为用户提供全天候、全天时、全方位、高精度的空间三维位置、速度和时间信息，已广泛应用于军事服务、航空航天、交通导航、测绘勘察、精密农业、气象监测和建造施工等各个领域[1-2]。随着技术的发展，GPS 在民用领域的应用规模已远超军事领域，形成了全球性的位置服务产业链。继 GPS 之后，各国相继发展自己的导航定位系统，如俄罗斯的 GLONASS、欧盟的 Galileo、中国的北斗、印度的 NavIC 卫星导航系统等，形成了多样化发展的 GNSS[3-5]。一旦全球的导航定位系统全部部署完毕，将有超过 100 颗卫星服务于高精度定位、导航、授时(PNT)应用[6]。

车载导航系统是智能交通系统(intelligent transportation system，ITS)的重要组成部分，基于 GNSS 技术的车载导航系统逐渐成为车辆出厂时的标准配置。截至 2020 年，全球车载 GNSS 定位终端或模块的出货量已达 1 亿台/套。随着智能网联汽车产业的蓬勃发展，AIS、V2X、ADS-B 等交通管理系统中跟踪功能的自动化程度越来越高，对全场景下车载导航系统的数据完整性、可靠性、连续性以及定位精度提出了更高要求。

车载 GNSS 导航定位系统存在固有局限性。开阔环境中，卫星观测条件良好，车载 GNSS 导航定位系统可以满足绝大部分定位任务。然而，在复杂城市环境中(图1-1)，该系统容易受城市峡谷、隧道、高架和密集植被等遮蔽或半遮蔽环境的影响，造成卫星信号频繁失锁，单纯依赖 GNSS 的定位无法满足当前智能网联汽车自动驾驶技术发展的刚性需求。此外，GNSS 导航定位结果的更新率偏低(普遍为 1Hz)，并且无法提供姿态信息，难以满足高动态、强遮蔽环境下的车辆导航与控制条件。

惯性导航系统(inertial navigation system，INS)由惯性测量单元(inertial measurement unit，IMU)构成，能够测量载体在惯性参考坐标系下的运动状态。完整的惯性测量单元应该包含陀螺仪和加速度计两类传感器。惯性导航系统能够提供频率更高、更全面的导航信息，是一种全封闭且独立自主的导航系统。它不但具备连续解算载体位置、速度和姿态信息的能力，而且可以在短时间维持高精度定位，目前广泛应用于车载、船载、机载导航和军事领域导航等[8]。早期的 INS 建立在稳定平台技术(stable platform techniques)之上，具有结构复杂、体积庞大、成本较高等特点。后来逐步转向成本较低、体积较小的捷联式惯性导航系统(strap-down inertial navigation system，SINS)，SINS 将惯性元件固连在载体上，其结构简单，进一步拓展了其在机器人技术、无人驾驶、矿山安全及管道勘测等领域中的应用[9-10]。随着机械制造工艺的不断增强，基于微机电系统(micro-electro-mechanical systems，MEMS)的惯性传感器得以迅速发展，它具有功耗低、体积小且制造成本低廉等许多优势，开始逐渐占据民用市场，成为智能车辆精准定位、无人机定位、无人车定位、室内导航定位、移动测量等领域的新兴解决方案[11-17]。

图 1-1　典型城市复杂导航环境

虽然惯性导航系统在定位能力的自主性、连续性、高频性和完备性等方面近乎完美地弥补了 GNSS 系统的不足，但其也具有长时间独立定位易发散、低精度器件噪声大、无法提供时间信息等缺陷[18]。通过适当滤波方法将两者的输出信息组合，可以克服各自的缺点：一方面，GNSS 能有效提高 INS 的性能和精度，实现传感器的校准；另一方面，INS 能够为提供 GNSS 高频定位、输出姿态信息和辅助 GNSS 卫星跟踪和模糊度固定能力[19-20]，当卫星失锁时，INS 能继续提供满足需求的定位信息[21-22]。GNSS/INS 组合导航技术已成为车载组合导航领域应用较为广泛、重要的定位技术[23-25]。

对于高精度的 GNSS/INS 组合导航终端，在城市环境中大多数可以提供可靠的导航信息。然而对于低成本的 GNSS/INS 组合导航系统，组合导航解的精度更依赖于 GNSS 观测值的稳定程度。一方面，高动态复杂条件下，低成本 GNSS/INS 组合导航系统的精度会降低[26]；另一方面，不可避免的观测值粗差和缓慢增长误差会导致组合系统故障[27-28]。因此，研究附加约束条件的组合定位方法，并开发有效的故障探测与隔离(Fault Detection and Isolation，FDI)技术[29]，对提高城市复杂环境中的 GNSS/INS 组合导航系统的可靠性具有重要的理论意义和应用价值。

1.1.2　研究意义

国务院 2019 年 9 月印发的《交通强国建设纲要》明确提出：“大力发展智慧交通，

推进数据资源赋能交通发展，推进北斗卫星导航系统应用。”高精度持续定位是智能网联汽车实现稳健导航定位的重要前提，也是保障智能车辆行车安全的关键技术。

随着城市化进程加快，城市峡谷、隧道、枢纽立交和密集植被等复杂遮蔽环境日益增多。虽然北斗/GNSS 卫星能在开阔环境中能提供高精度的定位信息，但其信号在复杂环境中较为脆弱，频繁失锁会导致定位信息不可靠甚至中断，给智能驾驶车辆带来安全隐患。因此，小型化、低成本的多传感器集成定位终端已成为智能车辆高精度定位的必然趋势和迫切需求。本书是在对 GNSS/INS 组合导航技术的理论模型进行研究的基础上，重点解决城市车载多传感器组合定位系统中的关键问题，包括：快速可靠初始化、低成本航姿参考系统初始化、车载动力学模型约束、惯性辅助高精度卫星观测值构建、组合系统故障探测与修复等，以实现城市环境中车辆可靠、稳健的高精度动态定位导航。主要的研究意义包括：

(1)惯性导航系统开始工作之前必须进行初始化(即对准)，然后才能进行连续积分运算获得导航解。初始对准的目的是获得 INS 的初始姿态，初始姿态的精度将直接影响 INS 后续导航定位的能力。初始对准的精度和速度是决定惯性导航系统性能的重要前提。在静基座前提下，方位平台误差角的可观测条件非常差，严重影响对准精度，甚至出现大失准角的情况。针对上述问题，建立合理的失准角模型，研究改进的静基座初始对准的方法，将有助于缩短平台误差角的收敛时间，提高初始姿态估计精度和可靠性。

(2)对于低成本车载航姿参考系统，由于低成本 MEMS 惯性元件的陀螺精度不足，无法通过地球自转速率进行航向角自对准，需要借助磁力计等外部设备完成初始化。因此，研究适合于低成本 INS 的快速对准技术，实现磁力计辅助低成本 INS 的快速稳健融合对准，是推动低成本 MEMS 惯性传感器广泛应用的有效途径。

(3)将 GNSS 与 INS 结合能优势互补，提供更为可靠的连续导航解。但城市复杂环境中，卫星信号频繁失锁会导致低成本的 GNSS/MIMU 组合导航系统累计误差增加，长时间工作易发散。因此，车辆动力学模型需约束滤波算法，以提高复杂环境下的定位可靠性，或者通过其他传感器进行融合解算，以减少信号失锁带来的导航解发散问题。

(4)周跳的准确探测与修复及模糊度的可靠固定是保证 GNSS 实现高精度定位的关键。然而在城市峡谷、隧道枢纽、高楼遮蔽等复杂环境中，伪距多路径效应显著，频繁导致卫星整周跳变或失锁，模糊度难以固定，严重影响 GNSS 定位精度。因此，研究复杂环境下的周跳准确探测和模糊度固定方法十分必要。充分利用惯导预测的位置信息可以辅助 GNSS 实现高精度定位，提高复杂环境中的导航系统适应能力。

(5)车载低精度 GNSS/INS 组合导航系统易受 GNSS 观测值故障的影响，同时因载体高动态和惯导器件零偏不稳定性的原因，还存在动力学模型异常问题。常规的 FDI 方法只能对单一故障进行处理，当系统存在多种故障时，就会出现故障隔离失效甚至滤波发散。因此，研究具有更强故障的适应能力的故障探测与识别方法和新型滤波理论，是提高组合导航鲁棒性的重要途径，也是亟须研究的热点之一。

1.2　国内外研究现状

1.2.1　卫星导航定位系统

1. 全球卫星导航系统

GPS 始于 1973 年 12 月美国国防部批准建立的“授时与测距导航系统/全球定位系统”(Navigation Satellite Timing and Ranging/Global Positioning System, NAVSTAR/GPS)，简称 GPS，整个系统由卫星星座、地面控制和监测站、用户接收设备三大部分组成。1993 年 7 月，随着在轨正常工作的 Block Ⅰ和 Block Ⅱ、Block ⅡA 型 GPS 卫星的数量达到 24 颗，GPS 初步具备运行能力。24 颗 GPS 卫星均匀分布在 6 个轨道面上，轨道倾角为 55°[31]。1997 年，美国开始发射 GPS Block ⅡR 卫星。2000 年，美国政府取消了对 GPS 卫星民用信道的选择可用性(selective availability, SA)政策，并增加了民用频率，民用 GPS 的定位精度达到平均 6.2m 的实用化水平[32]，由此掀起了 GPS 产业的应用热潮。自 2005 年开始，美国不断推进 GPS 现代化进程，扩展二代改进型 GPS 卫星的军事用途。2018 年 12 月 23 日，美国空军成功发射了第一颗性能更强的 GPS Ⅲ卫星，实现了军码和民码的彻底分离，第三代 GPS 卫星未来将提供高达 0.63m 的定位精度。截至 2023 年 8 月，GPS 的在轨工作卫星共计 31 颗，其中包括 7 颗 Block ⅡⅡ-R 卫星，7 颗 Block Ⅱ-R-M 卫星、11 颗 Block Ⅱ-F 卫星和 6 颗 GPS Ⅲ-A 卫星。

2. 北斗卫星导航系统

北斗卫星导航系统(Beidou Navigation Satellite System, BDS)是我国自主建设、符合我国国情的卫星导航系统。从 20 世纪 80 年代起，国家确立了北斗卫星导航系统“三步走”的发展战略。截至 2000 年年底，面向中国提供服务，建设完成了北斗一号系统；截至 2012 年底，建设完成了北斗二号卫星导航系统，宣布具备亚太地区服务能力[33]；2020 年 6 月 23 日，在西昌卫星发射中心用长征三号乙运载火箭，成功发射北斗系统第 55 颗导航卫星。中国按计划提前半年全面完成北斗三号全球卫星导航系统星座部署。2020 年 7 月 31 日习近平总书记宣布，北斗三号全球卫星导航系统建成并全面开通。2023 年 12 月 26 日，中国在西昌卫星发射中心发射了第 57 颗、第 58 颗北斗导航卫星，这是中国北斗三号全球卫星导航系统建成开通后发射的首组 MEO 卫星，入轨并完成在轨测试后，将接入北斗卫星导航系统。

与 GPS 系统不同的是，BDS 系统的星座类型更为丰富(图 1-2)。BDS 卫星星座由地球静止轨道卫星(GEO)、倾斜地球同步轨道卫星(IGSO)以及中圆地球轨道卫星(MEO)三种类型的卫星构成[34]。截至 2024 年 6 月，BDS 在轨正常工作卫星共计 49 颗。包括北斗二号卫星 15 颗，其中，GEO 卫星 5 颗，IGSO 卫星 7 颗，MEO 卫星 3 颗；北斗三号卫星 34 颗，其中，GEO 卫星 3 颗，IGSO 卫星 5 颗，MEO 卫星 26 颗。2035 年前，我国将以北斗卫星导航系统为核心，建设完善更加泛在、更加融合、更加智能的国家综合定位导航授时(PNT)体系[35]。表 1-1 给出了北斗卫星的信号类型、播发信号以及导航电文类型。

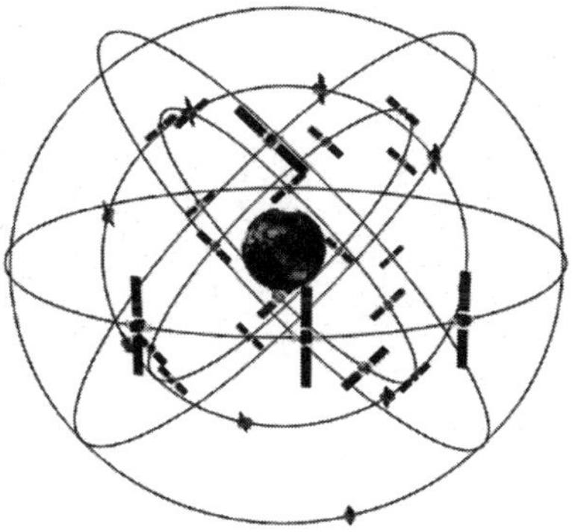

图 1-2　北斗卫星星座

表 1-1　　**卫星类型、播发信号及导航电文类型的对应关系表**

<table>
<tr><th>信号类型</th><th>信号类型</th><th>导航电文类型</th></tr>
<tr><td>B1C</td><td>B-CNAV1</td><td rowspan="3">BDS-3I
BDS-3M</td></tr>
<tr><td>B2a</td><td>B-CNAV2</td></tr>
<tr><td>B2b</td><td>B-CNAV3</td></tr>
<tr><td rowspan="6">B1I、B3I</td><td rowspan="4">D1</td><td>BDS-2I</td></tr>
<tr><td>BDS-2M</td></tr>
<tr><td>BDS-3I</td></tr>
<tr><td>BDS-3M</td></tr>
<tr><td rowspan="2">D2</td><td>BDS-2G</td></tr>
<tr><td>BDS-3G</td></tr>
</table>

图 1-3 给出了 2024 年 6 月 13 日 BDS 星下点轨迹，从图中可以看出，BDS 在亚太地区的覆盖范围更广，能够为我国军用、民用 PNT 服务提供更多的保障。

3. GLONASS 卫星导航系统

GLONASS 是由苏联开发、现为俄罗斯继承并运营的卫星导航系统，是继 GPS 后第二个具备完全运营服务能力的卫星导航定位系统。该系统由俄罗斯联邦国防部科学信息中心负责运行，旨在为海上、陆地、空间和其他各种类型用户在全球或近地空间任何地点提供全天候的三维定位、测速和授时服务。

GLONASS 的起步晚于 GPS，首颗卫星于 1982 年 10 月 12 日由苏联发射入轨。至 1995 年，系统已有 16 颗卫星在轨工作，同年通过三次成功发射将另外 9 颗卫星送入轨

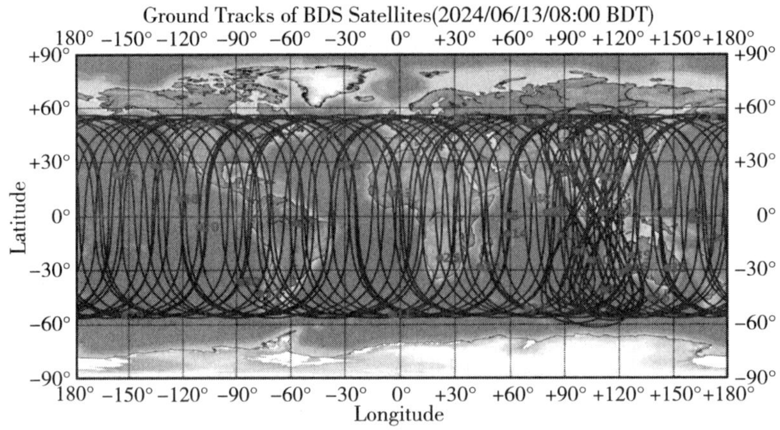

图 1-3 BDS 卫星某天内星下点轨迹

道，完成了 24 颗工作卫星加 1 颗备用卫星的布局。经过数据加载调整和检验，GLONASS 于 1996 年 1 月 18 日正式投入运行。截至 2024 年 6 月 18 日，GLONASS 在轨运行的卫星仍维持在 24 颗。

在信号接收机制方面，GPS 接收机从 GPS 卫星或大多数其他 GNSS 星座接收信号，从每颗卫星的 P 码、C/A 码或其他 PRN 码采集特定部分。例如，37 周长的 P 码的每个特定部分都分配给每颗 GPS 卫星，即 SV14 之所以如此命名是由于它广播 P 码的第 14 周。此外，每颗 GPS 卫星广播自己完全独特的 C/A 码部分。尽管接收机接收到 L1 载波 P 码和 C/A 码部分，它们的卫星或来源是唯一的，它们以相同频率（即 1575.42MHz）到达接收机。同样，L2 载波 P 码以 1227.60MHz 到达接收机。这种技术称为码分多址（Code Division Multiple Access，CDMA）。

与之不同，GLONASS 系统使用另一种策略。卫星发射的 L 波段信号，不同于 GPS，GLONASS 接收机从任何 GLONASS 卫星上采集伪码都完全相同，每颗 GLONASS 卫星都以自己特有的频率广播自己的伪码，这被称为频分多址（Frequency Division Multiple Access，FDMA）。该技术虽然确保了信号分离，即改进光谱分离系数，但需要更复杂的硬件和软件支持。

4. Galileo 卫星导航系统

伽利略卫星导航系统是由欧盟研制和建立的全球卫星导航定位系统，该计划于 1999 年 2 月由欧洲委员会正式公布，由欧洲委员会和欧空局共同负责实施。系统由 30 颗卫星组成，其中 27 颗工作星，3 颗备份星，轨道高度为 23616km，位于 3 个倾角为 56 度的轨道平面内。2023 年 1 月 27 日，由 28 颗卫星组成的伽利略全球导航卫星系统正式启用高精度定位服务（HAS），其水平和垂直导航精度分别可达到 20cm 和 40cm。这标志着欧洲的伽利略系统成为全球最精确的卫星导航服务，已经为全球超过三十亿用户提供服务。截至 2024 年 6 月，Galileo 在轨运行的卫星已达 27 颗。

伽利略卫星信号采用 4 种位于 L 波段的频率来发射(E1：1575.42MHz，E5a：1176.45MHz，E5b：1207.14MHz，E6：1278.75MHz)，系统除了具有全球导航定位功能外，还具有全球搜索救援等功能，并向用户提供公开服务、安全服务、商业服务、政府服务等不同模式的服务。其中公开服务和安全服务是供全体用户自由使用的，而其他服务模式则需经过特许，有控制地使用。伽利略系统的建立对 GNSS 的发展和完善起到了积极的推动作用。

1.2.2 惯性导航系统

惯性导航系统(INS)是 20 世纪初发展起来的导航定位系统，其理论基础是牛顿经典力学，其工作原理是根据惯导系统的初始姿态和位置信息，利用惯性器件(三轴陀螺仪和三轴加速度计)来连续估计载体位置、速度和姿态信息[36]。

1851 年，法国物理学家傅科通过“傅科摆”实验证实了地球自转现象。翌年，试制了首台陀螺仪的前身——回转仪。20 世纪初，德国科学家舒勒发现了“舒勒调谐”，如图 1-4 所示，为陀螺稳定平台和惯性系统设计奠定了理论基础，后来由斯佩里和布朗分别改进并研制出陀螺罗经。博伊科首次提出了将陀螺仪和加速度计组合成完整的惯性导航系统构想，但受制于元器件质量在当时没有实现。1944 年，惯性制导原理首次应用于德国著名的 V1 火箭，改进型 V2 火箭采用由陀螺和积分陀螺加速度计构成的惯导系统。20 世纪 50 年代，美国麻省理工学院进一步推动惯性器件制作工艺发展，发明了悬浮速率积分陀螺。50 年代初，第一套真正意义上的机载惯性导航系统成功完成穿越美国的导航实验。60 年代，挠性陀螺技术得到了长足发展，制造简单、成本低廉的动力调谐式陀螺仪惯性导航系统已广泛应用于军事领域的大型设备导航。70 年代，高精度静电陀螺的平台式惯性导航系统已开始装备于导弹发射装置。90 年代以后，激光陀螺技术和光纤陀螺技术迅猛发展，SINS 的发明推动了惯性技术史上的巨大变革。虽然激光陀螺精度很高，但价格昂贵、体积庞大的劣势也不容忽视[37]。光纤陀螺凭借重量轻、能耗低、价格适中的优势得到快速发展，精度也在不断提升，逐渐接近激光陀螺水平，如美国 Litton 和 Honeywell 公司以及法国的 IXsea 公司等生产的光纤陀螺精度已优于 0.001°/h。我国也已自主研发出性能稳定的优于 0.01°/h 的光纤惯性系统和 0.001°/h 的高精度激光惯性系统。

21 世纪，惯性技术蓬勃发展，提出了许多新概念惯性器件，如基于 MEMS 的陀螺仪、原子干涉/自旋陀螺仪、光子晶体陀螺仪、集成光学/MEMS 技术的陀螺仪和许多新类型的加速度计等。总体来看，惯性导航系统正朝着更高精度(如原子陀螺)和体积更小、造价更低的 MEMS 陀螺方向发展[38]。目前，MEMS 惯性系统凭借超高性价比已成为市场主流。

INS 的独立定位性能取决于惯性器件(陀螺仪和加速度计)固有误差的大小，主要分为零偏误差、随机游走误差和尺度因子误差等。其中，零偏误差和随机游走误差是决定性因素。依据两者的大小，可以对惯性传感器划分不同的等级(图 1-5)，表 1-2 根据惯导传感器性能对惯性传感器进行了分类[39-40]。

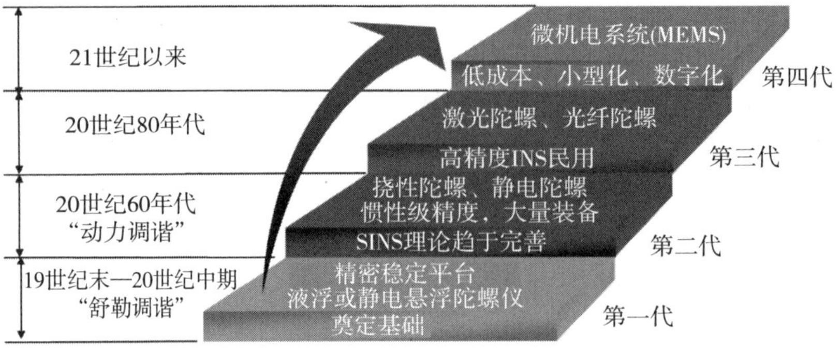

图 1-4 惯性导航发展史

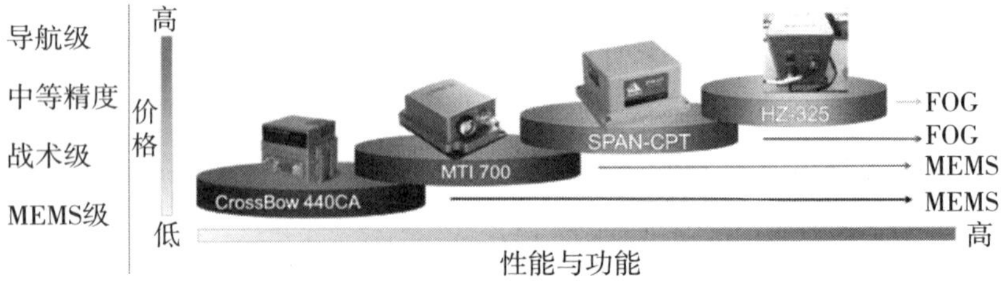

图 1-5 惯性导航系统典型分类

表 1-2 **不同等级的惯性传感器典型值**

等级	加速度计		陀螺	
	零偏 (μg)	随机游走 (μg/h/sqrt(Hz))	零偏 (°/h)	随机游走 (deg/h/sqrt(Hz))
导航级	5~10	5~10	0.002~0.01	0.002~0.005
中等精度	50~100	50	0.1~1	0.05~0.2
战术级	200~500	200~400	1~100	0.2~0.5
MEMS	>1000	—	>100	>0.5

1.2.3 初始对准技术

初始对准的目的是获得惯性导航系统的初始姿态，为后续连续积分解算提供初值[41]。20 世纪 60 年代，国内外相关工作者已开始初始对准技术相关的理论研究。在 90 年代中期前，国际研究主要集中在：初始对准误差模型建立与实现、分段定常系统的可观测性分析理论、非线性 Kalman 滤波方法最优估计理论和提高大失准角估计精度的非线性滤波方法等[42-45]。此后，部分专家还就组合导航系统的动基座对准进行了深入的理论分析[46]。

国内初始对准研究起步较晚，20 世纪 80 年代才开始了相关初始对准理论的研究。90 年代中期以后，相关研究逐渐增多，在总结前人研究的基础上，主要聚焦于以下方向：①基于新型滤波理论的初始对准技术，将 Sage-Husa 自适应滤波、无迹卡尔曼滤波，H∞ 滤波、神经网络、粒子滤波等方法应用于 INS 初始对准，有效提高初始对准的精度与可靠性[47-50]；②基于卫星/惯导组合系统的动态对准技术研究，及动基座情况下 INS 误差传播特性和快速对准方法[51-54]；③基于速度匹配、角速度匹配、四元数匹配等模式的快速传递对准方法[55-57]；④基于磁力计、里程计、星敏感器的外部传感器辅助惯导对准方法[58-60]；⑤基于增强可观测度的旋转多位置对准方法[61-62]。

可靠的最优估计算法是影响 INS 初始对准精度的关键因素之一，如采用 Kalman 滤波求解对准模型。然而，经典 Kalman 滤波是建立在线性模型基础之上的，而 INS 误差模型是非线性的。当失准角过大时，INS 误差模型非线性特征增强，难以通过近似线性化处理。扩展卡尔曼滤波是静基座对准中最常用的方法，它将非线性误差模型进行一阶泰勒展开并截断处理，但无法处理非线性较大的情况（如大失准角），且求取 Jacobian 矩阵复杂[63]。近年来，国内外专家针对对准问题提出了无迹卡尔曼滤波（Unscented Kalman Filter，UKF）、容积卡尔曼滤波（Cubature Kalman Filter，CKF）、粒子滤波（Particle Filter，PF）等非线性滤波算法[64-69]。在无迹卡尔曼滤波中，通过合理分布采样点，并利用采样点的统计状态近似状态向量后验概率密度函数的均值和协方差，能够避免因线性化引起的跟踪误差，理论上可以达到三阶精度。UKF 与 CKF 均称为 sigma 点滤波方法，采用相近的确定性采样理论和加权估计方法，二者理论上精度基本一致。PF 依据统计模拟的蒙特卡罗方法，得到大量的随机粒子逼近后验概率密度，适用于非线性非高斯噪声的模型。但 PF 由于在滤波过程中产生的粒子较多，计算量庞大，实时性较差。针对以上问题，许多学者从减少计算复杂度、抑制滤波发散和增强鲁棒性等角度出发改进了现有的非线性滤波算法[70-73]。

低精度 INS（如 MEMS 级），其陀螺无法感知地球自转，只能通过其他传感器信息辅助完成对准。随着低精度 INS 在民用领域的逐渐推广，MEMS 惯性传感器的初始对准问题也成为研究热点之一。近年来，国内外许多学者研究集中在 GNSS 辅助低精度 INS 动态对准、磁力计辅助 INS 融合对准、传递对准等技术[74-78]，其中磁力计是最主要的辅助低精度 MEMS 对准手段。然而，磁力计易受外界磁干扰影响姿态融合精度，针对这一问题，Alonso 基于磁场大小与方位无关特性，较早提出了不依赖转台或已知姿态的磁力计现场校正方法[79-80]；Gebreegziabher 讨论了磁场域的简化磁力计标定方法并取得良好效果[81]；Vasconcelos 将磁力计校正问题近似看作椭球的最大似然估计问题，并利用高斯-牛顿法进行迭代计算[82]；Wu 在前人研究的基础上，提出了最优最大似然估计算法解决非线性磁力计校正模型，提高了校正精度[83]。此外，当具备精密实验条件时，还可以旋转调制技术完成 MEMS INS 的自对准，但需高精度设备支持[84]。低精度 INS 的辅助初始对准技术促进了 MEMS IMU 在多领域的应用拓展。

1.2.4 GNSS/INS 组合导航技术

GNSS/INS 组合导航定位系统之所以能够得到国内外众多学者的广泛研究，原因在于两个系统优势互补的成功组合，任何情况下相比单系统都提高了精度和可靠性。GNSS/INS 组合导航定位系统的组合模式常见但不限于松散组合（Loosely Coupled，LC）、紧组合(Tightly Coupled, TC)和深组合(Ultra Tightly Coupled, UTC)[85-86]等三种模式，三种模式对比详见表1-3。

松组合是一种卫星辅助修正惯性误差的组合模式，其基本模式为位置/速度组合，是研究最多的一种组合方式[18,87-88]。其组合模式简单、计算量小，容易实现，且具有一定的冗余度，通过滤波中器件误差的快速估计和反馈补偿，能够显著提高卫星定位的可靠性、获得稳定的姿态信息。但是，其突出缺点是在卫星可以完成自主定位(即观测卫星大于4颗时)的前提下才能进行组合滤波，因此该组合模式无法提高卫星信号捕获能力和增强卫星定位性能。

紧组合是一种卫星/惯性相互辅助的组合模式。其基本模式为GNSS原始观测值与惯导组合，如伪距/伪距率、载波相位观测值、多普勒观测值等。其组合模式较为复杂但精度较高，具有高动态环境适应能力和鲁棒性。更适用于在城市、森林等半遮蔽环境中导航定位。当GNSS可用卫星少于4颗时，仍然可以利用卫星信号进行组合滤波[89-91]。

深组合是一种卫星跟踪信号与组合导航系统层面的组合，以提高接收机跟踪信号的信噪比，实现信号遮挡或中断后的快速捕获，属于硬件层面的组合，仍在研发阶段尚未大规模推广应用[92-93]。

从GNSS的定位技术来看，常见GNSS/INS组合导航模式又可以分为：基于伪距单点定位(standard point positioning, SPP)/INS组合技术，基于差分定位技术(differential global positioning system, DGPS)/INS组合技术以及基于精密单点定位(precise point positioning, PPP)/INS组合技术。20世纪80年代，GNSS与惯导组合技术的研究主要集中在SPP/INS组合技术研究，该方法实现起来较为简单，能大幅提高伪距单点定位结果的可靠性和抗差性。

表1-3 **GNSSS/MIMU组合模式**

	松组合 loosely coupled	紧组合 tightly coupled	深组合 ultra tightly coupled
信息融合深度	GNSS位置、速度	GNSS原始观测值	GNSS信号
接收机调整	不需要	导航解算	基带控制
实现难度	容易	较难	复杂
动态性能	一般	较好	优越
完好性	抗干扰能力差	少于4颗卫星可持续更新	好，接收机观测质量改善
优势	工程实现简单，可靠性也较好，能大幅度提高导航定位精度	具有较高的组合导航精度、动态性和抗差性，半遮蔽区优势明显	可提高GNSS跟踪信号信噪比，降低多径影响，实现信号快速重捕获
现状	后处理/实时应用	后处理/实时应用	研发试推广阶段

基于差分定位的GNSS/INS组合技术主要应用于高精度移动测图、航空摄影测量、变形监测等领域。Lapucha研究了差分模式GPS/INS系统集成技术，并应用于公路测量

系统中[94]。俄亥俄州立大学测绘中心较早研发了基于差分紧组合的机载 GPS/INS 紧组合系统，并针对硬件集成、滤波器设计和模糊度固定理论进行了相关研究工作[95]；Grejner-Brzezinska 对组合导航零速修正技术[96]以及重力模型补偿问题[97]等进行了系统讨论。Novatel 公司面向市场应用开发了广受欢迎的 SPAN 系列 GPS/INS 组合系统产品[98-99]。国内学者在该领域也取得了重要成果：孙红星利用 GPS/INS 组合实现了移动测图系统(MMS)摄影平台的定位定姿，并讨论了 GPS/INS/DR 集成技术，针对差分组合理论和滤波模型进行了深入研究[100-102]；吴富梅研究了 GNSS/INS 组合滤波模型及误差补偿方法[103]；高为广针对组合导航中的抗差自适应滤波理论进行了详细研究[104-106]；韩松来详细分析了 GPS/INS 组合系统中传感器随机误差和姿态误差补偿模型[107]；Han 针对大气约束的 GPS/BDS/INS 抗差紧组合技术进行了研究[108]；Li 讨论了多系统集成的单频 RTK 与低精度 IMU 组合模型与方法[109]。

基于精密单点定位的 GNSS/INS 组合技术相比差分组合定位技术应用更加灵活，具有不受基准站限制的优势，只用一套单天线组合导航系统就能实现遮蔽、半遮蔽区域的实时厘米级至分米级精度的动态定位。Zhang 采用标准的滤波模型实现了 PPP/INS 集成算法[110]；Roesler 将 PPP/INS 紧组合模型应用于航空测图，采用多通道数据处理策略得到厘米级定位精度[111]。Rabbou 针对 MEMS IMU 与 GPS-PPP 惯性组合系统，利用星间单差的处理方法可以获得分米级定位精度[112]。Li 等人提出了基于自适应联邦滤波的 PPP/INS 紧组合模型[113]；刘帅针对模糊度固定解的 PPP/INS 紧组合理论与方法进行了研究[114]。总体而言，GNSS PPP/INS 组合定位理论和应用研究已趋于成熟。

GNSS/INS 组合导航系统的故障诊断与检测是系统可靠导航的保障。随着组合导航技术的发展，组合系统的故障检测成为学者关注的研究热点，对系统性能评价具有重要意义。为了保证系统的可靠性，必须利用故障诊断和隔离技术(FDI)对组合系统进行实时监测。GNSS/INS 故障诊断常用的方法有统计检验法，多解分离法(Multiple Solution Separation，MSS)，最优故障检测滤波器法(Optimal Fault Detection，OPD)，自主完备性监测外推法(Autonomous Integrity Monitored Extrapolation，AIME)[115-118]。其中，对于突发故障，基于 Kalman 滤波信息的统计理论(如χ^2 检验)是导航系统故障检测的最有效方法，分为状态χ^2 检验和残差χ^2 检验[119]。两种算法的缺陷是必须已知系统精确的函数模型，然而实际中往往难以获取，这也是基于模型的故障检测算法不可避免的局限性。针对以上问题，Song 采用 T-S 的模糊故障树检测算法进行 GPS/INS 系统故障检测[120]；曹梦龙讨论了利用小波分析各传感器的状态信号进行故障识别与诊断[121]。近年来，输入延迟神经网络(IDNN)[122]、径向基函数神经网络(RBFNN)[123-124]、自适应神经模糊推理系统(ANFIS)[125]、模糊神经网络(FNN)[126]、多层感知器(MLP)[127]等人工智能算法也可用于 GNSS/INS 组合导航系统数据融合和提高滤波稳定性；高为广、谭兴龙等提出利用神经网络有效辅助检测 GPS/INS 组合导航的故障[128,129]。总之，有效的故障检测、识别与抑制的综合技术，仍是需重点研究的方向。

随着 GNSS/INS 组合技术的不断成熟和硬件设备的不断发展，该技术已在工程应用中广泛使用。基于多传感器融合的移动测量是应用比较广泛的领域。1992 年美国俄亥俄州州立大学研发的 GPSVan 系统用于商业化，是较早应用于商业领域的移动测量系统。目前，国外逐渐发展比较成熟的移动测量系统还有加拿大卡尔加里大学的VISAT系统、Applanix公司的LandMark系统以及英国3DLM公司的StreetMapper系统等[130,131]。国内在该领域的研究起步稍晚，武汉大学在李德仁院士的支持下较早地对移动测量系统展开了研究[132]。随后山东科技大学以及南京师范大学先后与武汉大学进行合作展开了移动测量系统的研究[133,134]。在数据处理方面，目前国外比较成熟的软件有Trimble的POSpac软件以及Novatel的Inertial Explorer(IE)软件[135]。目前国内还没有成熟的高精度处理软件。

1.2.5 周跳探测与修复

在GNSS多频数据周跳的预处理方面，目前已有大量的研究成果，并形成了较为全面、成熟的周跳探测体系，有效保障了GNSS观测数据的基本可用性和连续性。目前在高精度GNSS导航定位中，主要多频周跳探测方法有历元间高次差法[136,137]、伪距/载波相位组合法[137-141]、Geometry Free组合法[142,143]等。相关研究进展：李金龙分析了伪距噪声对周跳估值的影响，提出了最优伪距相位组合法的选取标准，但未考虑电离层影响，并且周跳估值取整成功率易受采样间隔和伪距质量影响[138]；姚一飞利用无几何相位组合和弱电离层伪距相位组合探测周跳，但探测的结果受伪距噪声影响较大[140]；张成军对伪距相位组合法进行了相应改进，利用电离层残差估计了模糊度残差[141]；黄令勇利用三个无几何相位组合探测周跳，通过筛选较优组合降低了无几何相位组合周跳不敏感特性并简化了搜索算法，但单凭GF组合，只能探测位置，其修复仍依靠三频伪距相位组合，修复能力同样受伪距观测值影响[142]；李林阳对比了伪距相位组合法和无几何相位组合法，指出了无几何相位周跳修复搜索算法的复杂性以及需要联合两种组合避免不敏感周跳[143]。

GNSS/INS组合系统利用惯性系统短时间能保持高精度位置信息的优势，可以修正多路径效应引起的接收机位置误差，通过反算的星地距替代包含多路径误差的伪距观测值，使周跳探测不受伪距观测值影响，能有效克服强多路径环境中定位作业难题。韩厚增给出了惯性辅助紧组合的双差周跳探测模型，虽然探测精度较高，但算法复杂，实现紧组合实时探测也有一定难度[144]。Younsil基于载波相位时间差分(TDCP)方法且顾及卫星几何构型提出了惯性辅助的方法，但仅适用于单频接收机，实际应用范围有限[145]。Lipp利用INS和GPS计算得到的多普勒观测值之间的差值判断是不是周跳发生，由于INS具备短时间内维持高精度定位能力，因此，周跳探测的精度较高[146]。Altmayer建立了INS信息估计周跳探测决策量的标准差，即使部分卫星信号被遮挡，周跳依旧可被有效探测[147]。Lee结合了INS提供的额外信息，利用INS短期内提供的高精度位置信息和累积和检验统计技术，有效侦测和识别周跳的发生[148]。Du借助INS观测信息，联合WL和EWL相位组合观测值来唯一确定L1和L2频率上的周跳，获得了有益的效果并提高了系统的导航性能[149]。

1.2.6 整周模糊度固定

组合INS原始观测数据可提高GPS-RTK数据预处理精度以及优化定位模型，集成

GPS/INS 观测数据可减少 GPS 相位整周模糊度的搜索空间[150]，同时提高实时精密定位的效率与系统求解的可靠性[151]，并优化系统的导航精度[152,153]。即使在 GPS 信号缺失情况下，通过 INS 测量仍可以满足正常定位需要的精度[154]。GNSS/INS 组合模糊度解算主要有两种模式：①滤波附加模糊度参数，存在滤波参数过多会导致系统解算效率过低的问题，且在受限环境中信号频繁失锁会引起系统性能降低；②直接采用 INS 预测信息辅助模糊度独立解算，这种方式结构简单，效率更高。相关研究进展：Skaloud 提出利用 INS 观测值来约束 GPS 模糊度固定，但并未给出严密公式[155]，同时 GPS 和 INS 观测值的权比是根据经验确定；Chen 提出了较为严密的 INS 辅助模糊度解算公式，但直接应用困难[156]；Lee 提出了采用 INS 辅助 GPS/伪卫星组合系统模糊度固定[157]。在实际模糊度解算中，往往存在由于部分观测偏差导致整体模糊度固定失败的问题。因而，在实际模糊度固定中可以采用部分模糊度固定策略[158]。Teunissen 首先提出了基于几何无关模型的部分模糊度固定策略[159]。Wang 和 Feng 依据模糊度固定成功率来选取模糊度固定子集[160]，但无法估计观测值偏差的影响。Henkel 和 Gunther 提出了部分去相关的策略来实现方差去相关与偏差放大的平衡[161]。Parkins 提出了基于 ADOP 和信噪比的部分模糊度固定策略[162]，但是解算效率较低。Li 等采用分步部分模糊度固定处理多频观测值数据[163]。总体而言，随着惯性定位技术的不断进步，基于 INS 辅助的 GNSS 高精度定位将持续受到关注。

1.3 主要研究内容

本书围绕卫星/惯导/多传感器组合定位系统在初始对准、航姿融合、组合定位约束模型、高精度观测值构建、稳健滤波等关键技术问题，展开系统性研究并提出解决方案，并进行了多次城市复杂环境车载实验。本书主要研究内容包括：

(1)针对惯性导航系统，系统性推导与重构惯性导航微分方程和力学编排的理论基础。

(2)针对组合系统的姿态初始化问题，面向两种不同精度惯性组合系统，分别研究高精度 SINS 可靠自对准和低精度融合对准的系统模型与方法。

(3)针对面向车载应用的卫星/惯导/里程计组合系统，研究组合模型的构建、车载动力学模型约束技术与里程计约束模型的构建。

(4)针对城市复杂环境 GNSS 信号频繁遮蔽导致的观测值周跳频发和模糊度难以固定问题，研究惯性辅助周跳精细探测和模糊度快速固定方法。

(5)针对复杂环境下组合系统故障频发问题，研究不同类型干扰故障的自适应识别与抑制方法。

1.4 本书组织结构

本书共分 9 章，架构和内容按如下情况进行依次编排：

第 1 章绪论：阐述研究工作的背景和意义；系统综述当前卫星导航系统和惯性导航

系统以及组合导航技术的国内外研究现状，分析研究热点和目前研究存在的不足，简要说明本书的研究内容和组织结构。

第 2 章捷联惯性导航系统基本原理：本章定义了本书所关注的研究领域常用的坐标参考系和通用的转换方法，阐述了惯性导航姿态表达方法，详细介绍了捷联惯性导航系统机械编排和更新算法，分析了惯性导航系统误差来源和建模方法，奠定了全书的理论基础。

第 3 章高精度 SINS 快速自对准技术：详细介绍了 SINS 误差模型，并建立了 SINS 静基座解析式粗对准方法和精对准的滤波模型，推导了基于欧拉平台误差角的非线性误差方程，开发了适用于大失准角的 SINS 对准模型，提出了一种单行采样简化 UKF 算法，基于 flops 定量分析了算法的复杂度，并应用于解决 SINS 大失准角故障。

第 4 章低成本航姿参考系统快速稳健融合对准：分析了航姿参考系统中磁力计误差来源，提出了简化的磁力计校正模型和算法，建立了磁力计/IMU 自适应抗差融合定姿模型，解决复杂现场 AHRS 系统的快速稳健融合定姿问题。

第 5 章车载 GNSS/INS 组合系统约束定位模型：建立了 GNSS 差分观测模型和随机模型，设计了两类 GNSS/INS 组合模型的系统方程并对两者效果进行了实测对比。构建了包含静态零速约束、动态零速约束、里程计约束的三类车载动力学约束模型并对三者进行了实测对比分析。

第 6 章惯导辅助 GNSS 高精度定位技术：构建了 INS 辅助单频、多频周跳探测技术，提出了 INS 辅助部分模糊度固定技术，并通过实测实验进行验证。

第 7 章神经网络辅助 GNSS/INS 故障识别与修复：详细讨论了复杂环境下 GNSS/INS 系统两类故障的 FDI 技术的可行性。建立了基于马氏距离决策量的导航故障检测法，提出了最优 RBF 神经网络辅助故障识别和滤波自适应调节技术，有效提高系统的导航解精度，约束卫星失锁后惯导独立定位导致的位置发散。

第 8 章典型场景应用：分析了本书相关技术的应用场景需求，介绍了来源于作者研究成果或产学研成果的应用解决方案。

第 9 章结论与展望：总结和归纳了本书所有的研究内容和研究工作，简要总结了工作中的创新点，客观指出了目前研究中的缺陷和不足，并对下一步仍需开展的工作进行了展望。

第2章　捷联惯性导航系统基本原理

惯性导航系统建立在牛顿力学基础之上，由三轴陀螺仪和三轴加速度计构成。根据两种传感器的敏感载体在惯性作用下的运动状态，实现全天候、全天时独立自主导航定位。惯性导航系统不受外界光、电、磁等信号干扰，是完全封闭自主的导航系统。目前主要分为两类，捷联式惯性导航系统(SINS)(图2-1)和平台式惯性导航系统(platform inertial navigation system，PINS)。SINS采用“数学平台”代替PINS的物理平台，系统结构设计更为简单，系统容错性和可靠性更高，但两者的数学原理是一致的。

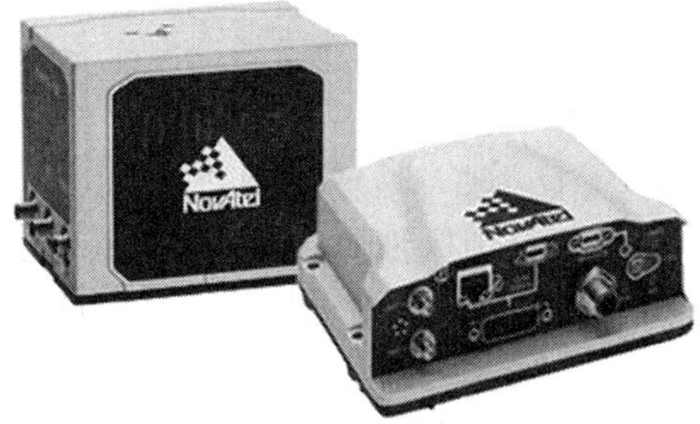

图2-1　捷联式惯性导航系统SPAN-ISA-100C

惯性传感器的测量结果描述了载体相对惯性坐标系的运动状态。惯性导航系统利用陀螺仪测得载体的姿态角变化，利用加速度计测得比力信息，然后在导航系统中进行解算。可见，惯性导航系统的计算过程涉及多个坐标系统之间的相互转换。此外，对于GNSS/INS组合导航系统，GNSS测量的是天线相位中心相对于地球坐标系的运动状态，这使得组合导航系统的坐标系统转换更为复杂。还需注意的是，忽略地球自转角速度也会对惯性传感器的测量造成测量误差。

惯性传感器在测量过程中不可避免遭受系统误差和随机误差的影响，主要来源于自身结构差异、物理因素和环境因素的多重影响。惯性传感器的标称精度通常难以准确反映各惯性单元的实际性能，因此，利用随机误差的辨识算法对未知惯性器件精确建模是有实际意义的。

本章首先详细定义了本书相关研究工作中常用坐标系定义及其之间的转换关系，基于姿态微分方程推导了SINS机械编排和更新算法，并对SINS输出误差来源进行详细分类和建模，最后给出了随机误差辨识的具体算例。

2.1　常用坐标系统及其转换关系

正确定义各个坐标系统并建立它们之间的转换关系是保证导航解算过程正确的首要前提。组合导航中常用坐标系的类型有：惯性坐标系、地球坐标系、载体坐标系、导航坐标系、计算坐标系，只要采用右手法则定义的坐标系，它们之间存在明确且通用的相互转换方法。

2.1.1　惯性坐标系

惯性坐标系(i 系)原点 O 位于地球的中心，习惯上将 Oz_i 轴选在沿地球自转方向指向协议地极，但不参与地球的自转，而 Ox_i、Oy_i 轴则位于赤道构成的平面内，Ox_i 轴指向赤道与黄道交点，三个坐标轴在惯性空间内共同构成右手坐标系。惯性器件的测量都以惯性系为参考系。

2.1.2　地球坐标系

地球坐标系(e 系)是固连于地球且不随地球转动发生变化的坐标系，但其相对 i 系以一定角速度 ω_{ie} 旋转，即地球自转角速度，$\omega_{ie} = 7.292115 \times 10^{-5}\text{rad/s}$。本书定义地球坐标系的原点 O 位于地球质心，Oz_e 轴与地球自转轴重合，Ox_e 轴指向格林尼治子午线，Oy_e 轴指向东经 90°方向，从而三个坐标轴构成右手坐标系。

2.1.3　载体坐标系

载体坐标系(b 系)是固连于载体的坐标系(比如车辆)，用来描述载体的运动情况。对于 SINS 而言，其加速度计轴向的安装应保证与运载体几何轴向一致。本书定义载体坐标系原点 O 位于载体的重心处，Ox_b 轴沿载体的纵轴方向指向前，称为横滚轴；Oy_b 轴沿载体横轴方向指向右，称为俯仰轴；Oz_b 轴沿载体竖轴方向指向下，称为偏航轴，三个轴共同构成右手坐标系。

2.1.4　导航坐标系

导航坐标系(n 系)是导航时根据导航系统工作原理的需要而选取的作为导航基准的坐标系，对车载捷联惯导系统来说，一般选取当地地理坐标系来求解导航参数。本书选取“北-东-地”(north-east-down)的坐标轴指向定义地理坐标系。原点位于惯性传感器中心，Ox_n 轴指向当地地理北方向，Oy_n 轴指向当地地理东方向，Oz_n 轴指向地向，三轴共同构成右手坐标系。

2.1.5　计算坐标系

计算坐标系(n′系)又称实际导航坐标系，它是 INS 机械编排计算得到的坐标系。计算坐标系与真实的导航坐标系之间由于器件误差、模型误差的存在，不可避免地存在坐标系偏差，他们之间的夹角即为计算失准角。

图 2-2 给出了各个坐标系之间的相互关系。

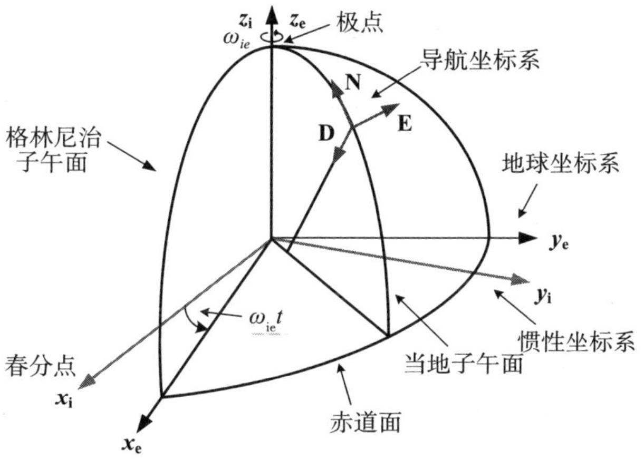

图 2-2 坐标系之间的相互关系

2.1.6 转换关系

1. 载体坐标系与导航坐标系之间的相互转换

捷联矩阵以坐标转换矩阵的形式描述了载体坐标系与导航坐标系之间的转换关系，它是惯性导航技术中最为重要的内容之一，用符号 $\boldsymbol{C}_b^n$ 表示。

$$\begin{bmatrix} x_n \\ y_n \\ z_n \end{bmatrix} = \boldsymbol{C}_b^n \begin{bmatrix} x_b \\ y_b \\ z_b \end{bmatrix} = \begin{bmatrix} c_{11} & c_{12} & c_{13} \\ c_{21} & c_{22} & c_{23} \\ c_{31} & c_{32} & c_{33} \end{bmatrix} \begin{bmatrix} x_b \\ y_b \\ z_b \end{bmatrix} \tag{2-1}$$

任何两个坐标系统通过绕三个坐标轴的连续 3 次转动，都可以实现二者的相互转换。例如，以载体坐标系与导航坐标系为例，从载体系到一个导航系的变换可以表示为：分为绕载体系的 Z 轴、Y 轴和 X 轴转动相应的角度，依次表示为 ψ、θ 和 ϕ 角，分别是载体的航向角、俯仰角与横滚角。在已知三个转动角度的前提下，载体系到导航系之间的捷联矩阵可按公式(2-2)进行计算：

$$C_b^n = \begin{bmatrix} \cos\theta\cos\psi & -\cos\phi\sin\psi + \sin\phi\sin\theta\cos\psi & \sin\phi\sin\psi + \cos\phi\sin\theta\cos\psi \\ \cos\theta\sin\psi & \cos\phi\cos\psi + \sin\phi\sin\theta\sin\psi & -\sin\phi\cos\psi + \cos\phi\sin\theta\sin\psi \\ -\sin\theta & \sin\phi\cos\theta & \cos\phi\cos\theta \end{bmatrix} \tag{2-2}$$

反之，可以用如下方法进行转换：

$$C_n^b = (C_b^n)^{\mathrm{T}} \tag{2-3}$$

捷联矩阵 C_b^n 为欧拉角 ψ，θ，ϕ 的函数，由 C_b^n 的元数可以确定 ψ，θ，ϕ：

$$
\begin{cases}
\phi = \arctan\left[\dfrac{c_{32}}{c_{33}}\right] \\
\theta = \arcsin[-c_{31}] \\
\psi = \arctan\left[\dfrac{c_{31}}{c_{11}}\right]
\end{cases}
\tag{2-4}
$$

同样地，方向余弦也可以用四元数进行表示。在本书中，为区分航向角的具体方位，定义航向角以北偏东为正值。

2. 导航坐标系与地球坐标系之间的相互转换

导航坐标系与地球坐标系之间的相互转换关系相对简单，实际上进行了两次旋转，只要知道目标的地理经纬度即可

$$
C_e^n = \begin{bmatrix} -\cos\lambda\sin L & -\sin\lambda\sin L & \cos L \\ -\sin\lambda & \cos\lambda & 0 \\ -\cos\lambda\cos L & -\sin\lambda\cos L & -\sin L \end{bmatrix}
\tag{2-5}
$$

式中，λ 和 L 分别为目标的大地经度和大地纬度。反之，为

$$
C_n^e = [C_e^n]^T = \begin{bmatrix} -\cos\lambda\sin L & -\sin\lambda & -\cos\lambda\cos L \\ -\sin\lambda\sin L & \cos\lambda & -\sin\lambda\cos L \\ \cos L & 0 & -\sin L \end{bmatrix}
\tag{2-6}
$$

3. 地球坐标系与惯性坐标系之间的相互转换

已知地球自转角速率矢量在 e 系的投影，则惯性坐标系与地球坐标系之间的转换可通过一次平面转换获得，旋转矩阵为

$$
C_i^e = \begin{bmatrix} \cos\omega_{ie}t & \sin\omega_{ie}t & 0 \\ -\sin\omega_{ie}t & \cos\omega_{ie}t & 0 \\ 0 & 0 & 1 \end{bmatrix}
\tag{2-7}
$$

式中，t 为时间。反之，为

$$
C_e^i = [C_i^e]^T = \begin{bmatrix} \cos\omega_{ie}t & -\sin\omega_{ie}t & 0 \\ \sin\omega_{ie}t & \cos\omega_{ie}t & 0 \\ 0 & 0 & 1 \end{bmatrix}
\tag{2-8}
$$

2.2　惯性导航姿态表达及微分方程

惯性导航系统机械编排过程中，姿态算法是惯性导航算法研究和设计的核心，姿态的精度直接影响整个系统的精度。因此，需要正确描述姿态之间的变换关系，常用的姿态表达算法有欧拉角法、方向余弦法和四元数法三种。

2.2.1 欧拉角法

1. 定义

欧拉转动角是由瑞士数学家 Leonard Euler 提出并命名的，它由三个用来描述定点绕刚体转动位置的独立角参量组成，也称欧拉角。对于三维空间里的某个参考坐标系，任何坐标系绕原点的运动，都可以用三个欧拉角来描述。公式(2-2)中的 ϕ，θ，ψ 即为欧拉角。

2. 欧拉角矢量变换及其微分形式

两个原点相同的坐标系之间的变换可以通过绕不同坐标轴的3个欧拉角连续转动来实现，但受矩阵乘积性质的影响，该变换矩阵与转动次序有关。以2.1节中载体坐标系到导航坐标系的变换为例：

$$
\begin{aligned}
C_{\mathrm{n}}^{\mathrm{b}} &= [\phi]_{N''}[\theta]_{E'}[\psi]_{D} \\
&= \underbrace{\begin{bmatrix} 1 & 0 & 0 \\ 0 & \cos\phi & \sin\phi \\ 0 & -\sin\phi & \cos\phi \end{bmatrix}}_{\text{Roll}} \underbrace{\begin{bmatrix} \cos\theta & 0 & -\sin\theta \\ 0 & 1 & 0 \\ \sin\theta & 0 & \cos\theta \end{bmatrix}}_{\text{Pitch}} \underbrace{\begin{bmatrix} \cos\psi & \sin\psi & 0 \\ -\sin\psi & \cos\psi & 0 \\ 0 & 0 & 1 \end{bmatrix}}_{\text{Yaw}}
\end{aligned} \tag{2-9}
$$

假设静止坐标系 a 的牵连运动角速度为 $\omega_{\mathrm{ia}}^{\mathrm{a}}$，动坐标系 b 的绝对运动角速度为 $\omega_{\mathrm{ib}}^{\mathrm{b}}$，则欧拉角运动微分方程为

$$
\begin{bmatrix} \dot{\phi} \\ \dot{\theta} \\ \dot{\psi} \end{bmatrix} = -\begin{bmatrix} \cos\psi\cos\theta & \sin\psi\cos\theta & 0 \\ -\sin\psi & \cos\psi & 0 \\ \cos\psi\tan\theta & \sin\psi\tan\theta & 1 \end{bmatrix} \omega_{\mathrm{ia}}^{\mathrm{a}} + \begin{bmatrix} 1 & \tan\theta\sin\phi & \tan\theta\cos\phi \\ 0 & \cos\phi & -\sin\phi \\ 0 & \sec\theta\sin\phi & \sec\theta\cos\phi \end{bmatrix} \omega_{\mathrm{ib}}^{\mathrm{b}} \tag{2-10}
$$

公式(2-10)为一组非线性方程，在已知欧拉角初值 $\phi(0)$，$\theta(0)$，$\psi(0)$ 的条件下，可采用龙格-库塔数值解法实时解算出唯一的欧拉角 $\phi(t)$，$\theta(t)$，$\psi(t)$。

2.2.2 方向余旋法

设 $C_{\mathrm{a}}^{\mathrm{b}}$ 为参考坐标系 a 到动坐标系 b 的方向余弦，则 $C_{\mathrm{a}}^{\mathrm{b}}$ 可表示为

$$
C_{\mathrm{a}}^{\mathrm{b}} = \begin{bmatrix} c_{11} & c_{12} & c_{13} \\ c_{21} & c_{22} & c_{23} \\ c_{31} & c_{32} & c_{33} \end{bmatrix} \tag{2-11}
$$

式中，第 i 行 j 列为坐标系 a 的 i 轴与坐标系 b 的 j 轴夹角的余弦。若矢量 $\boldsymbol{r}$ 在两个坐标系中分别表示为 $\boldsymbol{r}^{\mathrm{a}}$ 与 $\boldsymbol{r}^{\mathrm{b}}$，则

$$
\begin{aligned}
\boldsymbol{r}^{\mathrm{b}} &= C_{\mathrm{a}}^{\mathrm{b}}\boldsymbol{r}^{\mathrm{a}} \\
\boldsymbol{r}^{\mathrm{a}} &= [C_{\mathrm{a}}^{\mathrm{b}}]^{\mathrm{T}}\boldsymbol{r}^{\mathrm{b}} = C_{\mathrm{b}}^{\mathrm{a}}\boldsymbol{r}^{\mathrm{b}}
\end{aligned} \tag{2-12}
$$

方向余弦微分方程如下：

$$\dot{C}_{\mathrm{b}}^{\mathrm{a}} = C_{\mathrm{b}}^{\mathrm{a}}[\omega_{\mathrm{ab}}^{\mathrm{b}} \times] \tag{2-13}$$

式中，$\omega_{\mathrm{ab}}^{\mathrm{b}} = -C_{\mathrm{a}}^{\mathrm{b}}\omega_{\mathrm{ia}}^{\mathrm{a}} + \omega_{\mathrm{ib}}^{\mathrm{b}}$。

假设 t_{k-1}，t_k 时刻坐标系 a 到坐标系 b 的方向余弦矩阵分别为 $C_{\mathrm{a}}^{\mathrm{b}}(t_{k-1})$，$C_{\mathrm{a}}^{\mathrm{b}}(t_k)$，且时间区间 $[t_{k-1}, t_k)$ 内动坐标系相对参考坐标系角速度为 $\omega_{\mathrm{ab}}^{\mathrm{b}}$，旋转矢量为 μ，则

$$C_{\mathrm{a}}^{\mathrm{b}}(t_k) = C_{\mathrm{a}}^{\mathrm{b}}(t_{k-1})\left[I + \frac{\sin\varphi}{\varphi}[\mu \times] + \frac{1-\cos\varphi}{\varphi^2}[\mu \times]^2\right] \tag{2-14}$$

式中，$[\mu \times] = \int_{t_{k-1}}^{t_k} [\omega_{\mathrm{ab}}^{\mathrm{b}} \times]\mathrm{d}\tau$，$\varphi_j = \int_{t_{k-1}}^{t_k} [\omega_{\mathrm{ab}}^{\mathrm{b}}]_j\mathrm{d}\tau$，$j = x, y, z$，$[\mu \times]^2 = \mu\mu^{\mathrm{T}} - \varphi^2 I$。

2.2.3 四元数法

1. 概述

四元数(quaternion)是由数学家哈密顿(W. R. Hamilton)首次提出的，它是用于描述刚体转动或姿态变换的一组数。刚体由坐标系 a 旋转到坐标系 b 可以通过参考坐标系内的旋转角 ξ 的单次旋转实现，设 $\mu = [\mu_x, \mu_y, \mu_z]$ 为旋转矢量 $\boldsymbol{\xi}$ 的三个方向的分量，则四元数定义为

$$\boldsymbol{q} = \begin{bmatrix} a \\ b \\ c \\ d \end{bmatrix} = \begin{bmatrix} \cos(\xi/2) \\ (\mu_x/\mu)\sin(\xi/2) \\ (\mu_y/\mu)\sin(\xi/2) \\ (\mu_z/\mu)\sin(\xi/2) \end{bmatrix} \tag{2-15}$$

四元数用广义复数可表示为

$$\boldsymbol{q} = a + \boldsymbol{i}b + \boldsymbol{j}c + \boldsymbol{k}d \tag{2-16}$$

对应的复数共轭为

$$\boldsymbol{q}^* = a - \boldsymbol{i}b - \boldsymbol{j}c - \boldsymbol{k}d \tag{2-17}$$

2. 四元数矢量变换

若矢量 $\boldsymbol{r}$ 在两个坐标系中分别表示为 $\boldsymbol{r}^{\mathrm{a}}$ 与 $\boldsymbol{r}^{\mathrm{b}}$，用四元数定义表示为

$$\begin{aligned} \boldsymbol{r}^{\mathrm{a}} &= 0 + \boldsymbol{i}r_x^{\mathrm{a}} + \boldsymbol{j}r_y^{\mathrm{a}} + \boldsymbol{k}r_z^{\mathrm{a}} \\ \boldsymbol{r}^{\mathrm{b}} &= 0 + \boldsymbol{i}r_x^{\mathrm{b}} + \boldsymbol{j}r_y^{\mathrm{b}} + \boldsymbol{k}r_z^{\mathrm{b}} \end{aligned} \tag{2-18}$$

采用四元数运算矢量时，有

$$\begin{aligned} \boldsymbol{r}^{\mathrm{b}} &= \boldsymbol{q}_{\mathrm{a}}^{\mathrm{b}}\boldsymbol{r}^{\mathrm{a}}\boldsymbol{q}_{\mathrm{a}}^{\mathrm{b}*} \\ \boldsymbol{r}^{\mathrm{a}} &= \boldsymbol{q}_{\mathrm{a}}^{\mathrm{b}*}\boldsymbol{r}^{\mathrm{b}}\boldsymbol{q}_{\mathrm{a}}^{\mathrm{b}} = \boldsymbol{q}_{\mathrm{b}}^{\mathrm{a}}\boldsymbol{r}^{\mathrm{b}}\boldsymbol{q}_{\mathrm{b}}^{\mathrm{a}*} \end{aligned} \tag{2-19}$$

3. 四元数微分方程

四元数微分方程如下：

$$\dot{\boldsymbol{q}} = \frac{1}{2}[\boldsymbol{\omega}_{\mathrm{ab}}^{\mathrm{b}} \times]\boldsymbol{q} \tag{2-20}$$

假设 t_{k-1}，t_k 时刻坐标系 a 到坐标系 b 的方向余弦矩阵分别为 $\boldsymbol{q}(t_{k-1})$，$\boldsymbol{q}(t_k)$，且时间区间 $[t_{k-1}, t_k]$ 内动坐标系相对参考坐标系角速度为 $\boldsymbol{\omega}_{\mathrm{ab}}^{\mathrm{b}}$，旋转矢量为 $\boldsymbol{\mu}$，则

$$\boldsymbol{q}(t_k) = \begin{bmatrix} \cos\dfrac{\varphi}{2} \\ \dfrac{[\boldsymbol{\mu}\times]}{\varphi}\cdot\sin\dfrac{\varphi}{2} \end{bmatrix}\boldsymbol{q}(t_{k-1}) \tag{2-21}$$

式中，$[\boldsymbol{\mu}\times] = \int_{t_{k-1}}^{t_k}[\boldsymbol{\omega}_{\mathrm{ab}}^{\mathrm{b}}\times]\mathrm{d}\tau$；$\varphi_j = \int_{t_{k-1}}^{t_k}[\boldsymbol{\omega}_{ab}^{b}]_j\mathrm{d}\tau$，$j = x,\ y,\ z$，$\varphi = (\varphi_x^2 + \varphi_y^2 + \varphi_z^2)^{1/2}$。

由于四元数能减小舍入误差，而且计算量小，有利于提高姿态更新的数值稳定性。因此在计算坐标系之间的旋转矩阵时，四元数已经替代了传统的方向余弦方法，所以本章在接下来的机械编排算法中只阐述利用四元数进行姿态更新的方法。

2.3　SINS 机械编排

捷联 INS 的机械编排是为了将载体系惯导系统原始输出结果转换为导航结果，具体包括位置更新方程、速度更新方程和姿态更新方程。惯导系统的机械编排是从载体系到导航系统的连续的更新过程，需要提供起始的导航参数(位置、速度、姿态)。对于一般情况下的高精度 INS，其初始位置、速度可事先给出或通过其他传感器(如 GNSS)获得，其初始姿态可通过初始对准技术(将在第三章进行介绍)获得。捷联 INS 导航系统内的机械编排如图 2-3 所示。

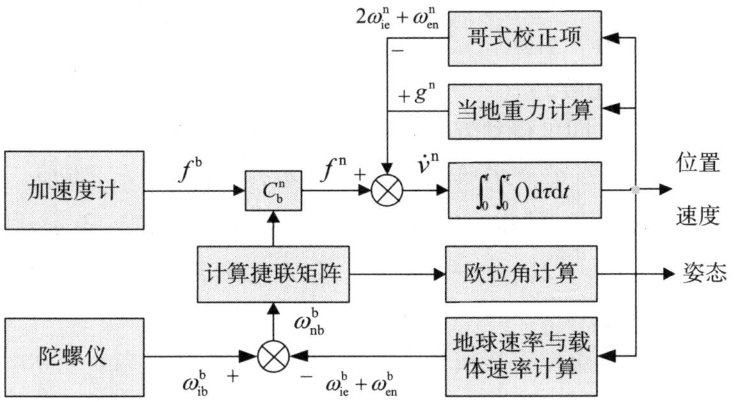

图 2-3　导航坐标系机械编排

2.3.1　姿态更新微分方程

选“北-东-地(N-E-D)”地理坐标系作为捷联惯导系统的导航参考坐标系，则以 n-系

作为参考系的姿态微分方程为

$$\dot{\boldsymbol{C}}_{\mathrm{n}}^{\mathrm{b}} = \boldsymbol{C}_{\mathrm{b}}^{\mathrm{n}}(\boldsymbol{\omega}_{\mathrm{nb}}^{\mathrm{b}} \times) \tag{2-22}$$

式中，$\boldsymbol{\omega}_{\mathrm{nb}}^{\mathrm{b}}\times$ 为导航坐标系相对载体坐标系旋转角速率的反对称矩阵。由于陀螺输出的是载体系相对于惯性系的角速度 $\boldsymbol{\omega}_{\mathrm{ib}}^{\mathrm{b}}$，而角速度信息 $\boldsymbol{\omega}_{\mathrm{nb}}^{\mathrm{b}}$不能直接测量获得，须对微分方程(2-21)作如下变换：

$$\dot{\boldsymbol{C}}_{\mathrm{b}}^{\mathrm{n}} = \boldsymbol{C}_{\mathrm{b}}^{\mathrm{n}}(\boldsymbol{\omega}_{\mathrm{nb}}^{\mathrm{b}} \times) = \boldsymbol{C}_{\mathrm{b}}^{\mathrm{n}}[(\boldsymbol{\omega}_{\mathrm{ib}}^{\mathrm{b}} - \boldsymbol{\omega}_{\mathrm{in}}^{\mathrm{b}}) \times] = \boldsymbol{C}_{\mathrm{b}}^{\mathrm{n}}(\boldsymbol{\omega}_{\mathrm{ib}}^{\mathrm{b}} \times) - (\boldsymbol{\omega}_{\mathrm{in}}^{\mathrm{n}} \times)\boldsymbol{C}_{\mathrm{b}}^{\mathrm{n}} \tag{2-23}$$

式中，$\boldsymbol{\omega}_{\mathrm{in}}^{\mathrm{n}}$表示导航系相对于惯性系的旋转，它包含两部分：地球自转引起的导航系旋转，以及系统在地球表面附近移动因地球表面弯曲引起的导航系旋转，即有 $\boldsymbol{\omega}_{\mathrm{in}}^{\mathrm{n}}=\boldsymbol{\omega}_{\mathrm{ie}}^{\mathrm{n}}+\boldsymbol{\omega}_{\mathrm{en}}^{\mathrm{n}}$。

定义在 b 系和 n 系内的两个矢量分别为 $\boldsymbol{V}_{\mathrm{b}}$ 和 $\boldsymbol{V}_{\mathrm{n}}$，其四元数形式可以描述为

$$\boldsymbol{q}_{V_{\mathrm{b}}} = \begin{bmatrix} 0 \\ \boldsymbol{V}_{\mathrm{b}} \end{bmatrix} \tag{2-24}$$

$$\boldsymbol{q}_{V_{\mathrm{n}}} = \begin{bmatrix} 0 \\ \boldsymbol{V}_{\mathrm{n}} \end{bmatrix} \tag{2-25}$$

根据四元数矢量运算法则，$\boldsymbol{V}_{\mathrm{b}}$ 从 b 系到 n 系的旋转可以表示为

$$\begin{aligned}
\boldsymbol{q}_{V_{\mathrm{n}}} &= \boldsymbol{q} \cdot \boldsymbol{q}_{V_{\mathrm{b}}} \cdot \boldsymbol{q}^{*} \\
&= \begin{bmatrix} q_1 & -q_2 & -q_3 & -q_4 \\ q_2 & q_1 & -q_4 & q_3 \\ q_3 & q_4 & q_1 & -q_2 \\ q_4 & -q_3 & q_2 & q_1 \end{bmatrix} \begin{bmatrix} q_1 & q_2 & q_3 & q_4 \\ -q_2 & q_1 & -q_4 & q_3 \\ -q_3 & q_4 & q_1 & -q_2 \\ -q_4 & -q_3 & q_2 & q_1 \end{bmatrix} \begin{bmatrix} 0 \\ \boldsymbol{V}_b \end{bmatrix} \\
&= \begin{bmatrix} 1 & 0 & 0 & 0 \\ 0 & q_1^2+q_2^2-q_3^2-q_4^2 & 2(q_2q_3-q_1q_4) & 2(q_2q_4+q_1q_3) \\ 0 & 2(q_2q_3+q_1q_4) & q_1^2-q_2^2+q_3^2-q_4^2 & 2(q_3q_4-q_1q_4) \\ 0 & 2(q_2q_4-q_1q_3) & 2(q_3q_4+q_1q_4) & q_1^2-q_2^2-q_3^2+q_4^2 \end{bmatrix} \begin{bmatrix} 0 \\ \boldsymbol{V}_b \end{bmatrix}
\end{aligned} \tag{2-26}$$

式中，$\boldsymbol{q}^{*}$ 为 $\boldsymbol{q}$ 的共轭四元数。

比较式中的各元素，即可得到方向余弦与四元数的关系。

$$\boldsymbol{C}_{\mathrm{b}}^{\mathrm{n}} = \begin{bmatrix} c_{11} & c_{12} & c_{13} \\ c_{21} & c_{22} & c_{23} \\ c_{31} & c_{32} & c_{33} \end{bmatrix} = \begin{bmatrix} q_1^2+q_2^2-q_3^2-q_4^2 & 2(q_2q_3-q_1q_4) & 2(q_2q_4+q_1q_3) \\ 2(q_2q_3+q_1q_4) & q_1^2-q_2^2+q_3^2-q_4^2 & 2(q_3q_4-q_1q_4) \\ 2(q_2q_4-q_1q_3) & 2(q_3q_4+q_1q_4) & q_1^2-q_2^2-q_3^2+q_4^2 \end{bmatrix} \tag{2-27}$$

在得到方向余弦后，可以直接按如下方式推导出欧拉角，当 $\theta \neq 90°$ 时，欧拉角为

$$\begin{bmatrix} \phi \\ \theta \\ \psi \end{bmatrix} = \begin{bmatrix} \arctan \dfrac{c_{32}}{c_{33}} \\ \arcsin(-c_{31}) \\ \arctan \dfrac{c_{21}}{c_{11}} \end{bmatrix} \tag{2-28}$$

因此，基于四元数的姿态更新微分方程可以表示为

$$\dot{\boldsymbol{q}}_{\mathrm{b}}^{\mathrm{n}} = \frac{1}{2}\boldsymbol{q}_{\mathrm{b}}^{\mathrm{n}}\boldsymbol{\omega}_{\mathrm{nb}}^{\mathrm{b}} \tag{2-29}$$

用矩阵形式可以表示成：

$$\dot{\boldsymbol{q}}_{\mathrm{b}}^{\mathrm{n}} = \frac{1}{2}\boldsymbol{W}\boldsymbol{q}_{\mathrm{b}}^{\mathrm{n}} \tag{2-30}$$

式中：

$$\boldsymbol{W} = \begin{bmatrix} 0 & -\omega_x & -\omega_y & -\omega_z \\ \omega_x & 0 & \omega_z & -\omega_y \\ \omega_y & -\omega_z & 0 & \omega_x \\ \omega_z & \omega_y & -\omega_x & 0 \end{bmatrix} \tag{2-31}$$

ω_x、ω_y 和 ω_z 是 $\omega_{\mathrm{nb}}^{\mathrm{b}}$ 的分量。

2.3.2 速度更新微分方程

当地地理坐标系中，地球表面工作的导航系统的速度微分方程可表示成如下形式：

$$\dot{\boldsymbol{v}}^{\mathrm{n}} = \boldsymbol{f}^{\mathrm{n}} - (2\boldsymbol{\omega}_{\mathrm{ie}}^{\mathrm{n}} + \boldsymbol{\omega}_{\mathrm{en}}^{\mathrm{n}}) \times \boldsymbol{v}^{\mathrm{n}} + \boldsymbol{g}_l^{\mathrm{n}} \tag{2-32}$$

式中，$\boldsymbol{v}^{\mathrm{n}}$ 表示载体在地理坐标系中相对于地球的速度值；$\boldsymbol{f}^{\mathrm{n}}$ 是地理坐标系中加速度计测量的比力矢量；$\boldsymbol{\omega}_{\mathrm{ie}}^{\mathrm{n}}$表示导航坐标系中地球的自转角速度；$\boldsymbol{\omega}_{\mathrm{en}}^{\mathrm{n}}$表示导航坐标系中的载体相对于地球坐标系的转动角速度，即转移速率；$\boldsymbol{g}_l^{n}$ 为当地重力矢量；公式右边第二项为哥氏校正项。$\boldsymbol{v}^{\mathrm{n}}$、$\boldsymbol{f}^{\mathrm{n}}$、$\boldsymbol{\omega}_{\mathrm{ie}}^{\mathrm{n}}$的具体形式为

$$\boldsymbol{v}^{\mathrm{n}} = [v_N \quad v_E \quad v_D]^{\mathrm{T}} \tag{2-33}$$

$$\boldsymbol{f}^{\mathrm{n}} = [f_N \quad f_E \quad f_D]^{\mathrm{T}} \tag{2-34}$$

$$\boldsymbol{\omega}_{\mathrm{ie}}^{\mathrm{n}} = [\omega_{\mathrm{ie}}\cos L \quad 0 \quad -\omega_{\mathrm{ie}}\sin L] \tag{2-35}$$

转移速率 $\boldsymbol{\omega}_{\mathrm{en}}^{\mathrm{n}}$可以用经度 λ 和纬度 L 的变化率表示如下：

$$\boldsymbol{\omega}_{\mathrm{en}}^{\mathrm{n}} = [\dot{\lambda}\cos L \quad -\dot{L} \quad -\dot{\lambda}\sin L]^{\mathrm{T}} \tag{2-36}$$

使 $\dot{\lambda} = v_E/(R_0 + h)\cos L$，$\dot{L} = v_N/(R_0 + h)$，得

$$\boldsymbol{\omega}_{\mathrm{en}}^{\mathrm{n}} = \begin{bmatrix} \dfrac{v_E^{\mathrm{n}}}{R_N + h} & -\dfrac{v_N^{\mathrm{n}}}{R_M + h} & -\dfrac{v_E^{\mathrm{n}}\tan L}{R_N + h} \end{bmatrix} \tag{2-37}$$

式中，R_M 为子午圈曲率半径；R_N 为卯酉圈曲率半径；h 为载体距离椭球面的高度。当地重力矢量 $\boldsymbol{g}_l^{\mathrm{n}}$ 由地球的质量引力($\boldsymbol{g}$)和地球转动产生的向心加速度 ($\boldsymbol{\omega}_{\mathrm{ie}} \times \boldsymbol{\omega}_{\mathrm{ie}} \times R$) 组成。因此，可以写成：

$$\boldsymbol{g}_l^{\mathrm{n}} = \boldsymbol{g} - \boldsymbol{\omega}_{\mathrm{ie}} \times \boldsymbol{\omega}_{\mathrm{ie}} \times R = \boldsymbol{g} - \frac{\omega_{\mathrm{ie}}^2(R_0 + h)}{2}\begin{pmatrix} \sin 2L \\ 0 \\ 1 + \cos 2L \end{pmatrix} \tag{2-38}$$

速度更新微分方程中，比力加速度在导航坐标系下的更新受载体姿态影响，所以应采用高频率方式进行更新以适应载体高动态情况。其他诸如哥氏校正项矢量以及重力矢

量，短时间内变化不大，可以采用低频率的更新方式。

2.3.3 位置更新微分方程

纬度、经度和距地球表面的高度由下列公式给出：

$$\dot{L}=\frac{v_N^{\mathrm{n}}}{R_M+h} \tag{2-39}$$

$$\dot{\lambda}=\frac{v_E^{\mathrm{n}}}{R_N+h}\sec L \tag{2-40}$$

$$\dot{h}=-v_D^{\mathrm{n}} \tag{2-41}$$

在位置更新微分方程中，假设地球重力场不随导航坐标系统在地球上所处位置或距地面的高度变化而变化。考虑到不同场景的导航精度需求，位置更新方法也可以采用不同的方法。对于小范围内的载体低动态场景，可采用矩形积分或梯形积分法；而对于高精度机载、车载等场景，可以采用适合高动态的更高阶的积分方案，如辛普森法。

2.4 SINS 更新算法

2.4.1 姿态更新算法

按照四元数运算法则，可以得到基于四元数法的姿态更新方程为

$$\boldsymbol{q}_{\mathrm{b}(k+1)}^{\mathrm{n}}=\boldsymbol{q}_{\mathrm{b}(k)}^{\mathrm{n}}\boldsymbol{q}_{\mathrm{b}(k+1)}^{\mathrm{b}(k)} \tag{2-42}$$

式中，$\boldsymbol{q}_{\mathrm{b}(k+1)}^{\mathrm{b}(k)}$ 是载体坐标系从 t_k 时刻到 t_{k+1} 的四元数变换量；$\boldsymbol{q}_{\mathrm{b}(k)}^{\mathrm{n}}$ 表示 t_k 时刻的姿态四元数；$\boldsymbol{q}_{\mathrm{b}(k+1)}^{\mathrm{n}}$ 表示 t_{k+1} 时刻的姿态四元数。旋转矢量 $\boldsymbol{\mu}$ 可以表示为

$$\boldsymbol{\mu}=\int_{t_k}^{t_{k+1}}\boldsymbol{\omega}_{\mathrm{nb}}^{\mathrm{b}}\mathrm{d}t \tag{2-43}$$

推导式(2-42)可以得出：

$$\boldsymbol{q}_{\mathrm{b}(k)}^{\mathrm{b}(k-1)}=\begin{bmatrix}\cos\dfrac{\varphi}{2}\\ \dfrac{[\varphi\times]}{\varphi}\cdot\sin\dfrac{\varphi}{2}\end{bmatrix}=\begin{bmatrix}\cos\dfrac{\varphi}{2}\\ \dfrac{[\varphi\times]}{2}\cdot\dfrac{\sin\dfrac{\varphi}{2}}{\dfrac{\varphi}{2}}\end{bmatrix} \tag{2-44}$$

在实际导航应用中，为了增强高采样率情况下的导航实时性并提高计算效率，将四元数中的三角函数进行泰勒级数展开，然后舍弃高阶项进行近似处理：

$$\begin{aligned}&\cos\frac{\varphi}{2}=1-\frac{(\varphi/2)^2}{2!}+\frac{(\varphi/2)^4}{4!}-\cdots\\&\frac{\sin\dfrac{\varphi}{2}}{\dfrac{\varphi}{2}}=1-\frac{(\varphi/2)^2}{3!}+\frac{(\varphi/2)^4}{5!}-\cdots\end{aligned} \tag{2-45}$$

2.4.2 速度更新算法

通过对速度微分方程(2-32)的离散化积分，可以得到速度更新方程：

$$\boldsymbol{v}_k^{\mathrm{n}} = \boldsymbol{v}_{k-1}^{\mathrm{n}} + \int_{t_{k-1}}^{t_k} \boldsymbol{C}_{\mathrm{b}}^{\mathrm{n}} \boldsymbol{f}^{\mathrm{b}} \mathrm{d}t + \int_{t_{k-1}}^{t_k} [\boldsymbol{g}_l^{\mathrm{n}} - [2\boldsymbol{\omega}_{\mathrm{ie}}^{\mathrm{n}} + \boldsymbol{\omega}_{\mathrm{en}}^{\mathrm{n}}] \times \boldsymbol{v}^{\mathrm{n}}] \mathrm{d}t \tag{2-46}$$

式中，$\boldsymbol{v}_k^{\mathrm{n}}$ 表示 t_k 时刻载体的速度；$\boldsymbol{v}_{k-1}^{\mathrm{n}}$ 表示 t_{k-1} 时刻载体的速度；右边第二项表示从 t_{k-1} 到 t_k 时刻的比力增量积分；右边第三项表示从 t_{k-1} 到 t_k 时刻的重力与哥氏校正项增量积分，$\boldsymbol{f}^{\mathrm{b}}$ 是载体系的加速度计测量比力矢量。

令 $\boldsymbol{u}^{\mathrm{n}} = \int_{t_{k-1}}^{t_k} \boldsymbol{C}_{\mathrm{b}}^{\mathrm{n}} \boldsymbol{f}^{\mathrm{b}} \mathrm{d}t$，可得

$$\boldsymbol{u}^{\mathrm{n}} = \boldsymbol{C}_{\mathrm{b}(k-1)}^{\mathrm{n}} \int_{t_{k-1}}^{t_k} \boldsymbol{C}_{\mathrm{b}(k)}^{\mathrm{b}(k-1)} \boldsymbol{f}^{\mathrm{b}} \mathrm{d}t \tag{2-47}$$

将方向余弦公式代入公式(2-25)得

$$\boldsymbol{u}^{\mathrm{n}} = \boldsymbol{C}_{\mathrm{b}(k-1)}^{\mathrm{n}} \int_{t_{k-1}}^{t_k} [\boldsymbol{I} + [\varphi \times]] \boldsymbol{f}^{\mathrm{b}} \mathrm{d}t = \boldsymbol{C}_{\mathrm{b}(k-1)}^{\mathrm{n}} \left(\int_{t_{k-1}}^{t_k} \boldsymbol{f}^{\mathrm{b}} \mathrm{d}t + \int_{t_{k-1}}^{t_k} [\varphi \times] \boldsymbol{f}^{\mathrm{b}} \mathrm{d}t \right) \tag{2-48}$$

令 $\Delta \boldsymbol{v}_k = \int_{t_{k-1}}^{t_k} \boldsymbol{f}^{\mathrm{b}} \mathrm{d}t$，$\boldsymbol{\varphi}_k = \int_{t_{k-1}}^{t_k} \boldsymbol{\omega}_{\mathrm{ib}}^{\mathrm{b}} \mathrm{d}t$，并对公式(2-26)中的叉乘进行积分解算，可以得出：

$$\boldsymbol{u}^{\mathrm{n}} = \boldsymbol{C}_{\mathrm{b}(k-1)}^{\mathrm{n}} \left(\Delta \boldsymbol{v}_k + \frac{1}{2} \boldsymbol{\varphi}_k \times \Delta \boldsymbol{v}_k + \frac{1}{2} \int_{t_{k-1}}^{t_k} (\boldsymbol{\varphi}_k \times \boldsymbol{f}^{\mathrm{b}} - \boldsymbol{\omega}_{\mathrm{ib}}^{\mathrm{b}} \times \Delta \boldsymbol{v}_k) \mathrm{d}t \right) \tag{2-49}$$

式中，$\Delta \boldsymbol{v}_k$ 表示速度增量，$\frac{1}{2} \boldsymbol{\varphi}_k \times \Delta \boldsymbol{v}_k$ 为旋转修正信息；右边第三项表示动态积分值。

2.4.3 位置更新算法

导航系下位置可直接通过位置增量的累加进行位置更新。由 2.3.3 节的位置更新微分方程可以得到位置更新算法：

$$\begin{cases} L_{\mathrm{k}} = L_{\mathrm{k}-1} + \dfrac{\delta t v_{N(k-1)}^{\mathrm{n}}}{R_{M(k-1)} + h_{k-1}} \\ \lambda_{\mathrm{k}} = \lambda_{\mathrm{k}-1} + \dfrac{\delta t v_{E(k-1)}^{\mathrm{n}}}{R_{N(k-1)} + h_{k-1}} \\ h_k = h_{k-1} + \delta t v_{\mathrm{D}(k-1)}^{\mathrm{n}} \end{cases} \tag{2-50}$$

INS 在进行 t_k 时刻的位置更新时，由于速度更新已完成，v_k^{n} 为已知量，因此可以取 t_{k-1} 和 t_k 时刻的平均速度 $\bar{v}_k^{\mathrm{n}} = (v_{k-1}^{\mathrm{n}} + v_k^{\mathrm{n}})/2$ 来进行位置近似更新：

$$\begin{cases} L_{\mathrm{k}} = L_{\mathrm{k}-1} + \dfrac{\delta t (v_{N(k-1)}^{\mathrm{n}} + v_{N(k)}^{\mathrm{n}})}{2(R_{M(k-1)} + h_{k-1})} \\ \lambda_{\mathrm{k}} = \lambda_{\mathrm{k}-1} + \dfrac{\delta t (v_{E(k-1)}^{\mathrm{n}} + v_{E(k)}^{\mathrm{n}})}{2(R_{N(k-1)} + h_{k-1})} \\ h_k = h_{k-1} + \dfrac{1}{2} \delta t (v_{D(k-1)}^{\mathrm{n}} + v_D^{\mathrm{n}}) \end{cases} \tag{2-51}$$

以上即为完整的导航信息更新过程，即低动态环境下惯性导航系统四元数更新算法。

2.4.4　重力计算

从速度更新微分方程中可知，当地重力矢量对速度更新过程有影响。众所周知，影响地球表面某点的重力加速度的因素有两个：一个是该点的地理位置，另一个是该点距离地面的高度。一般而言，计算惯性导航系统的重力矢量项，可采用 Somigliana 正常重力模型，正常重力方向为沿参考椭球面法线方向垂直向下，该模型可描述为[150]

$$g(L) = \frac{ag_e \cos^2 L + bg_p \sin^2 L}{\sqrt{a^2 \cos^2 L + b^2 \sin^2 L}} \tag{2-52}$$

式中，a 为参考椭球长半轴；b 为参考椭球短半轴；g_e 和 g_p 分别为赤道和极点的正常重力值。

如若参考椭球不同，正常重力模型中的参数也是不同的。但对于惯性导航系统而言，一般可以忽略这种参数不同带来的重力值差异，因为通常只会引起较小量级的重力变化($10^{-6}\,\mathrm{m/s^2}$)。式(2-53)给出了 CGCS2000 参考椭球下的正常重力模型中的相应参数：

$$\begin{cases} a = 6378137\mathrm{m} \\ b = 6356752.3141\mathrm{m} \\ g_e = 9.7803253361\mathrm{m/s^2} \\ g_p = 9.8321849379\mathrm{m/s^2} \end{cases} \tag{2-53}$$

公式(2-53)中正常重力计算只受地理纬度影响，对于高程较大的机载应用系统而言，无法忽略高程影响，包含高程影响的重力计算公式可表示为

$$g(h,\ L) = g(L)\left(1 - \frac{2}{a}(1 + f + m - 2f\sin^2 L)h + \frac{3}{a^2}h^2\right) \tag{2-54}$$

式中，m 为

$$m = \frac{\omega_{\mathrm{ie}}^2 a^2 b}{kM} \tag{2-55}$$

f 为椭球扁率；kM 为引力常数，其参考值分别为

$$\begin{cases} f = 1/298.257222101 \\ kM = 3.986004418 \times 10^{14}\mathrm{m^3/s^2} \end{cases} \tag{2-56}$$

2.5　SINS 输出误差来源

加速度计误差和陀螺仪误差是影响捷联惯性导航系统的最主要的器件误差来源。从机械编排原理来看，前者将直接导致速度更新偏差，而后者将直接造成姿态更新偏差。惯性器件误差的分类方法主要有两种：按误差性质分类和按误差来源分类。①按误差性质分类，可分为系统误差和随机误差；②按误差来源分类，可分为零偏误差、尺度因子

误差、安装偏差、非线性误差和随机噪声等。不同的误差对惯性导航系统性能的影响不尽相同。在进行组合系统设计时，首先应对误差进行合理建模或估计，尽量减弱相关误差对组合系统的影响；其次对于低成本惯性导航系统，在线估计和反馈补偿能够获得满意的误差特征，也是提高组合精度和滤波稳定性的主要手段。本节将介绍惯性传感器输出的模型以及传感器误差建模。

2.5.1 系统误差建模

包含系统误差和随机噪声的三轴加速度计和陀螺仪的实际测量输出可以表示为

$$\tilde{\boldsymbol{f}}^{\mathrm{b}} = (\boldsymbol{I} + \boldsymbol{S}_a)\boldsymbol{f}^{\mathrm{b}} + \boldsymbol{B}_a + \boldsymbol{w}_a \tag{2-57}$$

$$\widetilde{\boldsymbol{\omega}}_{\mathrm{ib}}^{\mathrm{b}} = (\boldsymbol{I} + \boldsymbol{S}_g)\boldsymbol{\omega}_{\mathrm{ib}}^{\mathrm{b}} + \boldsymbol{B}_g + \boldsymbol{w}_g \tag{2-58}$$

式中，仅考虑了影响较大的误差项。$\boldsymbol{S}_a$ 和 $\boldsymbol{S}_g$ 分别表示加速度计和陀螺仪尺度因子；$\boldsymbol{b}_a$ 和 $\boldsymbol{b}_g$ 分别表示加速度计和陀螺仪零偏；$\boldsymbol{w}_a$ 和 $\boldsymbol{w}_g$ 分别表示加速度计和陀螺仪随机噪声；上标“~”表示实际测量值。

对于惯性器件的零偏误差，又可以细分为常值零偏、随温度变化项、逐次启动项和运行期间变化项。在这四者中，常值零偏是最大误差项。常值零偏属于系统误差，可以通过标定手段进行补偿。实际上，对于常值零偏较大的 MEMS IMU 而言，多数厂家在出厂时都会进行整批次的常值零偏补偿，但由于器件个体差异，常值零偏仍会有残余。

随温度变化项影响 INS 长期稳定工作能力，对 MEMS IMU 的影响尤为显著。尤其在温差较大环境中，长期工作的 INS 陀螺输出会发生明显改变，如图 2-4 所示，采集了静态某型号低精度 IMU 约 6h 的陀螺数据，采集过程中室温变化较大，陀螺输出明显出现温漂现象。随温度变化项一般可以通过标定的温补参数进行补偿。

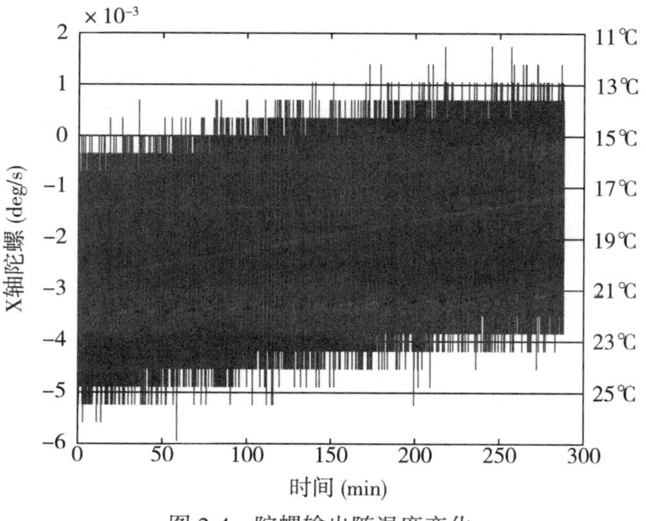

图 2-4 陀螺输出随温度变化

逐次启动项是指每次 IMU 开机时都会变化的零偏分量，该项在运行期间保持不变，可以通过在对准过程或组合导航滤波中进行估计。运行期间变化项是指惯性器件在运行期间发生变化，该项影响最小，可以在组合导航滤波中进行一定程度的修正。

对于零偏误差，通常可以分为静态分量（$\boldsymbol{B}_{as}$ 和 $\boldsymbol{B}_{gs}$）和动态分量（$\boldsymbol{B}_{ad}$ 和 $\boldsymbol{B}_{gd}$）：

$$\begin{aligned}\boldsymbol{B}_a &= \boldsymbol{B}_{as} + \boldsymbol{B}_{ad} \\ \boldsymbol{B}_g &= \boldsymbol{B}_{gs} + \boldsymbol{B}_{gd}\end{aligned} \tag{2-59}$$

静态分量即零偏重复性，它包含逐次启动项零偏误差以及补偿残余的常值零偏误差，可以建模为随机常数；动态分量即零偏不稳定性，一般可以建模为随机游走过程或者高斯-马尔可夫过程。动态分量的误差通常只有静态分量的 10%左右，影响较小。对于大部分导航应用的 SINS，特别是对低成本 SINS，静态分量和动态分量常作为整体进行估计。

另外，不同类型 SINS 误差对惯性导航误差的影响是不同的。根据 INS 独立工作的时间长短，可以分为短期影响(例如时间小于 1s)和长期影响(例如时间大于 10s)。表 2-1 总结了 SINS 主要误差类型对 SINS 独立定位能力的影响[36,165]。从表中可以看出，系统误差主要影响 SINS 的长期定位精度，而随机噪声主要影响 SINS 的短期定位精度。

表 2-1　**SINS 误差对 SINS 定位能力的影响总览**

	INS 输出误差	定位影响能力	
		短期定位	长期定位
陀螺仪	零偏误差	*	***
	尺度因子误差	*	**
	随机噪声	**	**
加速度计	零偏误差	*	***
	尺度因子误差	*	***
	随机噪声	**	**

* 表示影响程度大小。

2.5.2　随机误差建模

随机误差无法像系统误差一样通过实验室标定进行补偿，必须作为附加参数在组合导航中进行滤波估计。针对不同应用，随机模型可建模为随机常数、随机游走以及高斯-马尔可夫过程。以下针对三种建模方法将作简要介绍。

1. 随机常数模型

随机常数表明该变量的获得是随机过程，但是在工作时间段内是保持不变的，具有常量性质，随机常数的微分形式可表示为

$$\dot{x} = 0 \tag{2-60}$$

离散形式为

$$x_k = x_{k-1} \tag{2-61}$$

可见，随机常数过程是不随时间发生改变的，给定了初值即可得到随后历元的值。随机常数过程是一个稳态过程，但不是遍历过程，其自相关函数可以表示为

$$R(\tau) = \sigma_x^2 \tag{2-62}$$

在惯性导航系统中，IMU 器件逐次启动误差启动后保持不变，可视为随机常数。

2. 随机游走模型

随机游走过程表示的是状态增量符合零均值的高斯随机过程，用微分方程的形式可表示为

$$\dot{x} = w \tag{2-63}$$

离散形式为

$$x_k = x_{k-1} - w_k \tag{2-64}$$

对于 k 个样本，有

$$\begin{aligned} x_k &= \sum_{i=1}^{k} w_i \\ \sigma_{x_k}^2 &= k\sigma_w^2 \end{aligned} \tag{2-65}$$

由此可见，随机游走过程与方差之间是随时间线性增长的关系，因此该过程是非稳态过程。在 INS 计算过程中，加速度计的随机噪声经积分后会对速度结果产生影响，同样，陀螺仪的随机噪声经积分后会对姿态结果产生影响，这两种误差均可以视为随机游走过程，称为速度随机游走和角速度随机游走。Allan 方差法是分析上述两种随机游走过程最常用的方法，其具体理论和分析方法将在本章后续小节中进行介绍。

3. 高斯-马尔可夫过程

高斯-马尔可夫过程是指数自相关的稳态过程，由于其模型较为简单，可以以一定精度来描述许多物理过程，因此也在 INS 随机误差建模中得到应用。其中，一阶高斯-马尔可夫过程参数少、模型简单，其微分形式可以表示为

$$\dot{x} = -\frac{1}{T_c}x + w \tag{2-66}$$

式中，T_c 为相关时间。

自相关函数可以表示为

$$R(\tau) = \sigma^2 e^{-|\tau|/T_c} \tag{2-67}$$

式中，σ^2 为时间偏移 τ 为 0 时的方差，可以看出 τ 不为 0 时，均有 $R(\tau) < R(0)$。当相关时间 $T_c \to 0$，信号成为随机常数；而当相关时间变大时，信号趋近于噪声过程。图 2-5 给出了一阶高斯-马尔可夫过程的自相关函数示意图，由图可知，若可以求得随机过程的自相关函数，则可以得到其时间常数。

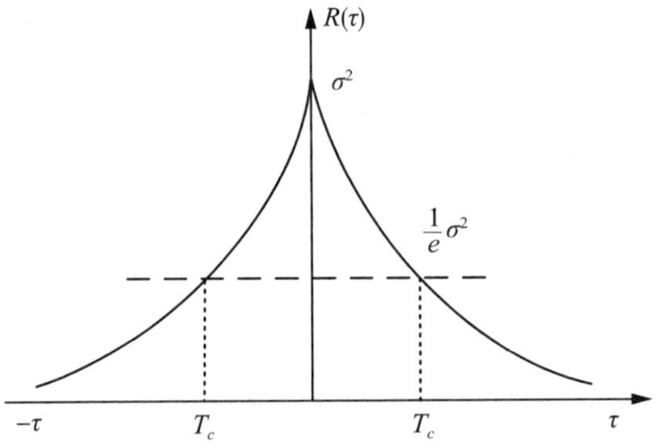

图 2-5　一阶高斯-马尔可夫过程的自相关函数

一阶高斯-马尔可夫过程的离散形式可描述为

$$
\begin{aligned}
x_k &= \mathrm{e}^{-\Delta t/T_c} x_{k-1} + w_k \\
\sigma_{x_k}^2 &= \frac{\sigma_{w_k}^2}{1-\mathrm{e}^{-2\Delta t/T_c}}
\end{aligned}
\tag{2-68}
$$

2.5.3　随机误差辨识

随机噪声是引起惯性仪器误差的重要因素之一。应用数理统计的方法和模型辨识理论建立随机误差的数学表达式是 INS 随机误差建模的主要手段。Allan 方差被广泛地用来表征振荡器或时间序列的频率不稳定性，由于惯性器件的输出也有类似振荡器的特征，所以 Allan 方差也是惯性器件随机误差辨识中应用最广泛的方法。除此之外，随机误差辨识的方法还有自相关函数法(Autocorrelation Function)和功率谱密度法(Power Spectral Density，PSD)，本小节只对 Allan 方差法做详细讨论。

惯性器件的主要随机噪声有：量化噪声、角度/速度随机游走、零偏不稳定性、速率随机游走和漂移角速率斜坡[166,167]，不同的随机误差对应不同的统计性质，本节针对惯性器件的主要随机噪声的 Allan 方差进行分析。

Allan 方差由 David Allan 于 1966 年首次提出，是一种基于时域的随机误差分析方法，它将随机漂移误差的均方根(Root Mean Square，RMS)表示为平均时间函数[168]。Allan 方差法计算简单，可以对各类随机噪声以及整个噪声统计特性的贡献进行详细的表征、辨识和分离。

Allan 方差估计算法如下：

(1)采样：令 $\{x(t),\ -\infty < t < +\infty\}$ 为零均值的平稳过程，$\{x_i\}$，$i=0,\ 1,\ \cdots,\ N$ 为其中的一个样本函数，采样间隔为 Δt；

(2)分组：将样本点分成若干个连贯的数组，每个数组由 n 个样本点组成，其平均时间为 $\tau = n\Delta t$，其中 $n < N/2$；

(3)计算数组均值：对于相邻的第 k 组和第 $k+1$ 组数组，其平均值如公式(2-69)所示：

$$
\begin{aligned}
\bar{x}_k(\tau) &= \frac{1}{\tau}\int_{t_{k-1}}^{t_{k-1}+\tau} x(t)\,\mathrm{d}t \approx \frac{1}{n}\sum_{j=1}^{n} x_{k-1+j} \\
\bar{x}_{k+1}(\tau) &= \frac{1}{\tau}\int_{t_k}^{t_k+\tau} x(t)\,\mathrm{d}t \approx \frac{1}{n}\sum_{j=1}^{n} x_{k+j}
\end{aligned} \tag{2-69}
$$

式中，$t_k = t_{k-1} + \tau$。其中相邻两组数组平均值之差 $\Delta\bar{x}_k(\tau)$ 如公式(2-70)所示：

$$
\Delta\bar{x}_k(\tau) = \bar{x}_{k+1}(\tau) - \bar{x}_k(\tau) \tag{2-70}
$$

(4)计算 Allan 方差：计算 Allan 方差如公式(2-71)所示：

$$
\begin{aligned}
\sigma^2(\tau) &= \frac{1}{2}\langle[\bar{x}_{k+1}(\tau) - \bar{x}_k(\tau)]^2\rangle \\
&\approx \frac{1}{2(N-1)}\sum_{k=1}^{N-1}(\bar{x}_{k+1}(\tau) - \bar{x}_k(\tau))^2
\end{aligned} \tag{2-71}
$$

式中，$\langle \bullet \rangle$ 为全体 $\Delta\bar{x}_k(\tau)$ 的平均算子。

(5)误差估计：按照(2-71)公式，可以证明 Allan 方差的相对估计误差如公式(2-71)所示：

$$
\text{Error\%} = \frac{1}{\sqrt{2\left(\frac{N}{n} - 1\right)}} \tag{2-72}
$$

由此可见，理想情况下当 $(N/n) \to \infty$ 时，相对估计误差接近于零。

省去推导步骤，Allan 方差与谱密度之间的关系式如公式(2-73)所示：

$$
\sigma_x^2(\tau) = 4\int_0^{\infty} S_x(v)\,\frac{\sin^4(\pi v\tau)}{(\pi v\tau)^2}\mathrm{d}v \tag{2-73}
$$

式中，$S_x(v)$ 为离散信号功率谱密度。

1. 量化噪声

量化噪声产生于惯性器件模拟信号与数字信号的转换过程中，在任意采样瞬间都具有随机性，不同采样瞬间的误差相互独立，因此量化噪声具有白噪声性质。假设量化噪声服从等概率分布，其方差可表示为

$$
Q^2 = \frac{q^2}{12} \tag{2-74}
$$

式中，q 为模拟信号与数字信号转换分辨率。

量化噪声的概率密度可表示为

$$
S_x(v) = Q^2\Delta t\left(\frac{\sin^2\pi v\Delta t}{(\pi v\Delta t)^2}\right) \approx Q^2\Delta t,\quad v < \frac{1}{2\Delta t} \tag{2-75}
$$

量化噪声的微分方程的功率谱密度可表示为

$$
S_{\dot{x}}(v) = (2\pi v)^2 S_x(v) \approx (2\pi v)^2 Q^2\Delta t,\quad v < \frac{1}{2\Delta t} \tag{2-76}
$$

将公式(2-76)代入公式(2-73)，得到量化噪声的 Allan 方差，如公式(2-77)所示：

$$\sigma_Q^2(\tau) = 4\int_0^{\infty} (2\pi v)^2 Q^2 \Delta t \frac{\sin^4(\pi v\tau)}{(\pi v\tau)^2}dv = \frac{3Q^2}{\tau^2} \tag{2-77}$$

则量化噪声的 Allan 标准差为

$$\sigma_Q(\tau) = \frac{\sqrt{3}Q}{\tau} \tag{2-78}$$

可以看出，线速度和角速度的量化噪声标准差 $\sigma_Q(\tau)$ 相对于 τ 的双对数曲线斜率为-1，且该噪声的大小可以在斜率为 $\tau=\sqrt{3}$ 的线上读出。由于量化噪声具有相关时间段，等效频带较宽，且载体的运动频率较低，所以可以设计一个低通滤波器将其过滤，故量化噪声为惯性元件的次要误差源。

2. 角速度/线速度随机游走

角速度与线速度随机游走是陀螺仪输出的角速率白噪声和加速度计输出的线加速度白噪声在等效时间上积分形成的误差。令其功率谱密度为

$$S_{\dot{x}}(v) = B^2 \tag{2-79}$$

将公式(2-79)代入公式(2-73)，得角速度/线速度随机游走的 Allan 方差为

$$\sigma_{\text{ARW}}^2(\tau) = 4\int_0^{\infty} B^2 \frac{\sin^4(\pi v\tau)}{(\pi v\tau)^2}dv = \frac{B^2}{\tau} \tag{2-80}$$

因此角速度与线速度随机游走的 Allan 标准差为

$$\sigma_{\text{ARW}}(\tau)\ \frac{B}{\sqrt{\tau}} \tag{2-81}$$

可以看出，角速度与线速度随机游走的 Allan 标准差 $\sigma_{\text{ARW}}(\tau)$ 相对于 τ 的双对数曲线斜率为-1/2，且其幅值可在斜率为 $\tau=1$ 的线上读出。

3. 零偏不稳定性

零偏不稳定性功率谱为频率的倒数，其功率谱密度函数如公式(2-82)所示：

$$S_{\dot{x}}(v) = \begin{cases} \left(\dfrac{\delta b^2}{2\pi}\right)\dfrac{1}{v} & v \leqslant v_0 \\ 0 & v > v_0 \end{cases} \tag{2-82}$$

式中，δb 为零偏不稳定性系数；v_0 为截止频率。将公式(2-82)代入公式(2-73)，可得零偏不稳定性的 Allan 方差为

$$\sigma_{\text{Bias}}^2(\tau) = 4\int_0^{v_0} \frac{(\delta b)^2}{2\pi v} \frac{\sin^4(\pi v\tau)}{(\pi v\tau)^2}dv = \frac{2(\delta b)^2}{\pi}\int_0^{\mu_0} \frac{\sin^4\mu}{\mu^3}d\mu = \frac{2\ln 2}{\pi}(\delta b)^2 \tag{2-83}$$

因此零偏不稳定性 Allan 标准差为

$$\sigma_{\text{Bias}}(\tau) \approx 0.6643\delta b \tag{2-84}$$

可以看出，当 $\tau \gg 1/v_0$，零偏不稳定性的 Allan 标准差 $\sigma_{\text{Bias}}(\tau)$ 相对于 τ 的双对数曲线斜率为 0，且其幅值将达到渐近值 $0.6643\delta b$。

4. 角速率随机游走

角速率随机游走噪声是宽带角加速度的功率谱密度积分的结果，其功率谱密度如公式(2-85)所示：

$$S_{\dot{x}}(v)=\left(\frac{K}{2\pi}\right)^2\frac{1}{v^2} \tag{2-85}$$

式中，K 为角速率随机游走系数。将公式(2-85)代入公式(2-73)，得到角速率随机游走噪声的 Allan 方差为

$$\sigma_{\mathrm{RRW}}^2(\tau)=\frac{K^2\tau}{3} \tag{2-86}$$

因此角速率随机游走的 Allan 标准差为

$$\sigma_{\mathrm{RRW}}(\tau)=K\sqrt{\frac{\tau}{3}} \tag{2-87}$$

可以看出，角速率随机游走的 Allan 标准差 $\sigma_{\mathrm{RRW}}(\tau)$ 相对于 τ 的双对数曲线斜率为 +1/2，且其幅值可以在斜率为 $\tau=3$ 的线上读出。

5. 漂移角速率斜坡

漂移角速率斜坡不属于随机噪声，而是确定性系统误差，其可以表示为

$$\dot{x}=Rt \tag{2-88}$$

式中，R 为漂移角速率斜坡系数。其 Allan 方差和标准差分别如公式(2-89)和公式(2-90)所示。

$$\sigma_{\mathrm{RR}}^2(\tau)=\frac{R^2\tau^2}{2} \tag{2-89}$$

$$\sigma_{\mathrm{RR}}(\tau)=\frac{R\tau}{\sqrt{2}} \tag{2-90}$$

可以看出，漂移角速率斜坡的 Allan 标准差 $\sigma_{RR}(\tau)$ 相对于 τ 的双对数曲线斜率为 +1，且其幅值可以在斜率为 $\tau=\sqrt{2}$ 的线上读出。

图 2-6 给出了双对数曲线上的斜率所对应的随机误差。

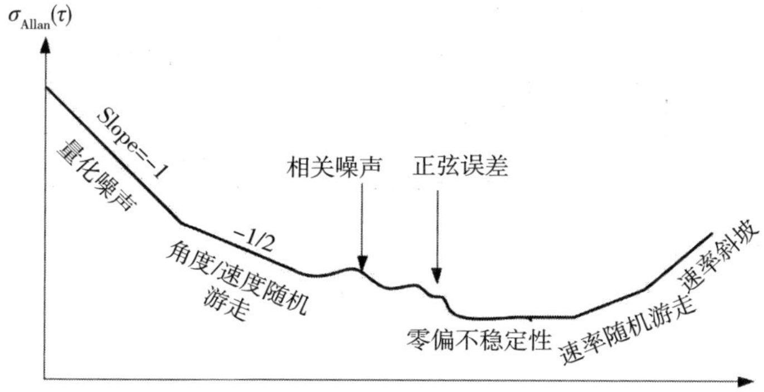

图 2-6 双对数曲线斜率对应的随机误差

2.5.4　算例分析

为了分析 Allan 方差法在惯性器件随机误差辨识中的效果，采集了 MTi-G-700 型 MEMS IMU 的静止情况下两小时的陀螺仪和加速度计数据，IMU 输出频率为 100Hz，在数据采集过程中尽量保持无外界振动干扰且温差变化较小。图 2-7 给出了采集的加速度计和陀螺仪的原始数据。

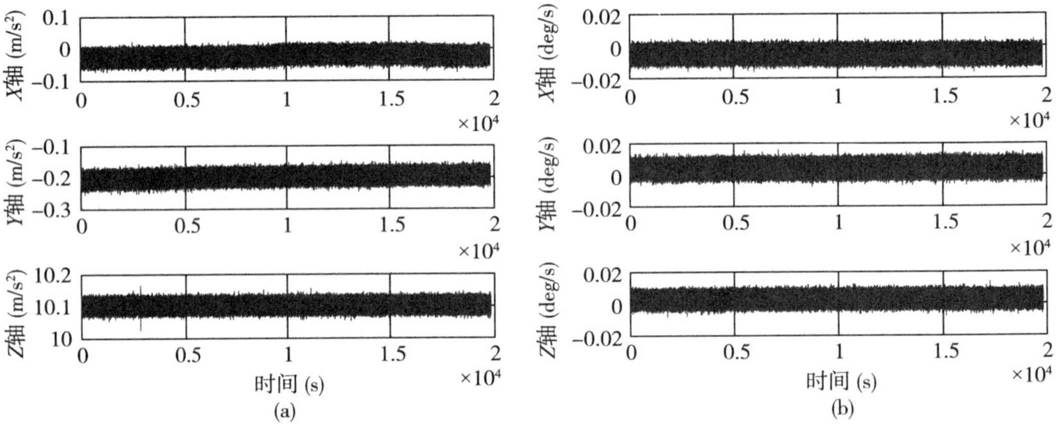

图 2-7　加速度计(a)和陀螺仪(b)的原始数据

以三轴陀螺为例进行 Allan 方差分析。图 2-8 给出了陀螺仪三轴方向角速度 Allan 方差分析结果的双对数曲线。对标准差进行拟合，分别得到了陀螺仪的量化噪声、角度随机游走、零偏不稳定性、角速率随机游走以及速率斜坡五个随机误差参数。

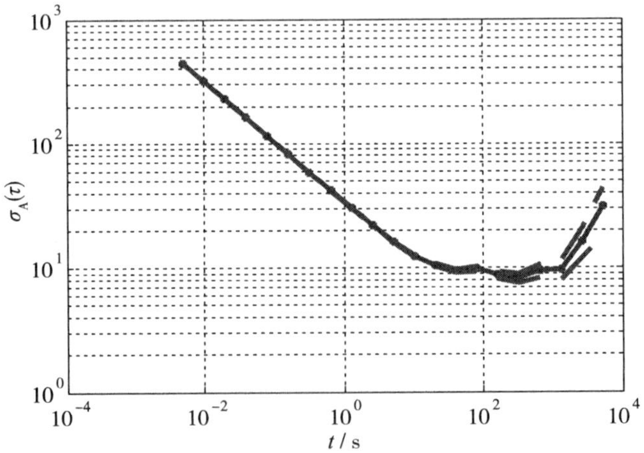

(a) X 轴

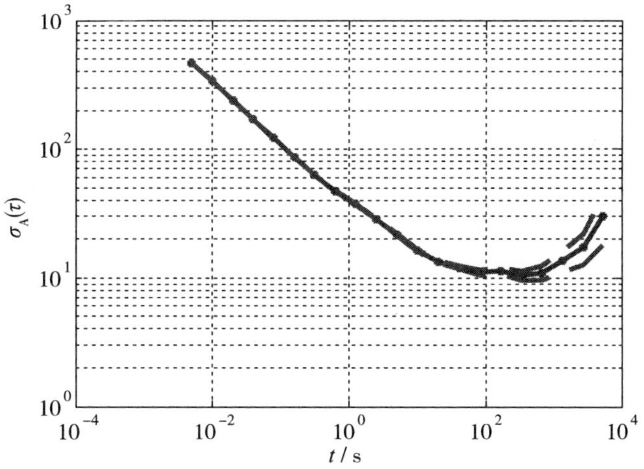

(b) Y 轴

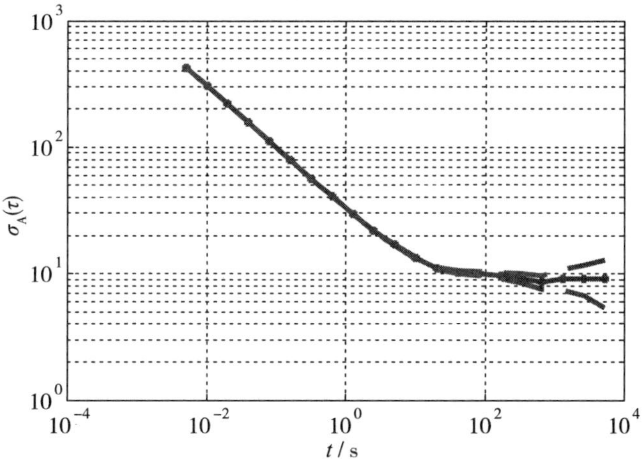

(c) Z 轴

图 2-8 陀螺仪三轴 Allan 方差分析结果

实测数据的陀螺随机误差系数见表 2-2。

表 2-2 **实测数据的陀螺随机误差系数**

误差	MEMS 陀螺		
	X	Y	Z
量化噪声(μrad)	0.64760148	0.67428707	0.66973969
角度随机游走($°/\sqrt{h}$)	0.54962319	0.57660541	0.52411625
零偏不稳定性(°/h)	8.5618158	19.188908	15.333365
角速率随机游走 d($°/\sqrt{h^3}$)	13.837223	23.266899	15.491712
速率斜坡($°/h^2$)	27.780882	31.055321	9.6344368

2.6　本章小结

本章主要针对 SINS 的基本原理和数学理论展开详细阐述。首先对本书研究中用到的坐标系统进行了定义，给出了它们之间的相互转换关系；然后推导了基于四元数法的 SINS 机械编排和更新算法，并对 SINS 器件的系统误差和随机误差进行建模；最后给出了基于 Allan 方差法随机误差辨识的具体算例，为后续章节的开展奠定了理论基础。

第 3 章　高精度 SINS 快速自对准技术

惯性导航系统是一个封闭系统，它可以不依赖外界任何辅助设备，直接观测到载体运动的角速度和加速度信息，然后通过积分运算获得载体导航定位所需要的位置、姿态和速度。在进行导航计算之前，要先确定惯性导航系统自身的初始位置、速度和姿态信息。载体的初始位置和速度可以通过 GNSS 等其他传感器给出，但是姿态的初始信息比较难直接获取。高精度惯性导航系统的陀螺可以敏感到地球自转，因而可以实现自对准。低精度惯性导航系统的航向角更难获得，必须依赖磁力计等其他传感器辅助。

习惯上把高精度惯性导航系统在静态或似静态平台上的自对准称为静基座对准。静基座对准包括两个阶段：第一阶段粗对准阶段，利用加速度计测得的重力矢量进行调平粗对准，其精度主要取决于加速度计的两个水平轴的精度，随后利用陀螺仪数据进行罗经对准，估计出粗略的姿态角信息和载体坐标系与导航坐标系之间的概略捷联矩阵；第二阶段是精对准阶段，一方面利用最优估计方法(如 EKF)估计载体坐标系与导航坐标系之间的精确姿态角信息(图 3-1)，另一方面可同步估计惯性元器件的零偏。

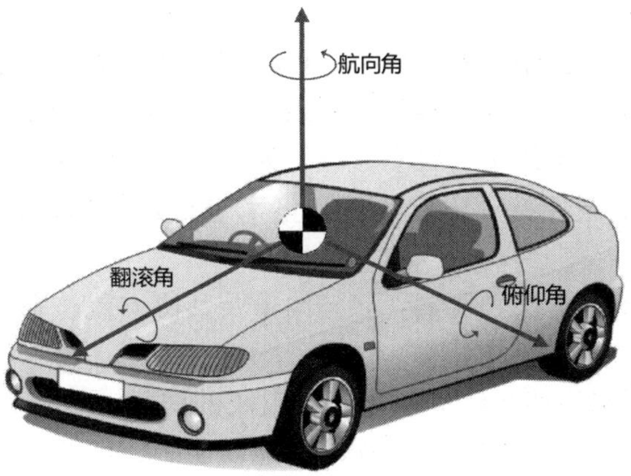

图 3-1　载体姿态角定义

利用传统的 EKF 进行初始对准时，需要在状态估值附近对非线性对准模型进行泰勒级数展开，取一阶截断来近似非线性函数，从而将模型变为易操作的线性模型。如果模型的非线性程度不强，EKF 可以获得较高的估计精度。然而，当惯性导航系统初始化过程中存在大失准角(尤其是大方位失准角)时，对准模型的非线性程度显著增强，忽略系统高阶项的影响会导致引入较大的模型误差，从而使 EKF 滤波估计精度降低甚至发散。此外，在面对复杂的非线性模型时，EKF 算法会出现求解雅可比矩阵困难和数值稳定性问题。因此，有必要利用非线性滤波解决惯性导航系统的大失准角问题，提高初始对准精度。

为了解决 EKF 上述缺陷，Julier 等在确定性采样理论的基础上，提出了基于无迹变换(unscented transformation，UT)的无迹卡尔曼滤波。无迹卡尔曼滤波对模型的非线性程度没有要求，也不需要求解雅可比矩阵。理论上，UT 变换至少能以三阶泰勒级数展开的精度逼近非线性函数状态的后验协方差和均值，因此无迹卡尔曼滤波的理论精度要高于 EKF。此外，常见的非线性滤波方法还有粒子滤波，但粒子滤波在计算过程中会产生大量粒子，并且当粒子匮乏时必须重采样，因此计算量大，实时性差。总之，相对于 EKF 和 PF，UKF 具有较优的非线性逼近能力，且计算量介于两者之间，成为解决大失准角非线性对准中最常用的滤波方法。惯性导航系统的实时性为滤波的计算复杂度提出了限制要求。考虑量测方程为线性的时候，可以采用混合滤波的思路对 UKF 进行简化，在量测阶段采用类似 EKF 的方法更新计算状态的后验协方差和均值。

本章针对似静态条件下的高精度惯性导航系统的初始对准技术进行了详细研究，在推导 SINS 误差模型的基础上，建立了精确对准的滤波模型并进行模拟和实测分析。针对大失准角问题，推导了基于欧拉平台误差角的非线性误差方程，在此基础上，给出了适用于大失准角的 SINS 对准模型，然后对传统 UKF 算法进行简化，提出了采用混合滤波的思路策略减少 UKF 采样复杂度，从定量分析的角度，分析了算法的复杂度。最终通过仿真实验对大失准角模型进行有效性验证。

3.1　卡尔曼滤波模型

卡尔曼滤波不仅是一种滤波器，更是一种状态估计算法，广泛用于组合导航系统的状态估计。如惯性系统初始对准、多传感器组合导航和卫星导航结果的最优化求解等。卡尔曼滤波能够实时估计系统中的状态参数，如位置、速度等。卡尔曼滤波根据系统参数的先验统计特征和确定性特征，以及观测量来进行最优估计，其核心是贝叶斯估计理论[169]。

卡尔曼滤波须具备五个核心要素：状态向量及其协方差、系统方程、观测向量及其协方差、观测方程和卡尔曼滤波算法。

(1)状态向量是用来描述系统的一组参数组成的向量，也可称为系统状态，是系统的待估参数。例如，组合导航中的位置误差、速度误差、姿态误差、器件误差甚至卫星钟差等，均可作为待估参数。状态向量的协方差矩阵表征了状态估计的不确定度及估计误差之间的相关程度。由于卡尔曼滤波是迭代估计的过程，所以状态向量及其协方差矩阵需要用户在计算之前给出初值。

(2)系统方程是用来描述状态向量及其协方差矩阵随时间的传播特性的模型，因此也称为过程模型，是基于系统已知特性包括物理、动力学特性建立起来的确定模型。在没有新观测信息的情况下，由于系统中存在未知变化，系统估计时的状态不确定度会随时间而增大，导致状态真值与估计值之间产生偏差，这种不确定度称为系统噪声或过程噪声向量，一般在滤波设计阶段由用户按实际系统定义。

(3)观测向量是状态向量的函数，是系统特性在某一时刻的观测值。组合导航中，GNSS 与惯导之间的速度观测差值、位置观测差值、伪距差值等，或者对准过程中的惯导导航解与实际导航解差值均可以作为观测向量。与观测向量对应的是观测向量协方差矩阵，它表征了观测噪声的统计特性。在卡尔曼滤波设计中，新的观测值一般按照固定的时间间隔输入滤波器中，例如在组合导航中，观测值通常可按照 1s 的时间间隔进行输入。

(4)观测方程是用来描述观测向量与状态向量之间的函数关系的模型。与系统方程类似，观测模型也是事先确定的。实际应用中受观测噪声的影响，观测模型只能描述理想情况下的观测向量与状态向量之间关系。

(5)卡尔曼滤波算法通过利用滤波初值、系统方程、观测向量和观测方程对状态向量进行最优估计。

本节将对离散系统卡尔曼滤波算法进行详细介绍，然后讨论其在捷联惯性导航系统的初始对准中的应用。

3.1.1 离散卡尔曼滤波

经典卡尔曼滤波是基于线性系统的估计方法，一般只能适用于线性或者非常接近于线性的非线性问题，即量测模型和系统模型均为线性系统或接近线性系统。对于离散线性系统，系统的状态方程可以描述为[170]

$$\boldsymbol{x}_k = \boldsymbol{\Phi}_{k,\ k-1}\boldsymbol{x}_{k-1} + \boldsymbol{G}_{k-1}\boldsymbol{w}_{k-1} \tag{3-1}$$

式中，$\boldsymbol{x}_k$ 表示系统的状态向量；$\boldsymbol{\Phi}_{k,\ k-1}$ 表示状态转移矩阵；$\boldsymbol{G}_{k-1}$ 表示系统噪声驱动矩阵；$\boldsymbol{w}_{k-1}$ 表示过程噪声向量；k 表示第 k 个观测历元。

离散系统的状态转移矩阵是用表示状态向量在 $k-1$ 历元到 k 历元的状态随时间的转移关系，通过系统动态矩阵 $\boldsymbol{F}$ 利用如下方法计算得到 $\boldsymbol{\Phi}_{k,\ k-1}$

$$\boldsymbol{\Phi}_{k,\ k-1} = \exp(\boldsymbol{F}\Delta t) \tag{3-2}$$

近似表示为

$$\boldsymbol{\Phi}_{k,\ k-1} = (\boldsymbol{I} + \boldsymbol{F}\Delta t) \tag{3-3}$$

式中，$\boldsymbol{I}$ 为单位阵；Δt 为采样间隔。$\boldsymbol{F}$ 矩阵可通过系统的物理模型求得。

系统噪声驱动矩阵能够按照噪声与状态向量之间的耦合关系进行调配，因此，系统噪声可能影响到其他的状态分量。

如前文所述，观测向量与状态向量必须满足确定的函数关系，因此离散线性系统的观测方程可描述为

$$\boldsymbol{z}_k = \boldsymbol{H}_k\boldsymbol{x}_k + \boldsymbol{v}_k \tag{3-4}$$

式中，$\boldsymbol{z}_k$ 表示系统观测向量；$\boldsymbol{H}_k$ 表示观测系数矩阵；$\boldsymbol{v}_k$ 表示观测噪声向量。

在经典的卡尔曼滤波中，所有误差的时变特性可归结为三类假设：系统误差、高斯白噪声或者高斯-马尔可夫过程。这里将过程噪声和观测噪声向量假设为均值为 0 的高斯白噪声，且应满足下列条件：

$$\begin{cases} \boldsymbol{w}_k \sim (0,\ \boldsymbol{Q}_k) \\ \boldsymbol{v}_k \sim (0,\ \boldsymbol{R}_k) \\ E[\boldsymbol{w}_k \boldsymbol{w}_j^{\mathrm{T}}] = \boldsymbol{Q}_k \delta_{k-j} \\ E[\boldsymbol{v}_k \boldsymbol{v}_j^{\mathrm{T}}] = \boldsymbol{R}_k \delta_{k-j} \\ E[\boldsymbol{v}_k \boldsymbol{w}_j^{\mathrm{T}}] = 0 \end{cases} \tag{3-5}$$

式中，$\boldsymbol{Q}_k$ 为过程噪声的协方差矩阵，假定为非负定阵；$\boldsymbol{R}_k$ 为观测噪声的协方差矩阵，为正定阵；δ_{k-j} 为克罗尼克 δ 函数。

同时，假设系统的初始状态 x_0 为随机向量，且均不与过程噪声和量测噪声具有相关性，即

$$\begin{cases} E[\boldsymbol{x}_0 \boldsymbol{w}_k^{\mathrm{T}}] = 0 \\ E[\boldsymbol{x}_0 \boldsymbol{v}_k^{\mathrm{T}}] = 0 \end{cases} \tag{3-6}$$

卡尔曼滤波算法的过程即基于系统状态及含有噪声的观测序列进行递推最优估计，通常包含预测过程(时间更新过程)和修正过程(量测更新过程)。

时间更新过程方程可描述为[170]

$$\begin{cases} \hat{\boldsymbol{x}}_k^- = \boldsymbol{\Phi}_{k,\ k-1} \hat{\boldsymbol{x}}_{k-1}^+ \\ \boldsymbol{P}_k^- = \boldsymbol{\Phi}_{k,\ k-1} \boldsymbol{P}_{k-1}^+ \boldsymbol{\Phi}_{k,\ k-1}^{\mathrm{T}} + \boldsymbol{G}_{k-1} \boldsymbol{Q}_{k-1} \boldsymbol{G}_{k-1}^{\mathrm{T}} \end{cases} \tag{3-7}$$

式中，上标符号“^”表示估值，上标“-”表示先验估值，上标“+”表示验后估值；$\hat{\boldsymbol{x}}_k^-$ 为 k 时刻状态预测值；$\hat{\boldsymbol{x}}_{k-1}^+$ 为 $k-1$ 时刻状态估值；$\boldsymbol{P}_k^-$ 为 k 时刻状态方差预测值；$\boldsymbol{P}_{k-1}^+$ 为 $k-1$ 时刻状态方差估值。

量测更新过程方程可描述为

$$\begin{cases} \boldsymbol{K}_k = \boldsymbol{P}_k^- \boldsymbol{H}_k^{\mathrm{T}} (\boldsymbol{H}_k \boldsymbol{P}_k^- \boldsymbol{H}_k^{\mathrm{T}} + \boldsymbol{R}_k)^{-1} \\ \hat{\boldsymbol{x}}_k^+ = \hat{\boldsymbol{x}}_k^- + \boldsymbol{K}_k (\boldsymbol{z}_k - \boldsymbol{H}_k \hat{\boldsymbol{x}}_k^-) \\ \boldsymbol{P}_k^+ = (\boldsymbol{I} - \boldsymbol{K}_k \boldsymbol{H}_k) \boldsymbol{P}_k^- \end{cases} \tag{3-8}$$

式中，$\boldsymbol{K}_k$ 为滤波增益矩阵，用来平衡观测信息与预测信息之间的权重，是以状态方程最小为约束条件计算得到的。在滤波中，若更相信观测信息或者说观测信息更准确，则 $\boldsymbol{K}_k$ 取较大值，反之则相反。在组合导航中，若观测方程中包含了不同类型的观测数据，如伪距、多普勒及载波观测值等，量测更新可以针对不同类型的观测值进行序贯更新，以提高滤波的效率。

卡尔曼滤波的算法过程如图 3-2 所示，在预测阶段，首先要给定滤波初始值，包括状态 $\boldsymbol{x}_0$ 及其方差阵 $\boldsymbol{P}_0$，先验过程噪声矩阵 $\boldsymbol{Q}_0$ 和观测噪声矩阵 $\boldsymbol{R}_0$。对于实际导航应用中，要进行合理的滤波参数调整，即对 $\boldsymbol{P}_0$、$\boldsymbol{Q}_0$ 和 $\boldsymbol{R}_0$ 的三个矩阵的选值。如果参数给得过小，卡尔曼滤波的实际误差就会比从 P 中得到的状态不确定度大得多，如果给得过大，从 $\boldsymbol{P}$ 中得到的不确定度就会变大，导致滤波估计中外部观测值对状态错误加权。一般情况下，滤波的状态初值 $\boldsymbol{x}_0$ 无法准确获得的情况下，可以近似给出，但随着滤波估计时间的推移，最终的状态不受到初始状态选择的影响。方差阵 $\boldsymbol{P}_0$ 应该尽量给大些，也会随着时间延长迅速收敛。

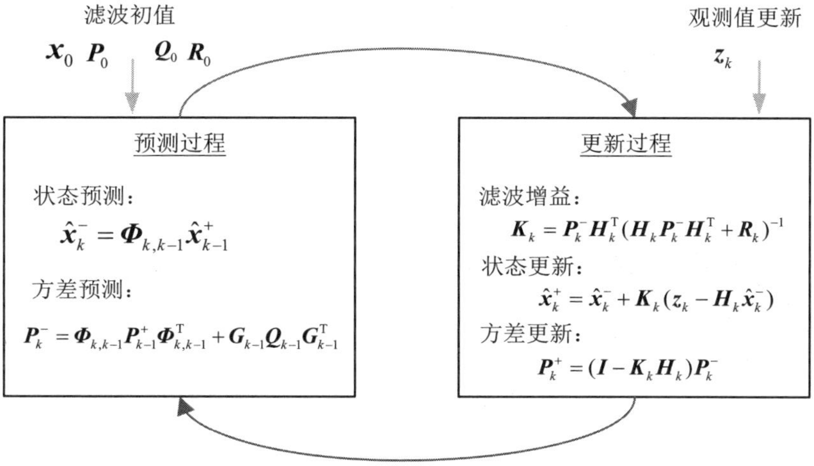

图 3-2　卡尔曼滤波预测与更新过程

3.1.2　扩展卡尔曼滤波

在惯性导航或者组合导航中，绝大部分系统模型都是非线性的，部分情况下非线性程度显著。经典离散卡尔曼滤波只能解决线性问题，因此，需借助扩展卡尔曼滤波法、无迹卡尔曼滤波等次优近似估计算法来实现非线性系统的最优估计。在本章后续小节的研究工作中，仅介绍采用扩展卡尔曼滤波实现 SINS 对准算法。

在拓展卡尔曼滤波中，状态更新和量测更新中的系统动态矩阵 $\boldsymbol{F}$ 和观测系数矩阵 $\boldsymbol{H}$ 被非线性函数所代替。假设系统的非线性状态方程和观测方程分别为

$$\begin{aligned} \boldsymbol{x}_k &= f(\boldsymbol{x}_{k-1}) + \boldsymbol{w}_k \\ z_k &= h(\boldsymbol{x}_k) + \boldsymbol{v}_k \end{aligned} \tag{3-9}$$

式中，$f(\cdot)$ 为非线性系统的状态模型；$h(\cdot)$ 为观测模型。

首先，对非线性函数 $f(\cdot)$ 和 $h(\cdot)$ 围绕状态估值 $\hat{\boldsymbol{X}}_k$ 进行泰勒级数展开并略去二阶及以上的高阶项，得到非线性系统的近似线性化模型。公式(3-9)线性化后如下所示：

$$\begin{aligned} \boldsymbol{x}_k &= \boldsymbol{\Phi}'_{k,\ k-1}\boldsymbol{x}_{k-1} + \boldsymbol{w}_k \\ z_k &= \boldsymbol{h}_k\boldsymbol{x}_k + \boldsymbol{v}_k \end{aligned} \tag{3-10}$$

式中，$\boldsymbol{\Phi}'_{k,\ k-1}$，$\boldsymbol{h}_k$ 为雅可比矩阵，有如下形式：

$$\boldsymbol{\Phi}'_{k,\ k-1} = \begin{bmatrix} \dfrac{\partial f^1}{\partial X_{k-1}^1} & \dfrac{\partial f^1}{\partial X_{k-1}^2} & \cdots & \dfrac{\partial f^1}{\partial X_{k-1}^n} \\ \dfrac{\partial f^2}{\partial X_{k-1}^1} & \dfrac{\partial f^2}{\partial X_{k-1}^2} & \cdots & \dfrac{\partial f^2}{\partial X_{k-1}^n} \\ \vdots & \vdots & \vdots & \vdots \\ \dfrac{\partial f^n}{\partial X_{k-1}^1} & \dfrac{\partial f^n}{\partial X_{k-1}^2} & \cdots & \dfrac{\partial f^n}{\partial X_{k-1}^n} \end{bmatrix}_{X_{k-1} = \hat{X}_{k-1}},\quad \boldsymbol{h}_k = \begin{bmatrix} \dfrac{\partial h^1}{\partial X_k^1} & \dfrac{\partial h^1}{\partial X_k^2} & \cdots & \dfrac{\partial h^1}{\partial X_k^n} \\ \dfrac{\partial h^2}{\partial X_k^1} & \dfrac{\partial h^2}{\partial X_k^2} & \cdots & \dfrac{\partial h^2}{\partial X_{k-1}^n} \\ \vdots & \vdots & \vdots & \vdots \\ \dfrac{\partial h^n}{\partial X_k^1} & \dfrac{\partial h^n}{\partial X_k^2} & \cdots & \dfrac{\partial h^n}{\partial X_k^n} \end{bmatrix}_{X_k = \hat{X}_{k,\ k-1}} \tag{3-11}$$

此时，即可得到拓展卡尔曼滤波方程。在惯性导航和组合导航中，考虑到多数情况下的量测更新都是线性的，经常把扩展卡尔曼滤波状态更新和经典卡尔曼滤波的量测更新组合应用。

3.2 SINS 误差方程

在进行对准之前，需建立 SINS 的误差模型。目前，常用的惯导误差模型主要有两种：φ 角和 ψ 角误差模型，两者在小角度误差下的等价性已获广泛验证。其中，ψ 角误差模型形式较为简单且基于计算坐标系进行推导[171]，成为惯性导航或组合导航应用最为广泛的模型。本节基于 ψ 角误差模型推导了惯导系统在导航坐标系的误差模型[36]。

3.2.1 SINS 姿态误差方程

假设从导航坐标系到载体坐标系的理想捷联惯导姿态矩阵为 $\boldsymbol{C}_{\mathrm{b}}^{\mathrm{n}}$，然而实际估算的姿态捷联矩阵为 $\widetilde{\boldsymbol{C}}_{\mathrm{b}}^{\mathrm{n}}$，对应的是计算导航坐标系，所以也常将计算姿态捷联矩阵记为 $\boldsymbol{C}_{\mathrm{b}}^{\mathrm{n}'}$。$\boldsymbol{C}_{\mathrm{b}}^{\mathrm{n}}$ 与 $\boldsymbol{C}_{\mathrm{b}}^{\mathrm{n}'}$ 两者之间必然存在偏差，因此，SINS 姿态误差就可以定义为 $\boldsymbol{C}_{\mathrm{b}}^{\mathrm{n}'}$ 与 $\boldsymbol{C}_{\mathrm{b}}^{\mathrm{n}}$ 之间的偏差，也就是计算导航坐标系(n′系)与理想导航坐标系(n 系)之间的偏差。

根据矩阵链乘的运算规则，有

$$\boldsymbol{C}_{\mathrm{b}}^{\mathrm{n}'} = \boldsymbol{C}_{\mathrm{n}}^{\mathrm{n}'}\boldsymbol{C}_{\mathrm{b}}^{\mathrm{n}} \tag{3-12}$$

以 n 系作为参考坐标系，假设从 n 系至 n′系的等效旋转矢量为 $\boldsymbol{\phi}_{nn'}$（下文简记为 $\boldsymbol{\phi}$），$\boldsymbol{\phi}$ 称为失准角误差。假设 $\boldsymbol{\phi}$ 为小量，根据等效旋转矢量与方向余弦阵关系式，可得

$$\boldsymbol{C}_{\mathrm{n}'}^{\mathrm{n}} \approx \boldsymbol{I} + (\boldsymbol{\phi}\times) \tag{3-13}$$

对上式求其转置，可得

$$\boldsymbol{C}_{\mathrm{n}}^{\mathrm{n}'} = (\boldsymbol{C}_{\mathrm{n}'}^{\mathrm{n}})^{\mathrm{T}} \approx \boldsymbol{I} - (\boldsymbol{\phi}\times) \tag{3-14}$$

将式(3-14)代入式(3-12)，可得

$$\widetilde{\boldsymbol{C}}_{\mathrm{b}}^{\mathrm{n}} = (\boldsymbol{I} - \boldsymbol{\psi})\boldsymbol{C}_{\mathrm{b}}^{\mathrm{n}} \tag{3-15}$$

式中，$\boldsymbol{\psi}$ 表示平台失准角的斜对称矩阵，因此有如下形式：

$$\boldsymbol{\psi} = \begin{bmatrix} 0 & -\psi_D & \psi_E \\ \psi_D & 0 & -\psi_N \\ -\psi_E & \psi_N & 0 \end{bmatrix} \tag{3-16}$$

式中，ψ_N、ψ_E 和 ψ_D 为 N、E、D 三个方向的平台失准角误差。需要注意的是，此时的平台失准角和姿态误差角实际上是有区别的，只有在小角度时，才能近似表示为横滚、俯仰和航向的欧拉角误差。

由公式(3-15)可以得到平台失准角的表示形式：

$$\boldsymbol{\psi} = \boldsymbol{I} - \widetilde{\boldsymbol{C}}_{\mathrm{b}}^{\mathrm{n}}\boldsymbol{C}_{\mathrm{b}}^{\mathrm{nT}} \tag{3-17}$$

对上式左右两边求导可得

$$\dot{\boldsymbol{\psi}} = \dot{\widetilde{\boldsymbol{C}}}_{\mathrm{b}}^{\mathrm{n}}\boldsymbol{C}_{\mathrm{b}}^{\mathrm{nT}} - \widetilde{\boldsymbol{C}}_{\mathrm{b}}^{\mathrm{n}}\dot{\boldsymbol{C}}_{\mathrm{b}}^{\mathrm{nT}} \tag{3-18}$$

由公式(2-21)和(3-18)可以推出：

$$\dot{\boldsymbol{C}}_{\mathrm{b}}^{\mathrm{n}} = \boldsymbol{C}_{\mathrm{b}}^{\mathrm{n}}\boldsymbol{\Omega}_{\mathrm{ib}}^{\mathrm{b}} - \boldsymbol{\Omega}_{\mathrm{in}}^{\mathrm{n}}\boldsymbol{C}_{\mathrm{b}}^{\mathrm{n}} \tag{3-19}$$

$$\dot{\widetilde{\boldsymbol{C}}}_{\mathrm{b}}^{\mathrm{n}} = \widetilde{\boldsymbol{C}}_{\mathrm{b}}^{\mathrm{n}}\widetilde{\boldsymbol{\Omega}}_{\mathrm{ib}}^{\mathrm{b}} - \widetilde{\boldsymbol{\Omega}}_{\mathrm{in}}^{\mathrm{n}}\widetilde{\boldsymbol{C}}_{\mathrm{b}}^{\mathrm{n}} \tag{3-20}$$

式中，为表示方便，用 $\boldsymbol{\Omega}_{\mathrm{nb}}^{\mathrm{b}}$ 替代转角速度矢量 $\boldsymbol{\omega}_{\mathrm{nb}}^{\mathrm{b}}$ 的斜对称矩阵。

将公式(3-19)和(3-20)代入公式(3-17)，展开可得

$$\begin{aligned}\dot{\boldsymbol{\psi}} &= -(\widetilde{\boldsymbol{C}}_{\mathrm{b}}^{\mathrm{n}}\widetilde{\boldsymbol{\Omega}}_{\mathrm{ib}}^{\mathrm{b}} - \widetilde{\boldsymbol{\Omega}}_{\mathrm{in}}^{\mathrm{n}}\widetilde{\boldsymbol{C}}_{\mathrm{b}}^{\mathrm{n}})\boldsymbol{C}_{\mathrm{b}}^{\mathrm{nT}} - \widetilde{\boldsymbol{C}}_{\mathrm{b}}^{\mathrm{n}}(-\boldsymbol{\Omega}_{\mathrm{ib}}^{\mathrm{b}}\boldsymbol{C}_{\mathrm{b}}^{\mathrm{nT}} + \boldsymbol{C}_{\mathrm{b}}^{\mathrm{nT}}\boldsymbol{\Omega}_{\mathrm{in}}^{\mathrm{n}}) \\ &= -\widetilde{\boldsymbol{C}}_{\mathrm{b}}^{\mathrm{n}}(\widetilde{\boldsymbol{\Omega}}_{\mathrm{ib}}^{\mathrm{b}} - \boldsymbol{\Omega}_{\mathrm{ib}}^{\mathrm{b}})\boldsymbol{C}_{\mathrm{b}}^{\mathrm{nT}} + \widetilde{\boldsymbol{\Omega}}_{\mathrm{in}}^{\mathrm{n}}\widetilde{\boldsymbol{C}}_{\mathrm{b}}^{\mathrm{n}}\boldsymbol{C}_{\mathrm{b}}^{\mathrm{nT}} - \widetilde{\boldsymbol{C}}_{\mathrm{b}}^{\mathrm{n}}\boldsymbol{C}_{\mathrm{b}}^{\mathrm{nT}}\boldsymbol{\Omega}_{\mathrm{in}}^{\mathrm{n}}\end{aligned} \tag{3-21}$$

将公式(3-17)代入(3-21)，可得

$$\begin{aligned}\dot{\boldsymbol{\psi}} &= -(\boldsymbol{I} - \boldsymbol{\psi})\boldsymbol{C}_{\mathrm{b}}^{\mathrm{n}}(\widetilde{\boldsymbol{\Omega}}_{\mathrm{ib}}^{\mathrm{b}} - \boldsymbol{\Omega}_{\mathrm{ib}}^{\mathrm{b}})\boldsymbol{C}_{\mathrm{b}}^{\mathrm{nT}} + \widetilde{\boldsymbol{\Omega}}_{\mathrm{in}}^{\mathrm{n}}(\boldsymbol{I} - \boldsymbol{\psi})\boldsymbol{C}_{\mathrm{b}}^{\mathrm{n}}\boldsymbol{C}_{\mathrm{b}}^{\mathrm{nT}} - (\boldsymbol{I} - \boldsymbol{\psi})\boldsymbol{C}_{\mathrm{b}}^{\mathrm{n}}\boldsymbol{C}_{\mathrm{b}}^{\mathrm{nT}}\boldsymbol{\Omega}_{\mathrm{in}}^{\mathrm{n}} \\ &= \boldsymbol{\psi}\boldsymbol{C}_{\mathrm{b}}^{\mathrm{n}}(\widetilde{\boldsymbol{\Omega}}_{\mathrm{ib}}^{\mathrm{b}} - \boldsymbol{\Omega}_{\mathrm{ib}}^{\mathrm{b}})\boldsymbol{C}_{\mathrm{b}}^{\mathrm{nT}} - \boldsymbol{C}_{\mathrm{b}}^{\mathrm{n}}(\widetilde{\boldsymbol{\Omega}}_{\mathrm{ib}}^{\mathrm{b}} - \boldsymbol{\Omega}_{\mathrm{ib}}^{\mathrm{b}})\boldsymbol{C}_{\mathrm{b}}^{\mathrm{nT}} + (\widetilde{\boldsymbol{\Omega}}_{\mathrm{in}}^{\mathrm{n}} - \boldsymbol{\Omega}_{\mathrm{in}}^{\mathrm{n}}) + \boldsymbol{\psi}\boldsymbol{\Omega}_{\mathrm{in}}^{\mathrm{n}} - \widetilde{\boldsymbol{\Omega}}_{\mathrm{in}}^{\mathrm{n}}\boldsymbol{\psi}\end{aligned} \tag{3-22}$$

定义误差数学平台角速度误差和陀螺仪输出误差为

$$\begin{aligned}\delta\boldsymbol{\Omega}_{\mathrm{in}}^{\mathrm{n}} &= \widetilde{\boldsymbol{\Omega}}_{\mathrm{in}}^{\mathrm{n}} - \boldsymbol{\Omega}_{\mathrm{in}}^{\mathrm{n}} \\ \delta\boldsymbol{\Omega}_{\mathrm{ib}}^{\mathrm{b}} &= \widetilde{\boldsymbol{\Omega}}_{\mathrm{ib}}^{\mathrm{b}} - \boldsymbol{\Omega}_{\mathrm{ib}}^{\mathrm{b}}\end{aligned} \tag{3-23}$$

将公式(3-23)代入(3-22)，忽略高阶误差项，可得

$$\dot{\boldsymbol{\psi}} = (\boldsymbol{\psi}\boldsymbol{\Omega}_{\mathrm{in}}^{\mathrm{n}} - \boldsymbol{\Omega}_{\mathrm{in}}^{\mathrm{n}}\boldsymbol{\psi}) + \delta\boldsymbol{\Omega}_{\mathrm{in}}^{\mathrm{n}} - (\boldsymbol{C}_{\mathrm{b}}^{\mathrm{n}}\delta\boldsymbol{\Omega}_{\mathrm{ib}}^{\mathrm{b}}\boldsymbol{C}_{\mathrm{b}}^{\mathrm{nT}}) \tag{3-24}$$

公式(3-24)可以写成向量形式：

$$\dot{\boldsymbol{\psi}} = -\boldsymbol{\omega}_{\mathrm{in}}^{\mathrm{n}} \times \boldsymbol{\psi} + \delta\boldsymbol{\omega}_{\mathrm{in}}^{\mathrm{n}} - \boldsymbol{C}_{\mathrm{b}}^{\mathrm{n}}\boldsymbol{\omega}_{\mathrm{ib}}^{\mathrm{b}} \tag{3-25}$$

3.2.2 SINS 速度误差方程

假设 $\boldsymbol{v}^{\mathrm{n}}$，$\widetilde{\boldsymbol{v}}^{\mathrm{n}}$ 分别为载体在导航坐标系下的速度真值和速度估计值，则根据速度更新微分方程(2-31)，可得

$$\dot{\boldsymbol{v}}^{\mathrm{n}} = \boldsymbol{C}_{\mathrm{b}}^{\mathrm{n}}\boldsymbol{f}^{\mathrm{b}} - (2\boldsymbol{\omega}_{\mathrm{ie}} + \boldsymbol{\omega}_{\mathrm{en}}) \times \boldsymbol{v}^{\mathrm{n}} + \boldsymbol{g}_{\mathrm{l}}^{\mathrm{n}} \tag{3-26}$$

$$\dot{\widetilde{\boldsymbol{v}}}^{\mathrm{n}} = \widetilde{\boldsymbol{C}}_{\mathrm{b}}^{\mathrm{n}}\widetilde{\boldsymbol{f}}^{\mathrm{b}} - (2\widetilde{\boldsymbol{\omega}}_{\mathrm{ie}} + \widetilde{\boldsymbol{\omega}}_{\mathrm{en}}) \times \widetilde{\boldsymbol{v}}^{\mathrm{n}} + \widetilde{\boldsymbol{g}}_{\mathrm{l}}^{\mathrm{n}} \tag{3-27}$$

假定公式各个参数的估值满足如下形式：

$$
\begin{aligned}
\tilde{\boldsymbol{f}}^{\mathrm{b}} &= \boldsymbol{f}^{\mathrm{b}} + \delta\boldsymbol{f}^{\mathrm{b}} \\
\tilde{\boldsymbol{v}}^{\mathrm{n}} &= \boldsymbol{v}^{\mathrm{n}} + \delta\boldsymbol{v}^{\mathrm{n}} \\
\tilde{\boldsymbol{\omega}}_{\mathrm{ie}} &= \boldsymbol{\omega}_{\mathrm{ie}} + \delta\boldsymbol{\omega}_{\mathrm{ie}} \\
\tilde{\boldsymbol{\omega}}_{\mathrm{en}} &= \boldsymbol{\omega}_{\mathrm{en}} + \delta\boldsymbol{\omega}_{\mathrm{en}} \\
\tilde{\boldsymbol{g}}_{\mathrm{l}}^{\mathrm{n}} &= \boldsymbol{g}_{\mathrm{l}}^{\mathrm{n}} + \delta\boldsymbol{g}_{\mathrm{l}}^{\mathrm{n}}
\end{aligned}
\tag{3-28}
$$

对公式(3-26)和(3-27)之间作差，可以得到速度微分的误差：

$$
\begin{aligned}
\delta\dot{\boldsymbol{v}}^{\mathrm{n}} &= \dot{\tilde{\boldsymbol{v}}}^{\mathrm{n}} - \dot{\boldsymbol{v}}^{\mathrm{n}} \\
&= \boldsymbol{C}_{\mathrm{b}}^{\mathrm{n}}\delta\boldsymbol{f}^{\mathrm{b}} - \boldsymbol{\Phi}\boldsymbol{C}_{\mathrm{b}}^{\mathrm{n}}\boldsymbol{f}^{\mathrm{b}} - \boldsymbol{\Phi}\boldsymbol{C}_{\mathrm{b}}^{\mathrm{n}}\delta\boldsymbol{f}^{\mathrm{b}} - [2\delta\boldsymbol{\omega}_{\mathrm{ie}} + \delta\boldsymbol{\omega}_{\mathrm{en}}] \times \boldsymbol{v}^{\mathrm{n}} \\
&\quad - [2\boldsymbol{\omega}_{\mathrm{ie}} + \boldsymbol{\omega}_{\mathrm{en}}] \times \delta\boldsymbol{v}^{\mathrm{n}} - [2\delta\boldsymbol{\omega}_{\mathrm{ie}} + \delta\boldsymbol{\omega}_{\mathrm{en}}] \times \delta\boldsymbol{v}^{\mathrm{n}} + \delta\boldsymbol{g}_{\mathrm{l}}^{\mathrm{n}}
\end{aligned}
\tag{3-29}
$$

若忽略重力误差和误差乘积项，根据公式(3-29)可得速度误差如公式(3-30)所示：

$$
\delta\dot{\boldsymbol{v}}^{n} = -\boldsymbol{\psi} \times \boldsymbol{f}^{\mathrm{n}} - (2\delta\boldsymbol{\omega}_{\mathrm{ie}}^{\mathrm{n}} + \delta\boldsymbol{\omega}_{\mathrm{en}}^{\mathrm{n}}) \times \boldsymbol{v}^{\mathrm{n}} - (2\boldsymbol{\omega}_{\mathrm{ie}}^{\mathrm{n}} + \boldsymbol{\omega}_{\mathrm{en}}^{\mathrm{n}}) \times \delta\boldsymbol{v}^{\mathrm{n}} + \delta\boldsymbol{g}_{\mathrm{l}}^{\mathrm{n}} + \boldsymbol{C}_{\mathrm{b}}^{\mathrm{n}}\delta\boldsymbol{f}^{\mathrm{b}} \tag{3-30}
$$

3.2.3　SINS 位置误差方程

导航坐标系内的位置向量 $\boldsymbol{r}^{\mathrm{n}}$ 与地球系内的位置向量 $\boldsymbol{r}^{\mathrm{e}}$ 可以通过式(2-4)的旋转矩阵进行转换：

$$
\boldsymbol{r}^{\mathrm{n}} = \boldsymbol{C}_{\mathrm{e}}^{\mathrm{n}}\boldsymbol{r}^{\mathrm{e}} \tag{3-31}
$$

对上式求导，可得

$$
\begin{aligned}
\dot{\boldsymbol{r}}^{\mathrm{n}} &= \dot{\boldsymbol{C}}_{\mathrm{e}}^{\mathrm{n}}\boldsymbol{r}^{\mathrm{e}} + \boldsymbol{C}_{\mathrm{e}}^{\mathrm{n}}\dot{\boldsymbol{r}}^{\mathrm{e}} \\
&= -\boldsymbol{\Omega}_{\mathrm{en}}^{\mathrm{n}}\boldsymbol{C}_{\mathrm{e}}^{\mathrm{n}}\boldsymbol{r}^{\mathrm{e}} + \boldsymbol{C}_{\mathrm{e}}^{\mathrm{n}}\dot{\boldsymbol{r}}^{\mathrm{e}} \\
&= -\boldsymbol{\Omega}_{\mathrm{en}}^{\mathrm{n}}\boldsymbol{r}^{\mathrm{n}} + \boldsymbol{v}^{\mathrm{n}}
\end{aligned}
\tag{3-32}
$$

同样，可以得到估算的位置为

$$
\dot{\tilde{\boldsymbol{r}}}^{\mathrm{n}} = -\tilde{\boldsymbol{\Omega}}_{\mathrm{en}}^{\mathrm{n}}\tilde{\boldsymbol{r}}^{\mathrm{n}} + \tilde{\boldsymbol{v}}^{\mathrm{n}} \tag{3-33}
$$

公式(3-33)和(3-32)之间作差，可得

$$
\begin{aligned}
\delta\dot{\boldsymbol{r}}^{\mathrm{n}} &= \dot{\tilde{\boldsymbol{r}}}^{\mathrm{n}} - \dot{\boldsymbol{r}}^{\mathrm{n}} \\
&= \boldsymbol{\Omega}_{\mathrm{en}}^{\mathrm{n}}\boldsymbol{r}^{\mathrm{n}} - \tilde{\boldsymbol{\Omega}}_{\mathrm{en}}^{\mathrm{n}}\tilde{\boldsymbol{r}}^{\mathrm{n}} + \tilde{\boldsymbol{v}}^{\mathrm{n}} - \boldsymbol{v}^{\mathrm{n}} \\
&= \boldsymbol{\Omega}_{\mathrm{en}}^{\mathrm{n}}\boldsymbol{r}^{\mathrm{n}} - (\boldsymbol{\Omega}_{\mathrm{en}}^{\mathrm{n}} + \delta\boldsymbol{\Omega}_{\mathrm{en}}^{\mathrm{n}})(\boldsymbol{r}^{\mathrm{n}} + \delta\boldsymbol{r}^{\mathrm{n}}) + \delta\boldsymbol{v}^{\mathrm{n}} \\
&= -\boldsymbol{\omega}_{\mathrm{en}}^{\mathrm{n}} \times \delta\boldsymbol{r}^{\mathrm{n}} - \delta\boldsymbol{\omega}_{\mathrm{en}}^{\mathrm{n}} \times \boldsymbol{r}^{\mathrm{n}} - \delta\boldsymbol{\omega}_{\mathrm{en}}^{\mathrm{n}} \times \delta\boldsymbol{r}^{\mathrm{n}} + \delta\boldsymbol{v}^{\mathrm{n}}
\end{aligned}
\tag{3-34}
$$

式中，误差项定义为

$$
\delta\boldsymbol{r}^{\mathrm{n}} = \tilde{\boldsymbol{r}}^{\mathrm{n}} - \boldsymbol{r}^{\mathrm{n}} \tag{3-35}
$$

忽略误差乘积项，可得

$$\delta \dot{\boldsymbol{r}}^{\mathrm{n}} = -\boldsymbol{\omega}_{\mathrm{en}}^{\mathrm{n}} \times \delta \boldsymbol{r}^{\mathrm{n}} - \delta \boldsymbol{\omega}_{\mathrm{en}}^{\mathrm{n}} \times \boldsymbol{r}^{\mathrm{n}} + \delta \boldsymbol{v}^{\mathrm{n}} \tag{3-36}$$

3.3 解析式粗对准

粗对准过程主要分为两步：第一步是利用加速度计测得的比力信息进行俯仰角 θ 和横滚角 ϕ 的调平，获取俯仰角和横滚角粗略结果，完成调平对准过程；第二步是利用陀螺仪测量信息进行罗经对准，完成航向角的粗对准过程。

将导航坐标系下的速度微分方程重写为

$$\boldsymbol{C}_{\mathrm{b}}^{\mathrm{n}} \boldsymbol{f}^{\mathrm{b}} = \dot{\boldsymbol{v}}_{\mathrm{en}}^{\mathrm{n}} + (2\boldsymbol{\omega}_{\mathrm{ie}}^{\mathrm{n}} + \boldsymbol{\omega}_{\mathrm{en}}^{\mathrm{n}}) \times \boldsymbol{v}_{\mathrm{en}}^{\mathrm{n}} - \boldsymbol{g}^{\mathrm{n}} \tag{3-37}$$

式中，$\boldsymbol{f}^{\mathrm{b}}$ 为导航坐标系中的比力；$\dot{v}_{\mathrm{en}}^{\mathrm{n}}$ 为载体在导航系下的几何运动加速度；$2\boldsymbol{\omega}_{\mathrm{ie}}^{\mathrm{n}} \times \boldsymbol{v}_{\mathrm{en}}^{\mathrm{n}}$ 为由载体运动和地球自转引起的哥氏加速度；$\boldsymbol{\omega}_{\mathrm{en}}^{\mathrm{n}} \times \boldsymbol{v}_{\mathrm{en}}^{\mathrm{n}}$ 为由载体运动引起的对地向心加速度；$\boldsymbol{g}^{\mathrm{n}}$ 为当地重力矢量。

静基座情况下，载体运动速度近似为 0，则速度微分方程近似为

$$\boldsymbol{C}_{\mathrm{b}}^{\mathrm{n}} \boldsymbol{f}^{\mathrm{b}} = -\boldsymbol{g}^{\mathrm{n}} \tag{3-38}$$

导航坐标系采用北东地坐标系，因此上式中的重力矢量可以表示为

$$\boldsymbol{g}^{\mathrm{n}} = [0 \quad 0 \quad -\mathrm{g}]^{T} \tag{3-39}$$

地球自转角速度在导航坐标系下可表示为

$$\boldsymbol{\omega}_{\mathrm{ie}}^{\mathrm{n}} = [0 \quad \boldsymbol{\omega}_{\mathrm{ie}} \cos L \quad \omega_{\mathrm{ie}} \sin L]^{\mathrm{T}} \tag{3-40}$$

将式(3-39)和式(3-40)代入式(3-38)可得到俯仰角 θ 和横滚角 ϕ 为

$$\begin{bmatrix} \theta \\ \phi \end{bmatrix} = \begin{bmatrix} \arctan2(f_x, \sqrt{f_y^2 + f_z^2}) \\ \arctan2(-f_y, -f_z) \end{bmatrix} \tag{3-41}$$

式中，x，y，z 分别表示载体系三个坐标轴，指向前、右、下方向。调平的精度仅取决于加速度计的精度，如果想要达到 1mrad 的水平姿态精度，需要加速度计的精度高于 10^{-3}g。为避免机械振动和外部干扰，可以取数秒内加速度计测量结果的平均值将扰动平滑掉。

完成水平角粗对准后，利用陀螺仪进行航向粗对准。高精度陀螺仪(例如光纤陀螺)可以敏感到地球自转，在似静态条件下，测得的角速度和地球自转角速度有如下关系：

$$\boldsymbol{\omega}_{\mathrm{ib}}^{\mathrm{b}} = \boldsymbol{C}_{\mathrm{n}}^{\mathrm{b}} \boldsymbol{\omega}_{\mathrm{ie}}^{\mathrm{n}} \tag{3-42}$$

式中，$\boldsymbol{\omega}_{\mathrm{ib}}^{\mathrm{b}} = \boldsymbol{\omega}_{\mathrm{ie}}^{\mathrm{b}} + \boldsymbol{\omega}_{\mathrm{eb}}^{\mathrm{b}}$，对于似静态条件，有 $\boldsymbol{\omega}_{\mathrm{eb}}^{\mathrm{b}} = \boldsymbol{0}$。

展开公式(3-42)，可得

$$\begin{bmatrix} \omega_x \\ \omega_y \\ \omega_z \end{bmatrix} = \begin{bmatrix} \omega_{\mathrm{ie}} \cos L \cos\theta \cos\psi + \omega_{\mathrm{ie}} \sin L \sin\theta \\ \omega_{\mathrm{ie}} \cos L(-\cos\phi \sin\psi + \sin\phi \sin\theta \cos\psi) - \omega_{\mathrm{ie}} \sin L \sin\phi \cos\theta \\ \omega_{\mathrm{ie}} \cos L(\sin\phi \sin\psi + \cos\phi \sin\theta \cos\psi) - \omega_{\mathrm{ie}} \sin L \cos\phi \cos\theta \end{bmatrix} \tag{3-43}$$

省略具体推导过程，可以得到航向角的粗对准计算方法：

$$\psi = \arctan2(\omega_z\sin\phi - \omega_y\cos\phi,\ \omega_x\cos\theta + \omega_y\sin\theta\sin\phi + \omega_z\sin\theta\cos\phi) \tag{3-44}$$

在解析粗对准过程中，即使是非常小的角振动，引起的角速率也远大于地球自转角速率，因此，利用 IMU 的单个采样历元进行解析粗对准会导致结果出现较大偏差或不稳定。需要首先对数据进行平滑，一般可采用求取一段时间内 IMU 输出数据的均值作为解析粗对准的数据。

3.4 似静态精对准

粗对准完成以后，只能获得粗略的姿态信息，然而，一旦用户要求最小化速度和位置误差，大多数情况下均要求姿态精度达到 1mrad 甚至更高，大部分粗对准技术无法满足这个要求。因此，有必要进行一段时间的姿态校准，即精对准来提高姿态精度。精对准的实质是通过测量速度误差的增长，来间接敏感粗对准之后产生的剩余姿态误差。首要条件是认为惯导的位置是已知的，并且与地球表面相对静止，即惯性导航系统在导航坐标系中的理论速度为 0m/s，因此可以利用零速度积分更新策略，通过最优估计理论(如 Kalman 滤波)实现精对准。简单来说，精对准就是一个对粗对准的粗略姿态不断修正的过程。

3.4.1 滤波模型

似静态条件下，小失准角误差模型可写为

$$\dot{\boldsymbol{\psi}}^{\mathrm{n}} = -\boldsymbol{\omega}_{\mathrm{ie}}^{\mathrm{n}} \times \boldsymbol{\psi}^{\mathrm{n}} + \delta\boldsymbol{\omega}_{\mathrm{in}}^{\mathrm{n}} - \boldsymbol{\varepsilon} \tag{3-45}$$

对速度误差方程进行简化，可得

$$\delta\dot{\boldsymbol{v}}^{\mathrm{n}} = -2\boldsymbol{\omega}_{\mathrm{ie}}^{\mathrm{n}} \times \delta\boldsymbol{v}^{\mathrm{n}} - \boldsymbol{\psi} \times \boldsymbol{f}^{\mathrm{n}} + \nabla \tag{3-46}$$

建立 12 维滤波状态向量：

$$\boldsymbol{x} = [\delta v_N \quad \delta v_E \quad \delta v_D \quad \psi_N \quad \psi_E \quad \psi_D \quad \nabla_x \quad \nabla_y \quad \nabla_z \quad \varepsilon_x \quad \varepsilon_y \quad \varepsilon_z]^{\mathrm{T}} \tag{3-47}$$

本书中，精对准滤波的惯性器件零偏基于随机游走过程进行建模，因此有

$$\begin{aligned} \dot{\boldsymbol{\eta}} &= \boldsymbol{u}_{\eta} \\ \dot{\boldsymbol{\varepsilon}} &= \boldsymbol{u}_{\varepsilon} \end{aligned} \tag{3-48}$$

综上所述，可以得到精对准误差模型为

$$\begin{cases} \delta\dot{\boldsymbol{r}} = -\boldsymbol{\omega}_{\mathrm{en}} \times \delta\boldsymbol{r} + \delta\boldsymbol{v} \\ \delta\dot{\boldsymbol{v}} = -(\boldsymbol{\omega}_{\mathrm{ie}} + \boldsymbol{\omega}_{\mathrm{in}}) \times \delta\boldsymbol{v} - \delta\boldsymbol{\psi} \times \boldsymbol{f} + \boldsymbol{\eta} \\ \delta\dot{\boldsymbol{\psi}} = -\boldsymbol{\omega}_{\mathrm{in}} \times \delta\boldsymbol{\psi} + \boldsymbol{\varepsilon} \\ \dot{\boldsymbol{\eta}} = \boldsymbol{u}_{\eta} \\ \dot{\boldsymbol{\varepsilon}} = \boldsymbol{u}_{\varepsilon} \end{cases} \tag{3-49}$$

状态转移方程为

$$\dot{\boldsymbol{x}} = \boldsymbol{F}\boldsymbol{x} + \boldsymbol{w} \tag{3-50}$$

式中，动态矩阵 $\boldsymbol{F}$ 的具体形式直接给出：

$$\boldsymbol{F} = \begin{bmatrix} 0 & -2\omega_{\mathrm{ie}}\sin L & 0 & 0 & -f_D & f_E & & 0\ 0\ 0 \\ 2\omega_{\mathrm{ie}}\sin L & 0 & -2\omega_{\mathrm{ie}}\cos L & f_D & 0 & -f_N & C_{\mathrm{b}}^{\mathrm{n}} & 0\ 0\ 0 \\ 0 & 2\omega_{\mathrm{ie}}\cos L & 0 & -f_E & f_N & 0 & & 0\ 0\ 0 \\ 0 & \dfrac{1}{R_N + h} & 0 & 0 & -\omega_{\mathrm{ie}}\sin L & 0 & 0\ 0\ 0 & \\ -\dfrac{1}{R_M + h} & 0 & 0 & \omega_{\mathrm{ie}}\sin L & 0 & -\omega_{\mathrm{ie}}\cos L & 0\ 0\ 0 & -C_{\mathrm{b}}^{\mathrm{n}} \\ 0 & \dfrac{\tan L}{R_N + h} & 0 & 0 & \omega_{\mathrm{ie}}\cos L & 0 & 0\ 0\ 0 & \\ 0 & 0 & 0 & 0 & 0 & 0 & 0\ 0\ 0 & 0\ 0\ 0 \\ 0 & 0 & 0 & 0 & 0 & 0 & 0\ 0\ 0 & 0\ 0\ 0 \\ 0 & 0 & 0 & 0 & 0 & 0 & 0\ 0\ 0 & 0\ 0\ 0 \\ 0 & 0 & 0 & 0 & 0 & 0 & 0\ 0\ 0 & 0\ 0\ 0 \\ 0 & 0 & 0 & 0 & 0 & 0 & 0\ 0\ 0 & 0\ 0\ 0 \\ 0 & 0 & 0 & 0 & 0 & 0 & 0\ 0\ 0 & 0\ 0\ 0 \end{bmatrix} \tag{3-51}$$

在静态平台上，观测方程表示为

$$\boldsymbol{z} = \boldsymbol{H}\boldsymbol{x} + \boldsymbol{v} \tag{3-52}$$

式中，观测矩阵 $\boldsymbol{H}$ 可表示为

$$\boldsymbol{H} = [\boldsymbol{I}_{3\times 3} \quad \boldsymbol{0}_{3\times 9}] \tag{3-53}$$

观测向量 z 表示的是 INS 输出值与外部参考值之差：

$$z = [\delta V_N \quad \delta V_E \quad \delta V_D]^{\mathrm{T}} \tag{3-54}$$

在静态条件下，采取零速更新(ZUPT)策略进行更新。在构建完动力学模型和观测模型后，即可利用式(3-49)和式(3-51)进行卡尔曼滤波解算。采用 ZUPT 的 SINS 似静态对准中，理论上而言，只要保证惯导基座保持静止，惯导输出的速度就是速度误差。

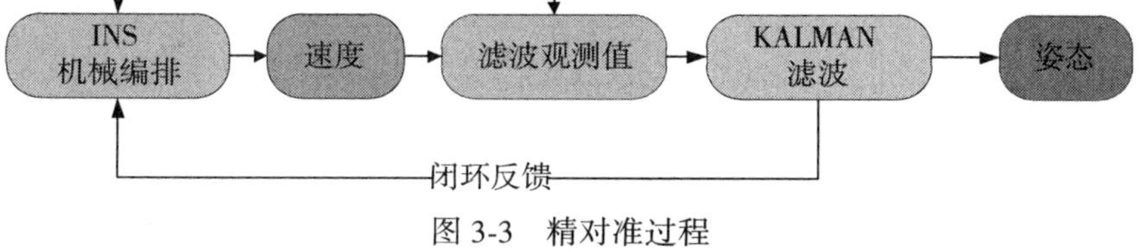

图 3-3 精对准过程

3.4.2　模拟算例

为了验证本书静基座初始对准算法，模拟了 IMU 器件误差进行静态数据采集实验。表 3-2 给出了模拟的 IMU 器件参数。IMU 采样率为 100Hz，位于北纬 34.22°，东经 117.14°，高程 100m。初始姿态角分别为俯仰角 1°，横滚角 1°，航向角 30°。失准角为 1°，1°，1°。

表 3-1　　模拟的 IMU 器件误差

	加速度计		陀　螺	
	零偏	速率随机游走	零偏	角度随机游走
X	0.75mg	55 μg/ $\sqrt{Hz}$	0.5 °/h	0.03 °/ $\sqrt{h}$
Y	0.75mg	55 μg/ $\sqrt{Hz}$	0.5 °/h	0.03 °/ $\sqrt{h}$
Z	0.75mg	55 μg/ $\sqrt{Hz}$	0.5 °/h	0.03 °/ $\sqrt{h}$

首先，进行粗对准获取 INS 的姿态初值。图 3-4 给出了模拟数据获得的粗对准结果，由于加速度计的零偏误差设置较小，水平失准角(俯仰角和横滚角)能够在 10s 内快速收敛到稳定值。在初始阶段，由于陀螺零偏和随机噪声误差的存在，航向角初始误差变化较大，航向角收敛较慢，大约在 20s 后开始收敛。最终，经过 100s 的粗对准，得到航向角初值为 32.577°，俯仰角初值为 0.956°以及横滚角初值为 1.042°。

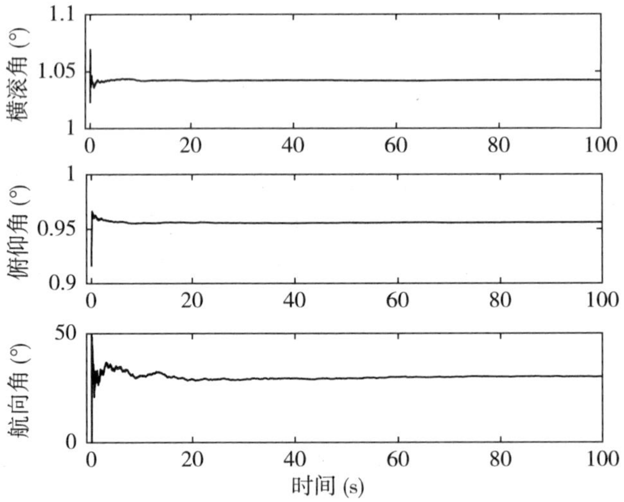

图 3-4　模拟数据粗对准结果

完成 INS 的粗对准以后，利用姿态角初值和 3.3.1 节中的 12 维全状态反馈形式滤波模型进行精对准，并利用 ZUPT 策略来提高精对准的对准精度。模拟算例中的 Kalman 滤波的初始方差阵设定如下：

$$\begin{cases}\boldsymbol{P} = \mathrm{diag}[\,(0.1\mathrm{m/s})^2 \quad (0.1\mathrm{m/s})^2 \quad (0.1\mathrm{m/s})^2 \quad (1^\circ)^2 \quad (1^\circ)^2 \quad (10^\circ)^2 \\ (0.75\mathrm{mg})^2 \quad (0.75\mathrm{mg})^2 \quad (0.75\mathrm{mg})^2 \quad (0.5^\circ/\mathrm{h})^2 \quad (0.5^\circ/\mathrm{h})^2 \quad (0.5^\circ/\mathrm{h})^2\,] \\ \boldsymbol{Q} = \mathrm{diag}[\,(55\mu\mathrm{g}/\sqrt{\mathrm{Hz}})^2 \quad (55\mu\mathrm{g}/\sqrt{\mathrm{Hz}})^2 \quad (55\mu\mathrm{g}/\sqrt{\mathrm{Hz}})^2 \\ (0.0667^\circ/\sqrt{\mathrm{h}})^2 \quad (0.03^\circ/\sqrt{\mathrm{h}})^2 \quad (0.03^\circ/\sqrt{\mathrm{h}})^2 \\ 0 \quad 0 \quad 0 \quad 0 \quad 0 \quad 0\,] \\ \boldsymbol{R} = [\,(0.01\mathrm{m/s})^2 \quad (0.01\mathrm{m/s})^2 \quad (0.01\mathrm{m/s})^2\,]\end{cases}$$

利用模拟数据进行了600s的精对准过程，姿态角估计结果如图3-5所示。从图中可以看到，水平姿态角收敛速度远远快于航向角。航向角经过大约200s收敛到稳定值，最终结果为30.762°，航向角对准精度为0.238°。俯仰角和横滚角经过精对准后结果变化不大，横滚角最终结果为1.013°，对准精度为0.013°，俯仰角最终结果为0.923°，对准精度为0.077°。通过姿态角精对准的过程来看，精对准对航向角的精确估计意义远远大于水平姿态角。

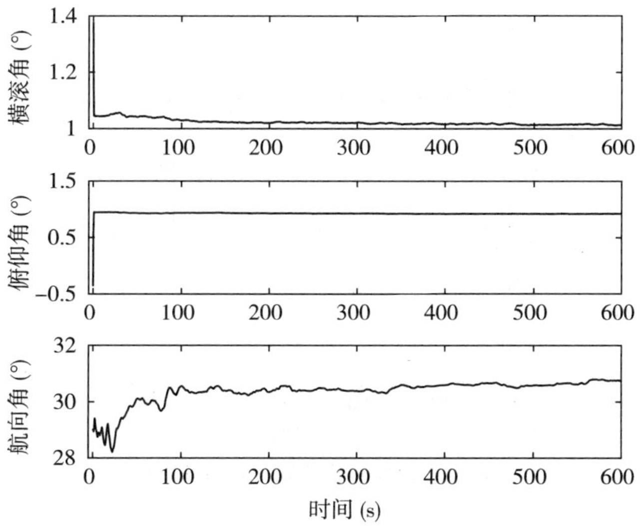

图3-5　模拟数据精对准结果

图3-6给出了失准角估计误差的结果，图3-7给出了加速度计零偏误差估计的结果，图3-8给出了陀螺零偏误差估计的结果。从图3-6可以看到，水平失准角误差能在数秒内能够准确快速估计并收敛，航向失准角误差经过100s后才逐渐趋于平稳，但是估计精度远不如水平失准角。因此会对航向角的估计精度产生影响。这个结果与图3-4中的精度准姿态角收敛情况是一致的。

从图3-7可以看到，只有垂直方向的 Z 轴加速度计零偏误差能准确估计并收敛，而水平方向的 X 轴和 Y 轴加速度计零偏误差不可估计，这是由于惯导倾角较小，水平方向的加速度计的零偏与倾斜误差是相关性较大导致的。

从图3-8中可以看出，由于惯导存在倾角，X 轴陀螺零偏和 Y 陀螺零偏可以估计，但是估计精度不高，用陀螺零偏的估计结果来修正原始输出，可一定程度上提高航向角的估计精度。垂直方向的 Z 轴陀螺零偏与垂直失准角耦合，因此难以准确估计。

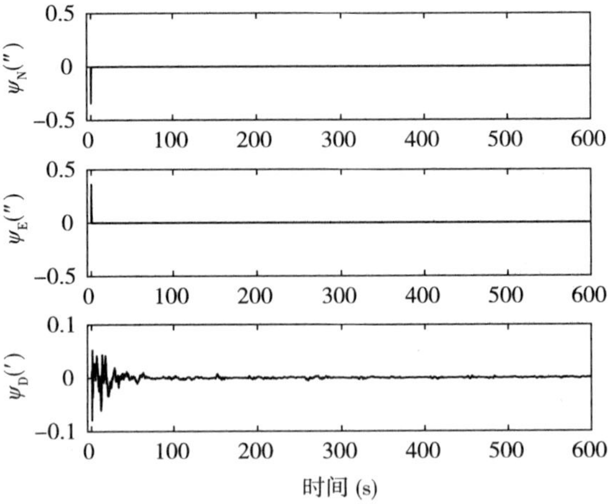

图 3-6　失准角误差估计结果

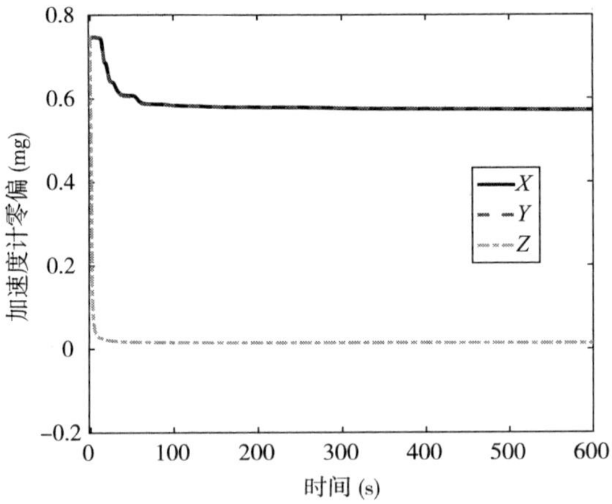

图 3-7　加速度计零偏误差估计结果

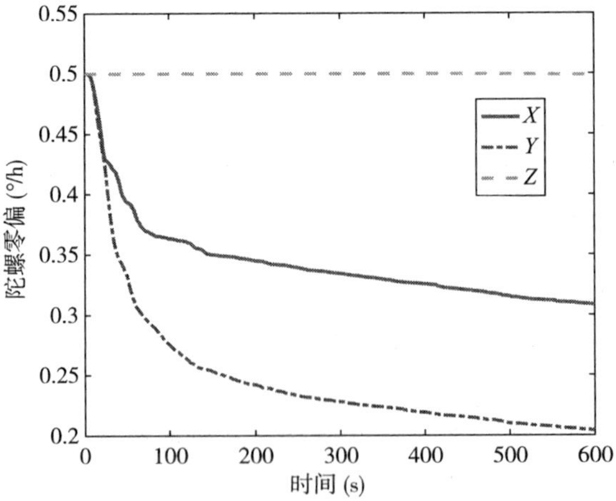

图 3-8　陀螺零偏误差估计结果

3.4.3 实测分析

为了进一步验证本研究的静基座初始对准算法，进行似静态条件下的实测数据实验。实验中采用707所研制的高精度光纤HZ325-1型IMU进行数据测试，其器件标称参数如表3-2所示。IMU的数据采样率为100Hz，共采集70min左右的数据。由于实际的姿态角绝对参考基准难以得到，文中采用精对准收敛1h后的姿态角作为参考值。

表3-2 **HZ325-1型IMU标称参数**

指标	加速度计		陀螺	
	零偏	速率随机游走	零偏	角度随机游走
参考值	0.2mg	$55\mu g/\sqrt{Hz}$	0.05°/h	$0.0067°/\sqrt{h}$

图3-9给出了本实验的硬件配置和场景。测试场地选在中国矿业大学环境与测绘学院6楼天台。惯性导航系统安置在稳定近似水平的水泥台上。为了提供航向角的参考值，利用GPS提供指北基线，利用全站仪使惯导安装的x轴尽量与当地北方向对齐。GPS相对定位精度在1~2cm，基线长度约为10m，所以航向角的参考值精度为±0.1°。

首先，利用解析法进行惯导的粗对准。为防止采集数据初期人为因素干扰(如走动)，采用数据采集3min后的IMU数据进行粗对准。图3-10为实测数据获得的粗对准结果，由于实验惯导采用导航级惯导，器件的零偏误差和噪声较小，水平失准角和航向角均能够在10s内快速收敛到稳定值。在经过60s的粗对准后，IMU的航向角解算结果为0.7429°，俯仰角解算结果为0.2054°，横滚角解算结果为0.2382°。

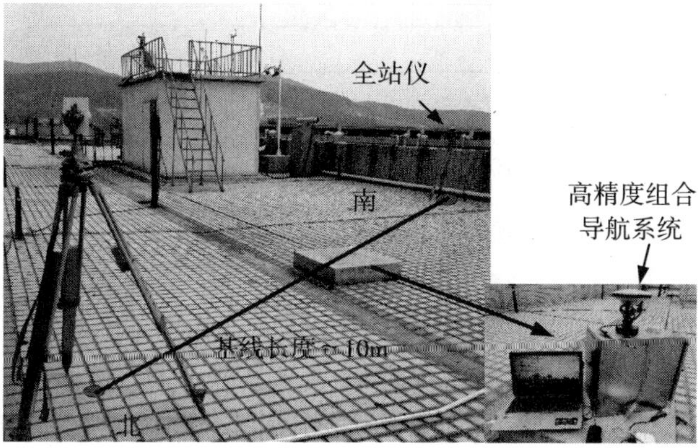

图3-9 初始对准实验配置

图3-11给出了前600s实测数据的精对准估计结果可以看出，水平姿态角的滤波估值较粗对准变化不大，收敛阶段的俯仰角均值为0.2058°(参考值为0.2067°)，估计误差为0.0009°，收敛阶段的横滚角均值为0.2379°(参考值为0.2377°)，估计误差为0.0002°。航向角收敛速度最慢，经过约100s后开始收敛，在最后时刻得到的航向角估

值为 0. 6527°(参考值为 0. 6200°)，估计误差为 0. 0327°。

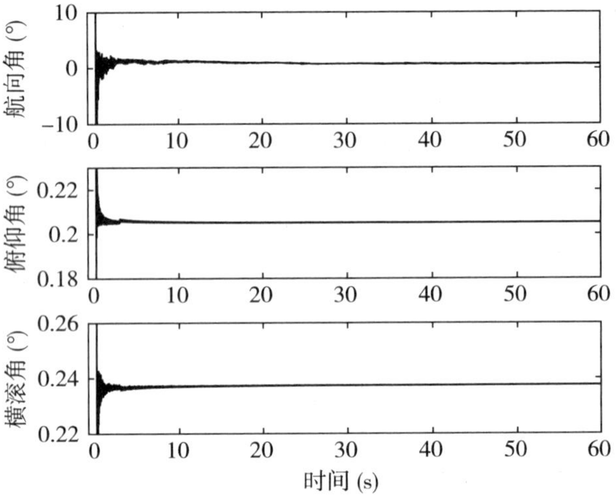

图 3-10　粗对准姿态角估计结果

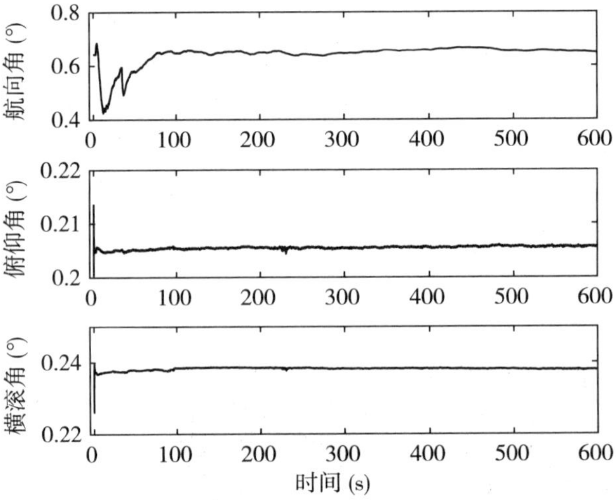

图 3-11　精对准姿态角估计结果

精对准估计得到的加速度计零偏和陀螺零偏分别如图 3-12 和图 3-13 所示，与仿真结果相近，垂直方向 Z 轴加速度计零偏能够快速收敛，而水平方向 X 轴和 Y 轴加速度计零偏无法估计。由于只有北向 X 轴陀螺零偏可估计，但是也无法收敛到非常精确的结果，而东向 Y 轴和垂直方向 Z 轴的陀螺零偏无法估计，因此限制了航向角估计结果的精度。

为了实现静基座对准中无法估计状态量的可估性，需要载体进行一定程度的机动，增强系统的可观测性，以实现状态量的完全估计。在这之前，首先要对静基座对准系统的可观测性进行分析，然后探讨通过 IMU 的机动来增强可观测性的方法。

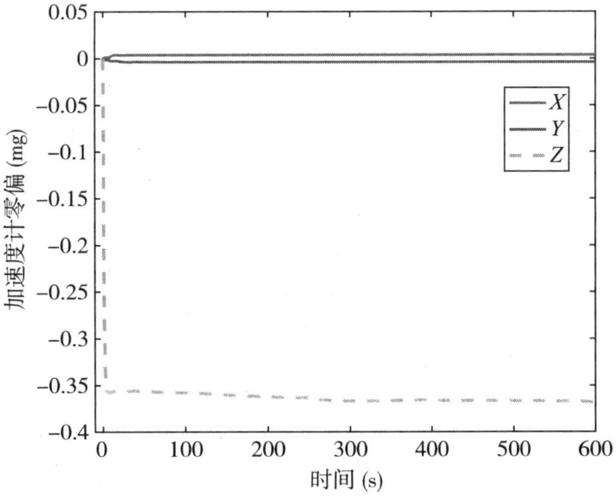

图 3-12　加速度计零偏估计结果

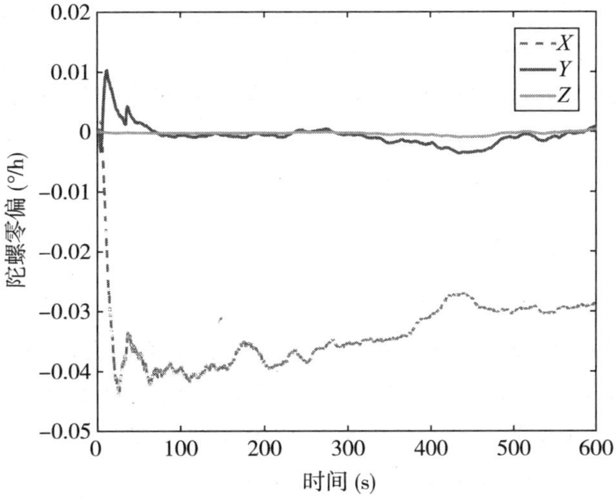

图 3-13　陀螺仪零偏估计结果

3.5　基于 EPEA 的非线性误差方程

利用传统的 EKF 进行初始对准时，需要在状态估值附近对非线性对准模型进行泰勒级数展开，取一阶截断来近似非线性函数，从而将模型变为易操作的线性模型。如果模型的非线性程度不强，EKF 可以获得较高的估计精度。然而，当惯性导航系统初始化过程中存在大失准角，尤其是大方位失准角时，对准模型的非线性程度极大增强，忽略系统高阶项的影响会导致引入较大的模型误差，从而使 EKF 滤波估计精度降低甚至发散。除此之外，EKF 算法在面对复杂的非线性模型时，会出现求解雅可比矩阵困难和数值稳定性问题。因此，有必要利用非线性滤波解决惯性导航系统的大失准角问题，提高初始对准精度。

为了解决 EKF 上述缺陷，Julier 等在确定性采样理论基础上，提出了基于无迹变换(unscented transformation，UT)的无迹卡尔曼滤波。无迹卡尔曼滤波不对模型的非线性程度有要求，也不需要求解雅可比矩阵。理论上，UT 变换至少能以三阶泰勒级数展开的精度逼近非线性函数状态的后验协方差和均值，因此无迹卡尔曼滤波的理论精度要高于 EKF。除此之外，常见的非线性滤波方法还有粒子滤波，但粒子滤波在计算过程中会产生大量粒子，并且当粒子匮乏时必须重采样，因此计算量大，实时性不高。总之，相对于 EKF 和 PF，UKF 具有较优的非线性逼近能力，且计算量介于两者之间，成为解决大失准角非线性对准中最常用的滤波方法。

惯性导航系统的实时性为滤波的计算复杂度提出了限制要求。考虑量测方程为线性时，可以采用混合滤波的思路对 UKF 进行简化，在量测阶段采用类似 EKF 的方法更新计算状态的后验协方差和均值。此外，通过增加采样点的方式确实能提高滤波精度，但同时也会增加计算复杂度。因此，采用合理的采样策略，在保证精度的前提下尽量减少采样点，是提高 UKF 计算效率的有效方法。

本章首先推导了基于欧拉平台误差角的非线性误差方程，在此基础上，给出了适用于大失准角的 SINS 对准模型，然后对传统 UKF 算法进行简化，提出了采用比例最小偏度的单行采样策略减少 UKF 采样复杂度，从定量分析的角度分析了算法的复杂度。最后，通过仿真实验对大失准角模型进行有效性验证，并且分析了基于比例最小偏度的单行采样的简化 UKF 算法在大失准角中的应用。

3.5.1　欧拉平台角微分方程

在小失准角假设下的 SINS 误差模型中，可以认为三个小失准角是与坐标系三轴的转动先后顺序无关的。但是，在大失准角的假设下，不能这么认为。本节利用欧拉平台误差角(euler platform error angle，EPEA)来描述失准角。记 ψ 为三个欧拉平台误差角 ψ_x、ψ_y、ψ_z，从导航坐标系 n 到计算坐标系 n′分别绕 Z 轴、X 轴和 Y 轴转动 ψ_z、ψ_x、ψ_y，则三个欧拉转动矩阵和方向余弦矩阵可按以下方式给出：

$$\boldsymbol{C}_{\psi_y}=\begin{bmatrix} c\psi_y & 0 & -s\psi_y \\ 0 & 1 & 0 \\ s\psi_y & 0 & c\psi_y \end{bmatrix},\ \boldsymbol{C}_{\psi_x}=\begin{bmatrix} 1 & 0 & 0 \\ 0 & c\psi_x & s\psi_x \\ 0 & -s\psi_x & c\psi_x \end{bmatrix},\ \boldsymbol{C}_{\psi_z}=\begin{bmatrix} c\psi_z & s\psi_z & 0 \\ -s\psi_z & c\psi_z & 0 \\ 0 & 0 & 1 \end{bmatrix}$$

$$\begin{aligned}\boldsymbol{C}_{\mathrm{n}}^{\mathrm{n'}}&=\boldsymbol{C}_{\psi_y}\boldsymbol{C}_{\psi_x}\boldsymbol{C}_{\psi_z}\\ &=\begin{bmatrix} c\psi_y c\psi_z - s\psi_x s\psi_y s\psi_z & c\psi_y s\psi_z + s\psi_x s\psi_y c\psi_z & -c\psi_x s\psi_y \\ -c\psi_x s\psi_z & c\psi_x c\psi_z & s\psi_x \\ s\psi_y c\psi_z + s\psi_x c\psi_y s\psi_z & s\psi_y s\psi_z - s\psi_x c\psi_y c\psi_z & c\psi_x c\psi_y \end{bmatrix}\end{aligned} \tag{3-55}$$

式中，$c\psi_i$ 和 $s\psi_i$ 分别表示 $\cos(\psi_i)$ 和 $\sin(\psi_i)$，$(i=x,\ y,\ z)$。

记 $\omega_{\mathrm{nn'}}^{\mathrm{n'}}$ 为 n′系相对 n 系的角速度，则 $\omega_{\mathrm{nn'}}^{\mathrm{n'}}$ 与 ψ 之间有如下转换关系：

$$\boldsymbol{\omega}_{\mathrm{nn}'}^{\mathrm{n}'}=\boldsymbol{C}_{\psi_y}\boldsymbol{C}_{\psi_x}\begin{bmatrix}0\\0\\\dot{\psi}_z\end{bmatrix}+\boldsymbol{C}_{\theta_y}\begin{bmatrix}\dot{\psi}_x\\0\\0\end{bmatrix}+\begin{bmatrix}0\\\dot{\psi}_y\\0\end{bmatrix}=\begin{bmatrix}c\psi_y & 0 & -s\psi_y c\psi_x\\0 & 1 & s\psi_x\\s\psi_y & 0 & c\psi_y c\psi_x\end{bmatrix}\begin{bmatrix}\dot{\psi}_x\\\dot{\psi}_y\\\dot{\psi}_z\end{bmatrix}=\boldsymbol{C}_{\psi}\begin{bmatrix}\dot{\psi}_x\\\dot{\psi}_y\\\dot{\psi}_z\end{bmatrix} \tag{3-56}$$

由上式可以得到欧拉平台误差角的一阶微分方程为

$$\dot{\boldsymbol{\psi}}=\boldsymbol{C}_{\psi}^{-1}\boldsymbol{\omega}_{\mathrm{nn}'}^{\mathrm{n}'} \tag{3-57}$$

式中，$\boldsymbol{C}_{\psi}^{-1}=\dfrac{1}{c\psi_x}\begin{bmatrix}c\psi_x c\psi_y & 0 & c\psi_x s\psi_y\\s\psi_x s\psi_y & c\psi_x & -s\psi_x c\psi_y\\-s\psi_y & 0 & c\psi_y\end{bmatrix}$

3.5.2 姿态误差方程

第 2 章公式(2-21)已经给出的以 n 系作为参考系的一阶姿态微分方程为

$$\dot{\boldsymbol{C}}_{\mathrm{n}}^{\mathrm{b}}=\boldsymbol{C}_{\mathrm{b}}^{\mathrm{n}}(\boldsymbol{\omega}_{\mathrm{nb}}^{\mathrm{b}}\times) \tag{3-58}$$

按照其一阶微分形式，可依次推导出 $\boldsymbol{C}_{\mathrm{b}}^{\mathrm{n}'}$ 和 $\boldsymbol{C}_{\mathrm{n}}^{\mathrm{n}'}$ 的一阶微分形式为

$$\dot{\boldsymbol{C}}_{\mathrm{b}}^{\mathrm{n}'}=\boldsymbol{C}_{\mathrm{b}}^{\mathrm{n}'}(\hat{\omega}_{\mathrm{nb}}^{\mathrm{b}}\times),\ \dot{\boldsymbol{C}}_{\mathrm{n}'}^{\mathrm{n}}=\boldsymbol{C}_{\mathrm{n}'}^{\mathrm{n}}(\omega_{\mathrm{nn}'}^{\mathrm{n}'}\times) \tag{3-59}$$

式中，$\boldsymbol{\omega}_{\mathrm{nb}}^{\mathrm{b}}=\boldsymbol{\omega}_{\mathrm{ib}}^{\mathrm{b}}-\boldsymbol{C}_{\mathrm{n}}^{\mathrm{b}}\boldsymbol{\omega}_{\mathrm{in}}^{\mathrm{n}}$；$\hat{\boldsymbol{\omega}}_{\mathrm{nb}}^{\mathrm{b}}=\hat{\boldsymbol{\omega}}_{\mathrm{ib}}^{\mathrm{b}}-\boldsymbol{C}_{\mathrm{n}'}^{\mathrm{b}}\hat{\boldsymbol{\omega}}_{\mathrm{in}}^{\mathrm{n}}=(\boldsymbol{\omega}_{\mathrm{ib}}^{\mathrm{b}}+\delta\boldsymbol{\omega}_{\mathrm{ib}}^{\mathrm{b}})-\boldsymbol{C}_{\mathrm{n}'}^{\mathrm{b}}(\boldsymbol{\omega}_{\mathrm{in}}^{\mathrm{n}}+\delta\boldsymbol{\omega}_{\mathrm{in}}^{\mathrm{n}})$。$\delta\boldsymbol{\omega}_{\mathrm{ib}}^{\mathrm{b}}$ 为陀螺的加性零偏误差，$\delta\boldsymbol{\omega}_{\mathrm{in}}^{\mathrm{n}}$ 是 $\boldsymbol{\omega}_{\mathrm{in}}^{\mathrm{n}}$ 的计算误差，且有 $\delta\boldsymbol{\omega}_{\mathrm{in}}^{\mathrm{n}}=\delta\boldsymbol{\omega}_{\mathrm{ie}}^{\mathrm{n}}+\delta\boldsymbol{\omega}_{\mathrm{en}}^{\mathrm{n}}$。定义姿态矩阵的误差为 $\Delta\boldsymbol{C}$，则有

$$\Delta\boldsymbol{C}=\boldsymbol{C}_{\mathrm{b}}^{\mathrm{n}'}-\boldsymbol{C}_{\mathrm{b}}^{\mathrm{n}} \tag{3-60}$$

对上式左右两边同时求微分，并将公式(3-58)和式(3-59)代入可得

$$\Delta\dot{\boldsymbol{C}}=\dot{\boldsymbol{C}}_{\mathrm{b}}^{\mathrm{n}'}-\dot{\boldsymbol{C}}_{\mathrm{b}}^{\mathrm{n}}=\boldsymbol{C}_{\mathrm{b}}^{\mathrm{n}'}(\hat{\boldsymbol{\omega}}_{\mathrm{nb}}^{\mathrm{n}}\times)-\boldsymbol{C}_{\mathrm{b}}^{\mathrm{n}}(\boldsymbol{\omega}_{\mathrm{nb}}^{\mathrm{n}}\times) \tag{3-61}$$

对式(3-60)展开有

$$\Delta\boldsymbol{C}=\boldsymbol{C}_{\mathrm{b}}^{\mathrm{n}'}-\boldsymbol{C}_{\mathrm{b}}^{\mathrm{n}}=\boldsymbol{C}_{\mathrm{b}}^{\mathrm{n}'}-\boldsymbol{C}_{\mathrm{n}'}^{\mathrm{n}}\boldsymbol{C}_{\mathrm{b}}^{\mathrm{n}'}=(\boldsymbol{I}-\boldsymbol{C}_{\mathrm{n}}^{\mathrm{n}'})\boldsymbol{C}_{\mathrm{b}}^{\mathrm{n}'} \tag{3-62}$$

继续对上式左右两边同时求微分，并将公式(3-58)和式(3-59)代入可得

$$\Delta\dot{\boldsymbol{C}}=-\dot{\boldsymbol{C}}_{\mathrm{n}'}^{\mathrm{n}}\boldsymbol{C}_{\mathrm{b}}^{\mathrm{n}'}+(\boldsymbol{I}-\boldsymbol{C}_{\mathrm{n}'}^{\mathrm{n}})\dot{\boldsymbol{C}}_{\mathrm{b}}^{\mathrm{n}'}=-\dot{\boldsymbol{C}}_{\mathrm{n}'}^{\mathrm{n}}\boldsymbol{C}_{\mathrm{b}}^{\mathrm{n}'}+(\boldsymbol{I}-\boldsymbol{C}_{\mathrm{n}'}^{\mathrm{n}})\boldsymbol{C}_{\mathrm{b}}^{\mathrm{n}'}(\hat{\boldsymbol{\omega}}_{\mathrm{nb}}^{\mathrm{b}}\times) \tag{3-63}$$

将公式(3-62)减去式(3-63)可得

$$\dot{\boldsymbol{C}}_{\mathrm{n}'}^{\mathrm{n}}\boldsymbol{C}_{\mathrm{b}}^{\mathrm{n}'}+\boldsymbol{C}_{\mathrm{n}'}^{\mathrm{n}}\boldsymbol{C}_{\mathrm{b}}^{\mathrm{n}'}(\hat{\boldsymbol{\omega}}_{\mathrm{nb}}^{\mathrm{b}}\times)-\boldsymbol{C}_{\mathrm{b}}^{\mathrm{n}}(\boldsymbol{\omega}_{\mathrm{nb}}^{\mathrm{b}}\times)=0 \tag{3-64}$$

对上式左乘 $\boldsymbol{C}_{\mathrm{n}}^{\mathrm{n}'}$，右乘 $\boldsymbol{C}_{\mathrm{n}'}^{\mathrm{b}}$ 可得

$$\boldsymbol{C}_{\mathrm{n}}^{\mathrm{n}'}\dot{\boldsymbol{C}}_{\mathrm{n}'}^{\mathrm{n}}+\boldsymbol{C}_{\mathrm{b}}^{\mathrm{n}'}(\hat{\boldsymbol{\omega}}_{\mathrm{nb}}^{\mathrm{b}}\times)\boldsymbol{C}_{\mathrm{n}'}^{\mathrm{b}}-\boldsymbol{C}_{\mathrm{b}}^{\mathrm{n}'}(\boldsymbol{\omega}_{\mathrm{nb}}^{\mathrm{b}}\times)\boldsymbol{C}_{\mathrm{n}'}^{\mathrm{b}}=0 \tag{3-65}$$

将公式(3-58)和(3-59)代入上式可得

$$(\boldsymbol{\omega}_{\mathrm{nn}'}^{\mathrm{n}'}\times)+\boldsymbol{C}_{\mathrm{b}}^{\mathrm{n}'}(\hat{\boldsymbol{\omega}}_{\mathrm{nb}}^{\mathrm{b}}\times)\boldsymbol{C}_{\mathrm{n}'}^{\mathrm{b}}-\boldsymbol{C}_{\mathrm{b}}^{\mathrm{n}'}(\boldsymbol{\omega}_{\mathrm{nb}}^{\mathrm{b}}\times)\boldsymbol{C}_{\mathrm{n}'}^{\mathrm{b}}=0 \tag{3-66}$$

由于反对称矩阵相似变化性质存在如下形式的转换关系：

$$(\boldsymbol{M}^{\alpha}\times)=\boldsymbol{C}_{\beta}^{\alpha}(\boldsymbol{M}^{\beta}\times)\boldsymbol{C}_{\alpha}^{\beta} \tag{3-67}$$

因此有

$$\boldsymbol{C}_{\mathrm{b}}^{\mathrm{n}'}(\hat{\boldsymbol{\omega}}_{\mathrm{nb}}^{\mathrm{b}}\times)\boldsymbol{C}_{\mathrm{n}'}^{\mathrm{b}}=(\hat{\boldsymbol{\omega}}_{\mathrm{nb}}^{\mathrm{n}'}\times),\quad \boldsymbol{C}_{\mathrm{b}}^{\mathrm{n}'}(\boldsymbol{\omega}_{\mathrm{nb}}^{\mathrm{b}}\times)\boldsymbol{C}_{\mathrm{n}'}^{\mathrm{b}}=(\boldsymbol{\omega}_{\mathrm{nb}}^{\mathrm{n}'}\times) \tag{3-68}$$

所以公式(3-66)可以写成

$$(\boldsymbol{\omega}_{\mathrm{nn}'}^{\mathrm{n}'}\times)=\boldsymbol{C}_{\mathrm{b}}^{\mathrm{n}'}((\hat{\boldsymbol{\omega}}_{\mathrm{nb}}^{\mathrm{n}'}\times)-(\boldsymbol{\omega}_{\mathrm{nb}}^{\mathrm{n}'}\times)) \tag{3-69}$$

根据反对称矩阵和矢量之间的关系可以将上式改写为矢量形式，有

$$\boldsymbol{\omega}_{\mathrm{nn}'}^{\mathrm{n}'}=\boldsymbol{C}_{\mathrm{b}}^{\mathrm{n}'}(\hat{\boldsymbol{\omega}}_{\mathrm{nb}}^{\mathrm{n}'}-\boldsymbol{\omega}_{\mathrm{nb}}^{\mathrm{n}'}) \tag{3-70}$$

即

$$\boldsymbol{\omega}_{\mathrm{nn}'}^{\mathrm{n}'}=(\boldsymbol{I}-\boldsymbol{C}_{\mathrm{n}}^{\mathrm{n}'})\hat{\boldsymbol{\omega}}_{\mathrm{in}}^{\mathrm{n}}+\boldsymbol{C}_{\mathrm{n}}^{\mathrm{n}'}\delta\boldsymbol{\omega}_{\mathrm{in}}^{\mathrm{n}}-\boldsymbol{C}_{\mathrm{b}}^{\mathrm{n}'}\delta\boldsymbol{\omega}_{\mathrm{ib}}^{\mathrm{n}} \tag{3-71}$$

将上式代入 3. 5. 1 节中推导的欧拉平台误差角微分方程(3-57)可得

$$\dot{\boldsymbol{\psi}}=\boldsymbol{C}_{\psi}^{-1}[(\boldsymbol{I}-\boldsymbol{C}_{\mathrm{n}}^{\mathrm{n}'})\hat{\boldsymbol{\omega}}_{\mathrm{in}}^{\mathrm{n}}+\boldsymbol{C}_{\mathrm{n}}^{\mathrm{n}'}\delta\boldsymbol{\omega}_{\mathrm{in}}^{\mathrm{n}}-\boldsymbol{C}_{\mathrm{b}}^{\mathrm{n}'}\delta\boldsymbol{\omega}_{\mathrm{ib}}^{\mathrm{n}}] \tag{3-72}$$

上式即为基于欧拉平台误差角的任意失准角非线性姿态误差方程。

当水平失准角 ψ_x、ψ_y 为小角度时，则 $\boldsymbol{C}_{\psi}^{-1}$ 可以近似为

$$\boldsymbol{C}_{\psi}^{-1}=\begin{bmatrix}1 & 0 & \psi_y\\ 0 & 1 & -\psi_x\\ -\psi_y & 0 & 1\end{bmatrix} \tag{3-73}$$

当方位失准角为大失准角时，一般考虑水平失准角 ψ_x、ψ_y 为小量，在公式(3-73)中将其近似为零，则 $\boldsymbol{C}_{\psi}^{-1}$ 可近似为单位矩阵，公式(3-72)可以简化为

$$\dot{\boldsymbol{\psi}}=(\boldsymbol{I}-\boldsymbol{C}_{\mathrm{n}}^{\mathrm{n}'})\hat{\boldsymbol{\omega}}_{\mathrm{in}}^{\mathrm{n}}+\boldsymbol{C}_{\mathrm{n}}^{\mathrm{n}'}\delta\boldsymbol{\omega}_{\mathrm{in}}^{\mathrm{n}}-\boldsymbol{C}_{\mathrm{b}}^{\mathrm{n}'}\delta\boldsymbol{\omega}_{\mathrm{ib}}^{\mathrm{n}} \tag{3-74}$$

上式即为基于欧拉平台误差角的 SINS 大方位失准角姿态误差非线性方程。

3.5.3　速度误差方程

在第二章中推导了理想情况下的导航系速度误差微分方程，然而真实情况下速度误差微分方程各项参数都是包含误差的，因此，实际的速度误差微分方程可表示为

$$\dot{\hat{\boldsymbol{v}}}^{\mathrm{n}}=\boldsymbol{C}_{\mathrm{b}}^{\mathrm{n}'}\hat{\boldsymbol{f}}^{\mathrm{b}}-(2\hat{\boldsymbol{\omega}}_{\mathrm{ie}}^{\mathrm{n}}+\hat{\boldsymbol{\omega}}_{\mathrm{en}}^{\mathrm{n}})\times\hat{\boldsymbol{v}}^{\mathrm{n}}+\hat{\boldsymbol{g}}^{\mathrm{n}} \tag{3-75}$$

假设上式各项参数均包含加性误差，即有

$$\begin{cases}\hat{\boldsymbol{v}}^{\mathrm{n}}=\boldsymbol{v}^{\mathrm{n}}+\delta\boldsymbol{v}^{\mathrm{n}}\\ \hat{\boldsymbol{f}}^{\mathrm{n}}=\boldsymbol{f}^{\mathrm{n}}+\delta\boldsymbol{f}^{\mathrm{n}}\\ \hat{\boldsymbol{g}}^{\mathrm{n}}=\boldsymbol{g}^{\mathrm{n}}+\delta\boldsymbol{g}^{\mathrm{n}}\\ \hat{\boldsymbol{\omega}}_{\mathrm{en}}^{\mathrm{n}}=\boldsymbol{\omega}_{\mathrm{en}}^{\mathrm{n}}+\delta\boldsymbol{\omega}_{\mathrm{en}}^{\mathrm{n}}\\ \hat{\boldsymbol{\omega}}_{\mathrm{ie}}^{\mathrm{n}}=\boldsymbol{\omega}_{\mathrm{ie}}^{\mathrm{n}}+\delta\boldsymbol{\omega}_{\mathrm{ie}}^{\mathrm{n}}\end{cases} \tag{3-76}$$

式中，δv^{n}、δf^{n} 和 δg^{n} 分别为速度量测误差、加速度计量测误差和重力误差。

将式(3-75)与式(2-32)作差，整理可得 SINS 速度非线性误差方程为

$$\begin{aligned}\delta\dot{\boldsymbol{v}}^{\mathrm{n}}=&[\boldsymbol{I}-(\boldsymbol{C}_{\mathrm{n}}^{\mathrm{n}'})^{\mathrm{T}}]\boldsymbol{C}_{\mathrm{b}}^{\mathrm{n}'}\hat{\boldsymbol{f}}^{\mathrm{b}}+(\boldsymbol{C}_{\mathrm{n}}^{\mathrm{n}'})^{\mathrm{T}}\boldsymbol{C}_{\mathrm{b}}^{\mathrm{n}'}\delta\boldsymbol{f}^{\mathrm{b}}-(2\delta\boldsymbol{\omega}_{\mathrm{ie}}^{\mathrm{n}}+\delta\boldsymbol{\omega}_{\mathrm{en}}^{\mathrm{n}})\times(\hat{v}^{\mathrm{n}}-\delta v^{\mathrm{n}})\\ &-(2\hat{\boldsymbol{\omega}}_{\mathrm{ie}}^{\mathrm{n}}+\hat{\boldsymbol{\omega}}_{\mathrm{en}}^{\mathrm{n}})\times\delta\boldsymbol{v}^{\mathrm{n}}+\delta\boldsymbol{g}^{\mathrm{n}}\end{aligned} \tag{3-77}$$

式中，计算参数误差 $\delta\boldsymbol{\omega}_{\mathrm{ie}}^{\mathrm{n}}$ 和 $\delta\omega_{\mathrm{en}}^{\mathrm{n}}$ 的具体形式可表示为 $\delta\boldsymbol{\omega}_{\mathrm{ie}}^{\mathrm{n}}=\begin{bmatrix}0\\-\omega_{\mathrm{ie}}\sin\hat{L}\delta L\\\omega_{\mathrm{ie}}\cos\hat{L}\delta L\end{bmatrix}$；

$$\delta\boldsymbol{\omega}_{\mathrm{en}}^{\mathrm{n}}=\begin{bmatrix}-\delta v_N^{\mathrm{n}}/(\hat{R}_M+\hat{h})\\\delta v_E^{\mathrm{n}}/(\hat{R}_N+\hat{h})\\(\tan\hat{L}\delta v_E^{\mathrm{n}}+\hat{v}_E^{n}\sec^2\hat{L}\delta L)/(\hat{R}_N+\hat{h})\end{bmatrix}。$$

上式即为 SINS 任意失准角下的速度误差非线性方程。

由于在静基座对准中，一般不将位置误差作为系统参数，因此对于位置误差方程这里不再赘述。

3.6 大失准角 SINS 对准模型

初始对准阶段一般时间较短，IMU 器件随机游走误差带来的影响较小，因此可以将初始对准阶段陀螺仪的噪声看成由常值漂移 $\boldsymbol{\varepsilon}^{\mathrm{b}}$ 和高斯白噪声 $\boldsymbol{\sigma}_g^{\mathrm{b}}$ 组成的，同样，加速度计的噪声也由常值漂移 ∇^{b} 和高斯白噪声 $\boldsymbol{\sigma}_{\mathrm{a}}^{\mathrm{b}}$ 组成。忽略较小的重力加速度误差 δg^{n} 的影响，SINS 大失准角对准的随机误差模型可以写为

$$\begin{cases}\dot{\boldsymbol{\varepsilon}}^{\mathrm{b}}=0\\\dot{\nabla}^{\mathrm{b}}=0\end{cases}\tag{3-78}$$

根据式(3-74)、式(3-77)、式(3-78)可以建立大方位失准角下 SINS 的非线性系统误差模型[176]：

$$\begin{cases}\dot{\boldsymbol{\psi}}=(\boldsymbol{I}-\boldsymbol{C}_{\mathrm{n}}^{\mathrm{n}'})\hat{\boldsymbol{\omega}}_{\mathrm{in}}^{\mathrm{n}}+\boldsymbol{C}_{\mathrm{n}}^{\mathrm{n}'}\delta\boldsymbol{\omega}_{\mathrm{in}}^{\mathrm{n}}-\boldsymbol{C}_{\mathrm{b}}^{\mathrm{n}'}(\boldsymbol{\varepsilon}^{\mathrm{b}}+\boldsymbol{\sigma}_g^{\mathrm{b}})\\\delta\dot{\boldsymbol{v}}^{\mathrm{n}}=[\boldsymbol{I}-\boldsymbol{C}_{\mathrm{n}}^{\mathrm{n}'\mathrm{T}}]\boldsymbol{C}_{\mathrm{b}}^{\mathrm{n}'}\hat{\boldsymbol{f}}^{\mathrm{b}}-(2\delta\boldsymbol{\omega}_{\mathrm{ie}}^{\mathrm{n}}+\delta\boldsymbol{\omega}_{\mathrm{en}}^{\mathrm{n}})\times(\hat{\boldsymbol{V}}^{\mathrm{n}}-\delta\boldsymbol{v}^{\mathrm{n}})\\\qquad-(2\hat{\boldsymbol{\omega}}_{\mathrm{ie}}^{\mathrm{n}}+\hat{\boldsymbol{\omega}}_{\mathrm{en}}^{\mathrm{n}})\times\delta\boldsymbol{v}^{\mathrm{n}}+\boldsymbol{C}_{\mathrm{n}}^{\mathrm{n}'\mathrm{T}}\boldsymbol{C}_{\mathrm{b}}^{\mathrm{n}'}(\nabla^{\mathrm{b}}+\boldsymbol{\sigma}_{\mathrm{a}}^{\mathrm{b}})\\\dot{\boldsymbol{\varepsilon}}^{\mathrm{b}}=0\\\dot{\nabla}^{\mathrm{b}}=0\end{cases}\tag{3-79}$$

从上式可以看出，想要求得姿态误差方程和速度误差方程的具体展开形式是非常困难的，也很难求取二者的雅可比矩阵形式，因此线性滤波方法无法应用该模型，必须采用非线性滤波的方法来解决。

建立 12 维全状态向量为

$$\boldsymbol{x}=[\psi_N\quad\psi_E\quad\psi_D\quad\delta v_N\quad\delta v_E\quad\delta v_D\quad\varepsilon_x\quad\varepsilon_y\quad\varepsilon_z\quad\nabla_x\quad\nabla_y\quad\nabla_z]^{\mathrm{T}}\tag{3-80}$$

相应的噪声向量为

$$\boldsymbol{w}=[w_x^g\quad w_y^g\quad w_z^g\quad w_x^{acc}\quad w_y^{acc}\quad w_z^{acc}\quad 0\quad 0\quad 0\quad 0\quad 0\quad 0]^{\mathrm{T}}\tag{3-81}$$

以上则为非线性滤波的状态方程。采用 ZUPT 方法，以速度误差作为观测量建立系统方程为

$$\begin{cases}\dot{\boldsymbol{x}} = f(\boldsymbol{x}) + g(\boldsymbol{x})\boldsymbol{w} \\ z = \boldsymbol{H}\boldsymbol{x} + \boldsymbol{v}\end{cases} \tag{3-82}$$

式中，$f(\boldsymbol{x})$ 和 $g(\boldsymbol{x})$ 的具体形式已在式(4-25)给出；$\boldsymbol{v}$ 为速度量测噪声；观测矩阵 $\boldsymbol{H}$ 可表示为

$$\boldsymbol{H} = [\boldsymbol{0}_{3\times3} \quad \boldsymbol{I}_{3\times3} \quad \boldsymbol{0}_{3\times3} \quad \boldsymbol{0}_{3\times3}] \tag{3-83}$$

基于欧拉平台误差角的大失准角对准模型是非线性的，为解决非线性系统的最优估计问题，目前经常采用 EKF、UKF 和 PF 等次优近似的滤波估计方法。但考虑到前文所述的 EKF 求解该模型的雅可比矩阵困难，再者存在 PF 会在计算过程中产生大量粒子，计算量大且耗时长，影响导航的实时性等弊端，因此，本书采用 UKF 的方法来解决大失准角对准模型的估计问题。

3.7　简化无迹卡尔曼滤波

Kalman 滤波可以直接通过线性方程对状态统计量进行转移，而 UKF 必须借助于 UT 变换计算 sigma 采样点来演化状态分布特性的转移。因此，就计算复杂度而言，由于要产生 sigma 点，UKF 的复杂度远远大于 Kalman 滤波。因此，寻求 UKF 的简化方法是有意义的。一般可着眼于三个方面：一是参照 Kalman 滤波的“预测—修正”的线性算法模式，对 UKF 算法框架的简化；二是剔除非线性方程中非重要项，对非线性方程进行简化；三是针对 sigma 点的采样模式进行简化，在确保精度的前提下使用更少的 sigma 点。

3.7.1　UT 变换

UKF 算法的核心是 UT 变换，通过一定数量的采样点(即 sigma 点)来无限近似一个高斯分布，获得系统状态的近似先验统计特性，再通过描述系统的非线性方程计算状态的后验分布特性。应用合理的 sigma 点采样策略，如采样点的数量、位置以及相应权值，可以保证在充分描述输入状态变量分布特征的同时，令逼近输出性能指标的目标代价函数最小。

传统的 UKF 算法一般使用对称采样策略。假设存在 m 维随机变量 $\boldsymbol{x}_{k-1}$，其均值为 $\hat{\boldsymbol{x}}_{k-1}$，方差为 $\boldsymbol{P}_{k-1} \in \boldsymbol{R}^{m\times m}$。则基于 Cholesky 分解对状态变量预测协方差进行分解，可得

$$\boldsymbol{P}_{k-1} = \boldsymbol{L}_{k-1}\boldsymbol{L}_{k-1}^{\mathrm{T}} \tag{3-84}$$

式中，$\boldsymbol{L}_{k-1} \in \boldsymbol{R}^{m\times m}$ 为 Cholesky 分解的下三角矩阵。产生的 $2m+1$ 个列向量 $\boldsymbol{\chi}_{k-1}$(即 sigma 点)为[177]

$$\boldsymbol{\chi}_{k-1} = [\hat{\boldsymbol{x}}_{k-1} \quad \hat{\boldsymbol{x}}_{k-1} + \sqrt{m+\lambda} * \boldsymbol{L}_{k-1} \quad \hat{\boldsymbol{x}}_{k-1} - \sqrt{m+\lambda} * \boldsymbol{L}_{k-1}] \tag{3-85}$$

式中，$\lambda = \alpha^2(m+\kappa) - m$ 为尺度参数，用来调整每个 sigma 点到均值的距离；κ 为常数，设置为 0 或 $3-m$；α 为 sigma 点到 $\hat{\boldsymbol{X}}_{k-1}$ 的距离，一般取值为 $10^{-4} \sim 1$。

sigma 点采样点的对应的权值定义为

$$\begin{aligned} &\boldsymbol{W}_0^m = \lambda/(m+\lambda) \\ &\boldsymbol{W}_0^c = \lambda/(m+\lambda) + (1+\alpha^2-\beta) \\ &\boldsymbol{W}_i^m = \boldsymbol{W}_i^c = 1/2(m+\lambda),\ i=1,\ 2,\ \cdots,\ 2m \end{aligned} \tag{3-86}$$

式中，$\boldsymbol{W}_i^m$，$\boldsymbol{W}_i^c$ 分别为均值和方差的权值；β 用于先验信息，对于高斯分布取 $\beta=2$。

对每一个采样点按照非线性函数 f 进行非线性变换，可得

$$\hat{\boldsymbol{\chi}}_{k,\ k-1} = f(\boldsymbol{\chi}_{k-1},\ \boldsymbol{w}_k) \tag{3-87}$$

顾及相应权值，对 $\hat{\boldsymbol{\chi}}_{k,\ k-1}$ 加权求和可得

$$\hat{\boldsymbol{X}}_{k,\ k-1} = \sum_{i=0}^{2m} \boldsymbol{W}_i^m \hat{\boldsymbol{\chi}}_{k,\ k-1|i} \tag{3-88}$$

通过以上过程，就完成了对状态变量的 UT 变换。经过 UT 变换得到的 sigma 点具有以下性质[178]：

(1)由于 sigma 点是围绕随机变量均值并按照对称分布进行采样的，因此 sigma 点集合具有与随机变量同等大小的均值。

(2)对于 sigma 点集合的方差矩阵，有

$$\begin{aligned} \boldsymbol{P} &= \sum_{i=0}^{2m} \boldsymbol{W}_i \{\chi_i - \bar{x}\}\{\chi_i - \bar{x}\}^{\mathrm{T}} = \sum_{i=1}^{m} 2\boldsymbol{W}_{ii}(m+\lambda)(\sqrt{\boldsymbol{P}_x})_i(\sqrt{\boldsymbol{P}_x})_i^{\mathrm{T}} \\ &= \sum_{i=1}^{m} (\sqrt{\boldsymbol{P}_x})_i(\sqrt{\boldsymbol{P}_x})_i^{\mathrm{T}} = \boldsymbol{P}_x \end{aligned} \tag{3-89}$$

证明了 sigma 点集合具有与随机变量同等大小的方差。

(3)sigma 点集合具有与随机变量同样的高阶奇次中心矩。

3.7.2 复杂加性噪声 UKF 滤波模型

简单加性噪声滤波模型中，噪声项是常值，直接加和的，可按如下公式进行描述：

$$\begin{cases} \boldsymbol{x}_k = f(x_{k-1}) + \boldsymbol{w}_{k-1} \\ \boldsymbol{z}_k = h(x_k) + \boldsymbol{v}_k \end{cases} \tag{3-90}$$

复杂加性噪声模型与加性噪声滤波模型的不同点在于模型中噪声项是线性的，可描述为

$$\begin{cases} \boldsymbol{x}_k = \boldsymbol{f}(x_{k-1}) + \boldsymbol{g}(x_{k-1})\boldsymbol{w}_{k-1} \\ \boldsymbol{z}_k = \boldsymbol{h}(x_k) + \boldsymbol{j}(x_{k-1})\boldsymbol{v}_k(x_k) \end{cases} \tag{3-91}$$

式中，$\boldsymbol{f}$、$\boldsymbol{g}$、$\boldsymbol{h}$、$\boldsymbol{j}$ 均可为非线性函数。

简单加性噪声滤波模型是复杂加性噪声模型的特例，后者比前者应用范围更广。从本章推导的大失准角 SINS 对准模型中可以看出，姿态误差方程和速度误差方程中含有 EPEA 与各类噪声之间的乘积项，因此，理论上该误差模型不属于简单的加性噪声误差模型，必须采用基于复杂加性噪声的无迹卡尔曼滤波进行滤波解算。

省略具体推导过程，将基于复杂噪声 UKF 滤波模型计算过程叙述如下：

1. 状态参数初始化

$$
\begin{aligned}
\hat{\boldsymbol{X}}_0 &= E[\boldsymbol{X}_0] \\
\boldsymbol{P}_0 &= E[(\boldsymbol{X}_0 - \hat{\boldsymbol{X}}_0)(\boldsymbol{X}_0 - \hat{\boldsymbol{X}}_0)^{\mathrm{T}}]
\end{aligned}
\tag{3-92}
$$

2. 时间更新

$$
\boldsymbol{\chi}_{k-1} = [\hat{\boldsymbol{x}}_{k-1} \quad \hat{\boldsymbol{x}}_{k-1} + \sqrt{m+\lambda} * \boldsymbol{L}_{k-1} \quad \hat{x}_{k-1} - \sqrt{m+\lambda} * \boldsymbol{L}_{k-1}]
$$

$$
\hat{\boldsymbol{\chi}}_{k,\ k-1} = f(\boldsymbol{\chi}_{k-1},\ \boldsymbol{w}_k)
$$

$$
\hat{\boldsymbol{X}}_{k,\ k-1} = \sum_{i=0}^{2m} \boldsymbol{W}_i^m \hat{\boldsymbol{\chi}}_{k,\ k-1|i}
$$

$$
\boldsymbol{P}_{k,\ k-1} = \sum_{i=0}^{2m} \boldsymbol{W}_i^c (\hat{\boldsymbol{\chi}}_{k,\ k-1|i} - \hat{\boldsymbol{X}}_{k,\ k-1})(\hat{\boldsymbol{\chi}}_{k,\ k-1|i} - \hat{\boldsymbol{X}}_{k,\ k-1})^{\mathrm{T}} + g(\hat{x}_{k-1})\boldsymbol{Q}_k g(\hat{x}_{k-1})^{\mathrm{T}}
\tag{3-93}
$$

式中，$\hat{\boldsymbol{X}}_{k,\ k-1}$ 为预测状态值；$\boldsymbol{P}_{k,\ k-1}$ 为预测状态协方差矩阵。

3. 测量更新

$$
\begin{aligned}
\boldsymbol{y}_k &= h(\boldsymbol{\chi}_{k,\ k-1},\ \boldsymbol{v}_k) \\
\hat{\boldsymbol{Z}}_k &= \sum_{i=0}^{2m} \boldsymbol{W}_i^m \boldsymbol{y}_{k|i} \\
\boldsymbol{P}_Z &= \sum_{i=0}^{2m} \boldsymbol{W}_i^c (\boldsymbol{y}_{k|i} - \hat{\boldsymbol{Z}}_k)(\boldsymbol{y}_{k|i} - \hat{\boldsymbol{Z}}_k)^{\mathrm{T}} + j(\hat{x}_{k|k-1})\boldsymbol{R}_k j(\hat{x}_{k|k-1})^{\mathrm{T}} \\
\boldsymbol{P}_{XZ} &= \sum_{i=0}^{2m} \boldsymbol{W}_i^c (\hat{\boldsymbol{\chi}}_{k,\ k-1|i} - \hat{\boldsymbol{X}}_{k,\ k-1})(\boldsymbol{y}_{k|i} - \hat{\boldsymbol{Z}}_k)^{\mathrm{T}} \\
\boldsymbol{K}_k &= \boldsymbol{P}_{XZ}(\boldsymbol{P}_Z)^{-1} \\
\hat{\boldsymbol{X}}_k &= \hat{\boldsymbol{X}}_{k,\ k-1} + \boldsymbol{K}_k(\boldsymbol{Z}_k - \hat{\boldsymbol{Z}}_k) \\
\boldsymbol{P}_k &= \boldsymbol{P}_{k,\ k-1} - \boldsymbol{K}_k \boldsymbol{P}_Z \boldsymbol{K}_k^{\mathrm{T}}
\end{aligned}
\tag{3-94}
$$

式中，$\hat{\boldsymbol{Z}}_k$ 为预测观测值；$\boldsymbol{P}_L$ 为预测观测向量协方差矩阵；$\boldsymbol{K}_k$ 为增益矩阵；$\hat{\boldsymbol{X}}_k$ 为估计状态；$\boldsymbol{P}_k$ 为估计状态协方差矩阵。

3.7.3 简化 UKF 滤波

静基座对准中，考虑到量测方程可以看成线性的，式(3-91)可以简化为

$$
\begin{cases}
\boldsymbol{x}_k = \boldsymbol{f}(\boldsymbol{x}_{k-1}) + \boldsymbol{g}(\boldsymbol{x}_{k-1})\boldsymbol{w}_{k-1} \\
z_k = \boldsymbol{H}_k \boldsymbol{x}_k + \boldsymbol{v}_k(\boldsymbol{x}_k)
\end{cases}
\tag{3-95}
$$

可按照上式对 UKF 算法进行简化，sigma 采样点 $\boldsymbol{\chi}_{k,\ k-1}$ 满足：

$$
\boldsymbol{P}_{k,\ k-1} = \sum_{i=0}^{2m} \boldsymbol{W}_i^c (\boldsymbol{\chi}_{k,\ k-1} - \hat{\boldsymbol{X}}_{k,\ k-1})(\boldsymbol{\chi}_{k,\ k-1} - \hat{\boldsymbol{X}}_{k,\ k-1})^{\mathrm{T}}
\tag{3-96}
$$

当量测方程为线性方程时，根据式(4-39)可知：

$$\begin{cases}\boldsymbol{\eta}_{k,\ k-1|i}=\boldsymbol{H}_k\boldsymbol{\chi}_{k,\ k-1|i}\\ \hat{z}_{k,\ k-1}=\boldsymbol{H}_k\sum_{i=0}^{2m}W_i^m\boldsymbol{\chi}_{k,\ k-1|i}=\boldsymbol{H}_k\hat{x}_{k,\ k-1}\end{cases}\tag{3-97}$$

因此有

$$\begin{aligned}&\sum_{i=0}^{2m}\boldsymbol{W}_i^c(\boldsymbol{\eta}_{k,\ k-1|i}-\hat{z}_{k,\ k-1})(\boldsymbol{\eta}_{k,\ k-1|i}-\hat{z}_{k,\ k-1})^{\mathrm{T}}\\ &=\sum_{i=0}^{2m}\boldsymbol{W}_i^c[\boldsymbol{H}_k(\boldsymbol{\chi}_{k,\ k-1|i}-\hat{x}_{k,\ k-1})][\boldsymbol{H}_k(\boldsymbol{\chi}_{k,\ k-1|i}-\hat{x}_{k,\ k-1}]^{\mathrm{T}}\\ &=\boldsymbol{H}_k\boldsymbol{P}_{k,\ k-1}\boldsymbol{H}_k^{\mathrm{T}}\end{aligned}\tag{3-98}$$

将式(3-98)代入式(3-94)的量测更新中，并考虑$\boldsymbol{j}$为单位阵，有

$$\boldsymbol{P}_Z=\boldsymbol{H}_k\boldsymbol{P}_{k,\ k-1}\boldsymbol{H}_k^{\mathrm{T}}+\boldsymbol{R}_k\tag{3-99}$$

综上所述，当量测方程为线性方程且过程噪声为复杂加性噪声时候，简化 UKF (Simplified UKF，SUKF)滤波算法流程可总结如下：

1. 状态参数初始化

$$\begin{aligned}\hat{\boldsymbol{X}}_0&=E[\boldsymbol{X}_0]\\ \boldsymbol{P}_0&=E[(\boldsymbol{X}_0-\hat{\boldsymbol{X}}_0)(\boldsymbol{X}_0-\hat{\boldsymbol{X}}_0)^{\mathrm{T}}]\end{aligned}\tag{3-100}$$

2. 时间更新

$$\boldsymbol{\chi}_{k-1}=[\hat{\boldsymbol{x}}_{k-1}\quad \hat{\boldsymbol{x}}_{k-1}+\sqrt{m+\lambda}*\boldsymbol{L}_{k-1}\quad \hat{\boldsymbol{x}}_{k-1}-\sqrt{m+\lambda}*\boldsymbol{L}_{k-1}]$$

$$\hat{\boldsymbol{\chi}}_{k,\ k-1}=f(\boldsymbol{\chi}_{k-1},\ \boldsymbol{w}_k)$$

$$\hat{\boldsymbol{X}}_{k,\ k-1}=\sum_{i=0}^{2m}\boldsymbol{W}_i^m\hat{\boldsymbol{\chi}}_{k,\ k-1|i}$$

$$\boldsymbol{P}_{k,\ k-1}=\sum_{i=0}^{2m}\boldsymbol{W}_i^c(\hat{\boldsymbol{\chi}}_{k,\ k-1|i}-\hat{\boldsymbol{X}}_{k,\ k-1})(\hat{\boldsymbol{\chi}}_{k,\ k-1|i}-\hat{\boldsymbol{X}}_{k,\ k-1})^{\mathrm{T}}+g(\hat{x}_{k-1})\boldsymbol{Q}_kg(\hat{x}_{k-1})^{\mathrm{T}}\tag{3-101}$$

3. 测量更新

$$\begin{cases}\boldsymbol{P}_{XZ}=\boldsymbol{P}_{k,\ k-1}\boldsymbol{H}_k^{\mathrm{T}}\\ \boldsymbol{P}_Z=\boldsymbol{H}_k\boldsymbol{P}_{k,\ k-1}\boldsymbol{H}_k^{\mathrm{T}}+\boldsymbol{R}_k\\ \boldsymbol{K}_k=\boldsymbol{P}_{XZ}(\boldsymbol{P}_Z)^{-1}\\ \hat{z}_k=\boldsymbol{H}_k\hat{\boldsymbol{x}}_{k|k-1}\\ \hat{\boldsymbol{X}}_k=\hat{\boldsymbol{X}}_{k,\ k-1}+\boldsymbol{K}_k(\boldsymbol{Z}_k-\hat{\boldsymbol{Z}}_k)\\ \boldsymbol{P}_k=\boldsymbol{P}_{k,\ k-1}-\boldsymbol{K}_k\boldsymbol{P}_Z\boldsymbol{K}_k^{\mathrm{T}}\end{cases}\tag{3-102}$$

从上述过程可以看到，简化 UKF 算法属于 UKF 和 EKF 的混合滤波，除了在时间更新中采用 UT 变化进行状态预测和方差预测之外，其他算法步骤与标准 Kalman 滤波一致。通过这种方式，避免了重复多次求取 sigma 点和量测方差，因此，计算量远远小于 UKF 算法。此外需指出，如果在大失准角对准时利用 UKF 解算的主要目的在于快速计算失准角，则可以不将 IMU 零偏误差纳入 SUKF 的非线性滤波模型中，这样可以通过降低维数来减小计算量，并能尽可能地减小 UKF 滤波发散的可能。

3.7.4 计算复杂度比较分析

针对上一节提出的应用 SSUKF 算法解决大失准角非线性对准问题，对算法的复杂度进行定量分析。分别针对 EKF 算法、UKF 算法、SUKF 算法，讨论四种算法的复杂度，为合理选择滤波器提供理论依据。

滤波算法的复杂度分析最常用的方法是统计滤波计算中的浮点操作数量(floating-point operation，flops)。一次 flops 可定义为两个浮点数之间进行一次加、减、乘、除运算，通过这种方式可对滤波算法的复杂度进行定量分析。在滤波算法中，存在最多的运算是矩阵之间的运算，以矩阵 $\boldsymbol{A}$ 和矩阵 $\boldsymbol{B}$ 为例，矩阵运算的 flops 次数有如下定义[181,182]：

(1)矩阵加减：$\boldsymbol{A}\in \mathrm{R}_{n\times m}$，$\boldsymbol{B}\in \mathrm{R}_{n\times m}$，$\mathrm{A}\pm\mathrm{B}$ 的复杂度为 mn 次 flops；

(2)矩阵乘法：$\boldsymbol{A}\in \mathrm{R}_{n\times m}$，$\boldsymbol{B}\in \mathrm{R}_{m\times h}$，AB 的复杂度为$(2mnh-nh)$次 flops；

(3)矩阵求逆：$\boldsymbol{A}\in \mathrm{R}_{n\times n}$，$\boldsymbol{A}^{-1}$ 的复杂度为 n^3 次 flops；

(4)Cholesky 分解：$\boldsymbol{A}\in \mathrm{R}_{n\times n}$，$\mathrm{chol}(\boldsymbol{A})$的复杂度为 $n^3/3$ 次 flops。

基于以上定义对 EKF 算法、UKF 算法、SUKF 算法和 SSUKF 算法的计算复杂度定量分析。假设，n 表示状态量的维数，l 表示观测量的维数。表 3-3 至表 3-5 分别给出了 flops 形式的 EKF 算法、UKF 算法、SUKF 算法和 SSUKF 算法各个阶段计算复杂度及其总复杂度。

表 3-3　**EKF 算法复杂度分析**

滤波阶段	计算对象	计算复杂度(flops)
时间更新	一步预测状态 $\hat{\boldsymbol{X}}_{k,k-1}$	$2n^2-n$
	预测协方差 $\boldsymbol{P}_{k,k-1}$	$4n^3-n^2$
量测更新	量测预测值 $\boldsymbol{H}_k\hat{\boldsymbol{X}}_{k,k-1}$	$2n-l$
	量测预测协方差	$2n^2l+2nl^2-nl$
	量测预测互协方差	$2n^2l-nl$
后验估计	滤波增益 $\boldsymbol{K}_k$	$l^2-nl+2nl^2$
	协方差矩阵 $\boldsymbol{P}_k$	$2nl^2-nl+2n^2l$
	状态值 $\hat{\boldsymbol{X}}_k$	$2nl+l$
总复杂度	$l^3-n+n^2+6nl^2+6n^2l+4n^3$	

表 3-4 **UKF 算法复杂度分析**

滤波阶段	计算对象	计算复杂度(flops)
时间更新	sigma 采样点	$n^3/3+3n^2$
	样本点预测	$4n^2-n$
	预测状态 $\hat{\boldsymbol{X}}_{k,k-1}$	$2n^2+2n$
	预测协方差 $\boldsymbol{P}_{k,k-1}$	$4n^3+5n^2+2n$
量测更新	sigma 采样点	$n^3/3+3n^2$
	量测预测值	$2l+2nl$
	量测预测协方差	$2l+3l^2+2nl+4nl^2$
	量测预测互协方差	$2n+2nl+2n^2+4n^2l$
后验估计	滤波增益 $\boldsymbol{K}_k$	$l^2-nl+2nl^2$
	协方差矩阵 $\boldsymbol{P}_k$	$2nl^2-nl+2n^2l$
	状态值 $\hat{\boldsymbol{X}}_k$	$2nl+l$
总复杂度	$4l+3l^2+l^3+6nl+8nl^2+5n+10n^2l+15n^2+26n^3/3$	

表 3-5 **SUKF 算法复杂度分析**

滤波阶段	计算对象	计算复杂度(flops)
时间更新	sigma 采样点	$n^3/3+3n^2$
	样本点预测	$4n^2-n$
	预测状态 $\hat{\boldsymbol{X}}_{k,k-1}$	$2n^2+2n$
	预测协方差 $\boldsymbol{P}_{k,k-1}$	$4n^3+n^2-n$
量测更新	量测预测值	$2n-l$
	量测预测协方差	$2n^2l+2nl^2-nl$
	量测预测互协方差	$2n^2l-nl$
后验估计	滤波增益 $\boldsymbol{K}_k$	$l^2-nl+2nl^2$
	协方差矩阵 $\boldsymbol{P}_k$	$2nl^2-nl+2n^2l$
	状态值 $\hat{\boldsymbol{X}}_k$	$2nl+l$
总复杂度	$6l^2n+l^2+6n^2l-2nl+(13n^3)/3+14n^2+5n$	

从表 3-3、表 3-4、表 3-5 的分析结果来看，UKF 虽然与 EKF 具有相同的复杂度级别，均为 $O(n^3)$ 与 $O(l^3)$ 级别，但是对两者复杂度求差可得

$$\begin{aligned}\Delta\text{flops} &= \text{flops}_{\text{UKF}}-\text{flops}_{\text{EKF}}\\ &= 4l+3l^2+6nl+2nl^2+6n+4n^2l+14n^2+14/3n^3\end{aligned} \tag{3-103}$$

在任何情况下，UKF 的算法复杂度都要比 EKF 高。实际上，上述结果并非严格的，因为 EKF 会在线性化时求取 Jacobian 矩阵，所示 EKF 的实际复杂度要比上述结果略高，

但仍远低于 UKF。SUKF 的复杂度为 $O(n^3)$ 与 $O(l^2)$，很明显低于 UKF 的 $O(n^3)$ 与 $O(l^3)$ 一个级别，主要在于节省了量测更新过程的复杂度。

3.7.5　实验与分析

为了验证本书建立的大失准角非线性对准模型，仿真了 600s IMU 静态观测数据。IMU 采样率为 100Hz，位于北纬 34.22°，东经 117.14°，高程 100m。初始姿态角分别为俯仰角 0°，横滚角 0°，航向角 10°。表 3-6 给出了模拟的 IMU 器件参数。

表 3-6　**模拟的 IMU 器件误差**

	加速度计		陀　螺	
	零偏	速率随机游走	零偏	角度随机游走
X	0.1mg	$10\ \mu g/\sqrt{Hz}$	0.1 °/h	$0.01\ °/\sqrt{h}$
Y	0.1mg	$10\ \mu g/\sqrt{Hz}$	0.1 °/h	$0.01\ °/\sqrt{h}$
Z	0.1mg	$10\ \mu g/\sqrt{Hz}$	0.1 °/h	$0.01\ °/\sqrt{h}$

分别模拟三种失准角方案，小失准角方案［1°　1°　3°］、大方位失准角方案［1°　1°　30°］和大失准角方案［10°　10°　70°］，利用 EKF 线性对准模型和 SUKF 的大失准角模型进行实验，实验结果如图 3-14、图 3-15、图 3-16 所示。

图 3-14~图 3-16 分别展示了三种失准角方案中 EKF 算法和 SUKF 算法解算的北向失准角误差、东向失准角误差和航向失准角误差。其中 SUKF 算法中，$\alpha = 0.001$，$\beta = 2$。表 3-7 和表 3-8 分别给出了基于 EKF 算法和基于 SUKF 算法的三种方案的最终失准角估计误差。

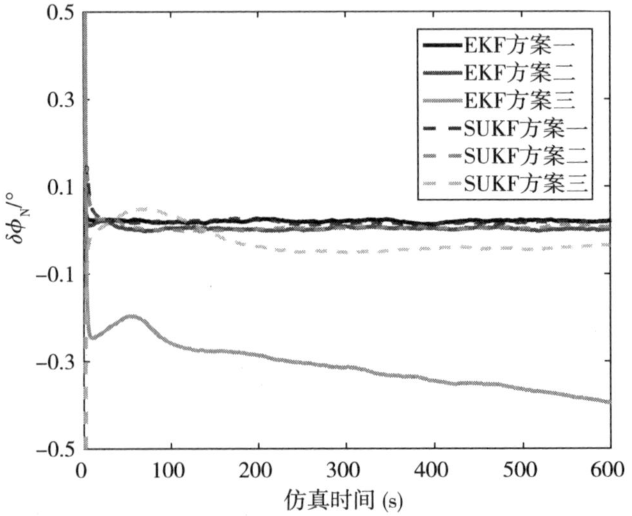

图 3-14　三种失准角方案的 EKF 和 SUKF 算法北向失准角误差

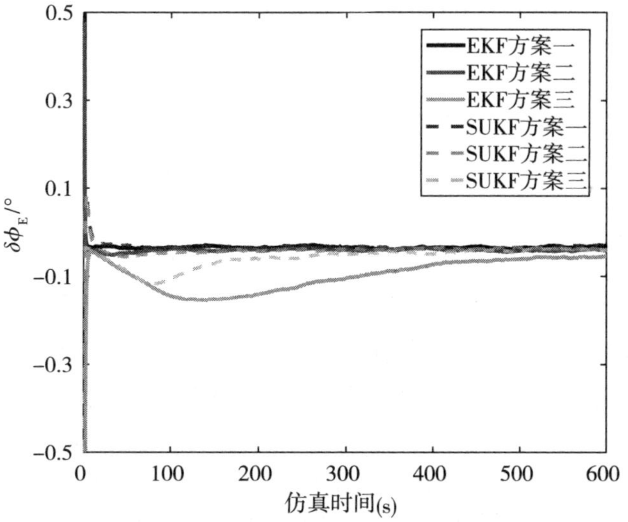

图 3-15 三种失准角方案的 EKF 和 SUKF 算法东向失准角误差

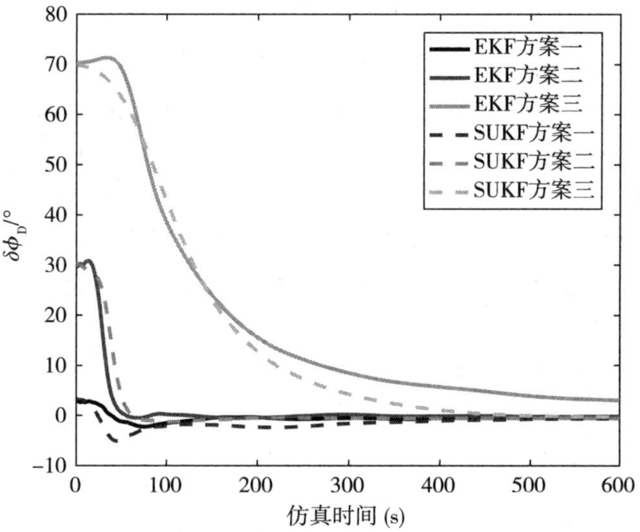

图 3-16 三种失准角方案的 EKF 和 SUKF 算法方位失准角误差

表 3-7 **EKF 失准角估计误差**

失准角方案	失准角估计误差(°)		
	俯仰角	横滚角	航向角
方案一	−0.029	0.022	−0.247
方案二	−0.040	0.002	−0.155
方案三	−0.039	−0.390	3.687

表 3-8　**SUKF 失准角估计误差**

失准角方案	失准角估计误差(°)		
	俯仰角	横滚角	航向角
方案一	-0.029	0.020	-0.218
方案二	-0.038	0.007	-0.106
方案三	-0.053	-0.034	0.204

在小失准角方案中，EKF 能够快速收敛并且速度略优于 SUKF，并获得较高的估计精度，失准角估计精度与 SUKF 非常接近。大方位失准角方案中，由于系统的非线性增强，EKF 由于对非线性方程采用了一阶近似，出现了明显的模型误差，估计精度比小失准角方案中有所降低，SUKF 算法表现要优于 EKF 算法。在大失准角方案中，系统的非线性更加显著，EKF 算法近乎失效，航向失准角虽然能够近似收敛，但误差已经达到 3.687°，不具备航向参考价值，水平失准角甚至出现了无法收敛的情况；相反，SUKF 算法在大失准角的情况下体现出了更快的收敛速度和更高的精度，体现了算法更强的稳定性和任意失准角的适用性。

综上所述，基于 SUKF 的大失准角非线性误差模型在三种方案失准角的估计中，估计精度均高于 EKF 算法的大失准角模型。如图 3-17 所示，为了进一步验证模型对任意大小的方位失准角的估计精度，保持两个水平失准角均为 1°，以 10°的步长分别模拟了 10°~100°方位失准角。结果表明，方位失准角越大的时候，SUKF 收敛速度越慢，但最终依然能保持角分级(低于 0.5°)的方位失准角估计误差，因此该模型相对于 EKF 模型，能有效提高方位失准角估计精度，在任意方位失准角下均能获得满意的估计结果。

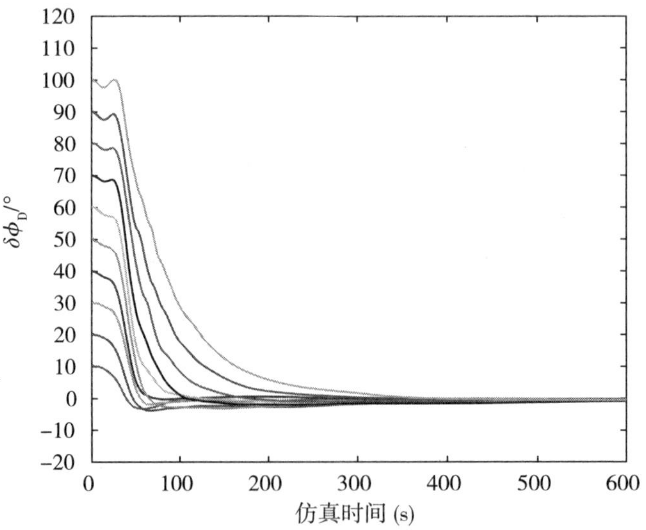

图 3-17　SUKF 估计的方位失准角误差与方位失准角大小的关系

3.8 本章小结

本章针对车载高精度SINS自对准技术进行了系统研究，推导了SINS误差方程，建立了似静态对准模型并进行了仿真和实测数据分析，在此基础上提出了抵抗大失准角故障的非线性对准方法，工作总结如下：

(1)在详细推导SINS误差方程的基础上，介绍了解析式粗对准技术和基于ZUPT的似静态精对准技术，利用仿真数据和实测数据对静态对准结论进行分析。结果表明，航向角收敛速度远远慢于水平姿态角，且航向角对准精度较低，受观测条件限制，陀螺Z轴零偏和加速度计的X轴、Y轴零偏无法在静基座对准中估计。

(2)针对车载组合定位系统中高精度SINS大失准角故障问题，推导了基于欧拉平台误差角的SINS任意大失准角非线性误差方程，探讨了UKF算法在对准中的应用，基于混合滤波的思路对UKF算法进行调整，利用SUKF对该模型进行仿真验证。结果表明，模拟的100°以内的大方位失准角情况下，非线性模型能有效解决SINS的大失准角问题，对失准角误差的估计均控制在0.5°之内。

(3)利用flops算法对EKF、UKF、SUKF各个阶段的计算复杂度进行了详细对比和分析，验证了UKF的计算复杂度在任何情况下高于EKF，而通过混合滤波的方式，SUKF相比UKF算法复杂度明显降低。

第 4 章　低成本航姿参考系统快速稳健融合对准

车载航姿参考系统(attitude and heading reference system，AHRS)可为车辆提供低成本的姿态快速解决方案(图 4-1)，这在初始滤波阶段尤为重要。该系统一般由 MEMS 级 IMU(加速度计、陀螺仪)和磁力计等元器件构成。由于 MEMS 惯性器件的精度较低，陀螺无法感知地球自转，因此无法单独依靠 MEMS IMU 实现航向自对准。三轴磁力计可以测量外部地磁场，通过计算获得当地磁北方向，故常用于辅助低成本 IMU 进行融合姿态解算或校正陀螺仪，从而提供较高精度的航向信息。

图 4-1　低成本航姿参考系统 AHRS-10

然而，磁力计用于辅助姿态估计时面临诸多外界因素的挑战。低成本磁力计传感器易受外界环境磁场(如铁磁性材料和强电流等)干扰发生量测故障，进而导致无法精确估计磁航向角。当磁力计被放置在铁磁物体上或靠近铁磁物体时，外部磁场测量也会产生畸变。为了获得最佳的器件性能，必须利用校准手段排除故障信息，以获取最优的磁力计输出。由于外部磁场时时刻刻发生变化，故磁力计需在每次使用前进行现场补偿校正，从而达到姿态快速精准初始化。

传统的磁力仪校准技术(如摆动法)需要保持水平姿态和外部已知的航向信息，但用户更青睐于不需要外部设备参与的现场校准。因此，磁力计补偿应遵循快速性、有效性和简易性三项原则。

对于低成本的 AHRS 而言，单独依赖 IMU 或磁力计均无法获得良好的姿态初始化结果。因此，采用合理的算法将 IMU 和磁力计进行融合，以补偿系统偏差和随机误差，可获得可靠的高精度姿态信息，是低精度 MEMS IMU 姿态初始化研究的重点之一。

本章旨在解决磁力计故障情况下的低成本航姿参考系统的姿态快速稳健估计问题。首先介绍了地磁测量的原理，详细阐述了磁力计测量误差的来源与分类，并对磁力计误差进行建模。针对磁力计故障，推导了简化的六参数磁力计椭球校正模型，提出了改进的 LM 算法实现校正模型的快速估计。建立了磁力计/IMU 融合定姿模型以提高磁干扰条件下的 AHRS 系统的姿态融合精度，并针对 IMU 的短时突发受振，提出了基于相关观测抗差估计理论的磁力计/IMU 抗差自适应姿态融合算法，增强姿态融合的可靠性。

4.1 地磁测量原理

在北半球，地磁场向下指向北方，与当地水平面的夹角为磁倾角 α（图 4-2）。假设，三轴磁力计测量敏感轴沿载体系布设，三轴磁力计测量的是地磁场矢量在 b 系下的投影分量。

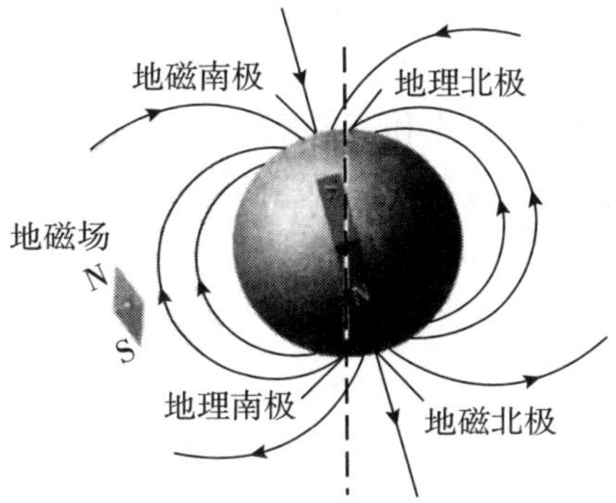

图 4-2　地球磁场方向

由三轴磁力计测量出的是磁场沿载体坐标系三轴的分量，可表示为

$$\boldsymbol{M}^{\mathrm{b}} = [M_x^{\mathrm{b}} \quad M_y^{\mathrm{b}} \quad M_z^{\mathrm{b}}] \tag{4-1}$$

磁航向角可由地磁场在当地地理坐标系的平面分量计算得到。在此之前，必须将载体坐标系下的任意姿态磁力计测量值按照下式转换到导航坐标系下：

$$\boldsymbol{M}^{n} = \begin{bmatrix} \cos\theta & 0 & -\sin\theta \\ 0 & 1 & 0 \\ \sin\theta & 0 & \cos\theta \end{bmatrix} \begin{bmatrix} 1 & 0 & 0 \\ 0 & \cos\gamma & \sin\gamma \\ 0 & -\sin\gamma & \cos\gamma \end{bmatrix} \cdot \boldsymbol{M}^{\mathrm{b}} \tag{4-2}$$

此时，磁航向角 ψ_M 可通过磁力计在地理坐标系下的水平分量来计算得到

$$\psi_M = \arctan \frac{M_y^{\mathrm{n}}}{M_x^{\mathrm{n}}} = \frac{M_y^{\mathrm{b}}\cos\gamma + M_z^{\mathrm{b}}\sin\gamma}{M_x^{\mathrm{b}}\cos\theta + M_y^{\mathrm{b}}\sin\theta\sin\gamma + M_z^{\mathrm{b}}\sin\theta\cos\gamma} \tag{4-3}$$

为了保持与本研究惯性导航中航向角表述的一致性，需对磁航向角进行定义，本书以北偏东为正，按下式进行定义：

$$\psi = \begin{cases} \arctan \dfrac{M_y^n}{M_x^n}, & M_x^n > 0 \\ \dfrac{\pi}{2} - \arctan \dfrac{M_y^n}{M_x^n}, & M_x^n < 0,\ M_y^n \geqslant 0 \\ \arctan \dfrac{M_y^n}{M_x^n} - \pi, & M_x^n < 0,\ M_y^n \leqslant 0 \\ 0, & M_x^n = 0 \end{cases} \tag{4-4}$$

4.2 磁力计误差分类与建模

理想情况下，磁力计通过测量地磁场可以获得较高精度的磁航向角，但是除地磁之外的外部磁场会对磁力计产生干扰，严重情况下会产生数十度的测量偏差。若不能对误差合理进行分析并建模消除，将会严重影响初始对准的精度，使导航发生偏差。

除外部磁场干扰外，受机械生产工艺水平限制，磁力计本身也会存在类似 IMU 的零偏误差(地磁偏角)、尺度因子误差和三轴安装的非正交误差[183]。因此，首先要对磁力计误差分别讨论并建模，找到削弱磁测误差的途径。本节将分别讨论磁力计误差来源，并针对磁力计误差进行建模表达。

4.2.1 误差分类

1. *罗差*

地磁场是弱磁场，地磁场的磁场强度为 0.4~0.65 高斯(Gs)。磁力计周围环境中的铁磁材料由于其本身的固有特性，时常会对磁力计附近磁场产生磁干扰，从而导致磁力计测量值的整体偏差，我们把这种误差称为罗差。根据干扰源的物理特性，罗差分为硬磁误差和软磁误差两类。

硬磁误差是由硬磁材料产生的，如永久性磁体、大电流的通电导线、电机等。它们一般固连在磁力计载体上，无论载体的运动状态如何，始终与载体保持相对固定的位置关系。当磁力计周围存在多个硬磁材料时，会产生大小和方向各不相同的硬磁干扰，由于磁力计体积很小，它们的合成磁场可以看作是具有唯一大小和方向的合成磁场，且合成磁场在载体三个轴上的分量是恒定的。它对航向误差的影响与 IMU 的零偏误差类似。当铁磁材料离传感器较近时，硬磁误差就会引起较大的航向误差，其可达几十度甚至更多，是干扰航向的主要误差。

软磁误差则由软磁材料(各类合成金属材料)受环境磁场感应磁化所引发。它们本身不产生磁场，但被环境磁场磁化后，产生干扰磁场影响其周围磁场，其磁性随着环境磁场的大小和方向而改变。产生的软磁效应大小和方向与环境磁场以及软磁材料本身都有关系，软磁材料对地磁场在载体三个轴上分量的影响很复杂。

图 4-3 给出了硬磁干扰与软磁干扰对磁力计输出的影响区别。当无外界磁干扰时，把磁力计置于水平面上沿水平转动一周，两个水平方向磁场矢量的输出为圆形。硬磁干

扰使磁强计输出曲线的圆心发生偏移，软磁干扰使磁力计输出转扭曲为椭圆，并且椭圆曲线主轴与坐标轴呈一定夹角。

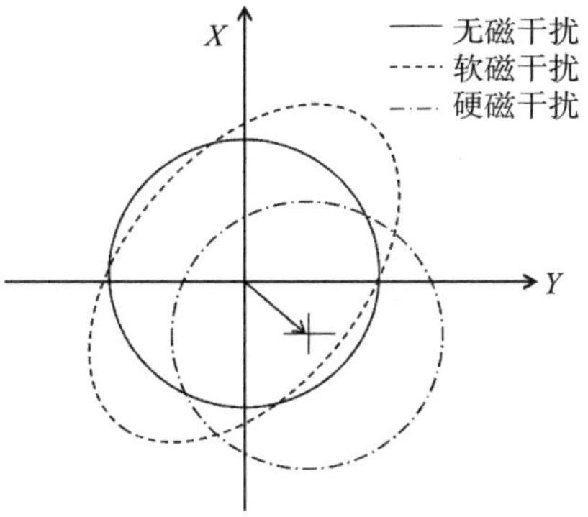

图 4-3 磁干扰环境中的磁力计水平轴输出

2. 磁偏角

地磁场垂向分量大，用于计算航向的水平分量小。直接采用磁力计测量数据计算得到的航向角称为磁航向角，其方向指向地磁北方向。地理北方向和地磁北方向之间存在夹角，称为磁偏角。地表任意一点的磁场方向是由相对于水平方向的夹角(磁倾角)和磁偏角共同确定的。磁偏角随着地理位置、时间的不同也不尽相同。

通过公式(4-3)可计算磁北方向角，则地理真北航向角可表示为

$$\psi_{M\text{real}} = \psi_M + \sigma_\psi \tag{4-5}$$

式中，σ_ψ 为地表某点的地磁偏角，可参考世界地磁场模型 2015(World Magnetic Mode 2015，WMM2015)给出的地磁偏角模型，对磁航向角进行补偿。

WMM2015 是英国地质勘查局(british geological survey，BGS)和美国国家海洋与大气管理局(national oceanic and atmospheric administration，NOAA)于 2014 年 12 月联合发布的世界地磁场模型，不仅服务于美国国防部、英国防务部、北约和国际海道测量组织进行航向测量参考系统的标准模型，而且可用于民用导航和航向参考系统。地球的磁场是在不断变化中的，每时每刻磁偏角都在变化，所以某地的磁偏角过几年就会发生变化，地磁场模型也同样需要依时间更新。对于 WMM2015 而言，该模型的有效期为 2015 年 1 月至 2020 年 12 月[184]。

通过美国国家地球物理数据中心网站可根据当地地理位置和时间查询全球磁偏角和磁场强度数据。表 4-1 给出了 2019 年 2 月江苏省徐州市(34°16′0″N，117°10′0″E)的 WMM2015 模型的地磁场信息。

表 4-1 **徐州市地磁场信息**

位置	磁偏角	磁倾角	磁场强度(Gs)
34°16′0″N 117°10′0″E	−5.88°	52.17°	0.515035

3. 比例因子误差

比例因子误差是磁力计传感器的固有误差，是由于三个传感器的灵敏度(或量测尺度)不相同引起的，假设磁力计三轴的比例因子为 $\boldsymbol{K}_i$，则由比例因子引起的磁力计测量值和校正值之间的关系为

$$\begin{bmatrix} M'_{bx} \\ M'_{by} \\ M'_{bz} \end{bmatrix} = \begin{bmatrix} K_x & & \\ & K_x & \\ & & K_x \end{bmatrix} \begin{bmatrix} M_{bx} \\ M_{by} \\ M_{bz} \end{bmatrix} \tag{4-6}$$

式中，$\boldsymbol{M}_b$ 表示载体系内磁力计三轴测量输出；$\boldsymbol{M}'_b$ 为磁力计校正值。

4. 安装误差

受工业水平限制，磁力计三轴确定的安装坐标系与载体坐标系之间无法严格相互重合，存在的微小偏差称为安装误差或非正交误差。假设磁力计安装坐标系与载体坐标系的三轴均存在微小角度的旋转，关系依次为：绕 X 轴、Y 轴、Z 轴转动微小的角度，记为 ψ'_x，ψ'_y，ψ'_z，这时的磁力计测量值和校正值之间的关系为

$$\begin{bmatrix} M'_{bx} \\ M'_{by} \\ M'_{bz} \end{bmatrix} = \begin{bmatrix} c\psi'_z & s\psi'_z & 0 \\ -s\psi'_z & c\psi'_z & 0 \\ 0 & 0 & 1 \end{bmatrix} \begin{bmatrix} c\psi'_y & 0 & -s\psi'_y \\ 0 & 1 & 0 \\ s\psi'_y & 0 & c\psi'_y \end{bmatrix} \begin{bmatrix} 1 & 0 & 0 \\ 0 & c\psi'_x & s\psi'_x \\ 0 & -s\psi'_x & c\psi'_x \end{bmatrix} \begin{bmatrix} M_{bx} \\ M_{by} \\ M_{bz} \end{bmatrix} \tag{4-7}$$

对于磁力计测量而言，罗差是影响其精度的最主要误差因素。相对罗差影响而言，比例因子误差和非正交误差影响较小，当三轴的比例因子误差相同时，甚至不会影响磁力计对航向角的估计。除此之外，磁偏角是可以通过模型直接修正的。因此，本章将硬磁误差和软磁误差作为磁力计主要误差来源进行研究。

4.2.2　地理系误差模型

磁力计在进行测量之前必须对其进行校正，以削弱各类误差的影响。包含磁场畸变和传感器误差的三轴磁力计输出可表示为[185]

$$\boldsymbol{M}_b = \boldsymbol{S}_M \boldsymbol{C}_{no} (\boldsymbol{C}_{si} \boldsymbol{C}_n^b \boldsymbol{M}^n + \boldsymbol{B}_h) + \boldsymbol{B}_M + \boldsymbol{n} \tag{4-8}$$

式中，$\boldsymbol{S}_M$ 表示传感器三轴尺度因子；$\boldsymbol{C}_{no}$ 表示非正交误差；$\boldsymbol{C}_{si}$ 表示软磁误差矩阵；$\boldsymbol{M}^n$ 地理坐标系下磁场强度；$\boldsymbol{B}_h$ 表示硬磁误差矩阵；$\boldsymbol{B}_M$ 表示偏置误差；$\boldsymbol{n}$ 表示独立同分布宽带高斯噪声。

为了方便，将影响较小的尺度因子误差和非正交误差矩阵并入软磁误差矩阵，即可建立磁力计等效误差模型：

$$\boldsymbol{M}_b = \boldsymbol{S} \boldsymbol{C}_n^b \boldsymbol{M}^n + \boldsymbol{h} + \boldsymbol{n} \tag{4-9}$$

式中，$\boldsymbol{h}$ 代表等效硬磁误差；$\boldsymbol{S}$ 代表等效软磁误差矩阵。

通过这个等效变换，复杂的磁力计误差模型就变为相对简单的线性变换模型，该模型可以看成求椭球体的参数。从上式可以看出，磁力计校准的目的是估计模型中的参数 $\boldsymbol{S}$ 和 $\boldsymbol{h}$。按照最优最大似然估计(optimal maximum likelihood estimation, MLE)准则有[83]

$$\min_{\theta ml}\sum_{k=1}^{N}\|e_k\|^2=\min_{\theta ml}\sum_{k=1}^{N}\|\boldsymbol{M}_k-\boldsymbol{S}\boldsymbol{C}_{n,k}^{b}\boldsymbol{M}^n-\boldsymbol{h}\|^2 \tag{4-10}$$

式中，$k=1, 2, 3, \cdots, N$ 代表磁力计采样历元；$\boldsymbol{\theta}_{ml}=\{\boldsymbol{S}, \boldsymbol{h}, \boldsymbol{M}, \boldsymbol{C}_{n.k}^{b}\}$ 代表参数集。不难发现，$\boldsymbol{\theta}_{ml}$ 并非唯一解。为了获取唯一解，必须对 $\boldsymbol{\theta}_{ml}$ 施加限制。对 $\boldsymbol{S}^{-1}$ 进行 QR 分解可得

$$\boldsymbol{S}^{-1}=\boldsymbol{QR} \tag{4-11}$$

式中，$\boldsymbol{Q}$ 代表正交矩阵；$\boldsymbol{R}$ 代表上三角矩阵，则有

$$\boldsymbol{S}\boldsymbol{C}_{n,k}^{b}\boldsymbol{M}^n=\boldsymbol{R}^{-1}\boldsymbol{Q}^{\mathrm{T}}\boldsymbol{C}_{n,k}^{b}\boldsymbol{M}^n\triangleq\boldsymbol{R}^{-1}\boldsymbol{M}_k^{b*} \tag{4-12}$$

式中，b^* 代表磁力计三轴实际布设的坐标系，它与载体系 b 之间存在微小的偏差，该偏差可以用正交矩阵 $\boldsymbol{Q}$ 来描述，类似于失准角的斜对称矩阵形式。

令 $\boldsymbol{R}^{-1}\triangleq\boldsymbol{T}$，则最大似然估计形式变为

$$\min_{\theta ml}\sum_{k=1}^{N}\|e_k\|^2=\min_{\theta ml}\sum_{k=1}^{N}\|\boldsymbol{M}_k-\boldsymbol{T}\boldsymbol{M}_k^{b}-\boldsymbol{h}\|^2 \tag{4-13}$$

由上三角矩阵的性质可知，$\boldsymbol{T}$ 仍为上三角矩阵，则磁力计校正的待估参数为上三角矩阵等效软磁误差 $\boldsymbol{T}$ 和硬磁误差 $\boldsymbol{h}$。

从公式(4-8)可以看出，等效软磁误差矩阵中包含了比例尺度矩阵和传感器安置偏差矩阵。但由于两者影响较小，可将其等效为软磁误差。对于三轴磁力计来讲，该方法需要标定的参数为 12 个。在随后的讨论中，我们将该方法称为十二参数椭球校正模型，简称十二参数法。

4.2.3 载体系简化误差模型

对于十二参数校正模型而言，待估参数较多，实施起来较为复杂。实际上，用户更需要运算简洁、耗时更少的现场快速校正算法。因此，本节基于本地磁场强度提出了载体坐标下简化的磁力计校正模型。

理论上，地理系下理想的磁力计三轴输出分量的合成等于该地地磁场强度的大小。载体系下磁力计理想输出为

$$\boldsymbol{M}_b=\boldsymbol{C}_n^b\boldsymbol{M}^n \tag{4-14}$$

已知 $\boldsymbol{C}_n^b$ 是正交矩阵，由正交矩阵的性质可知：

$$\|\boldsymbol{M}_b\|=\|\boldsymbol{M}^n\| \tag{4-15}$$

由上式可知，载体下理想磁力计三轴输出的合成矢量大小也应等于该地地磁场强度。基于以上事实，可以考虑采用基于当地磁场大小的磁力计观测误差模型，在载体系下进行磁力计的直接校准。另外，用于车载、机载、船载的 AHRS 系统周围的电子设备安装较为紧密，硬铁磁场是影响磁力计的最大因素。因此，可将复杂的磁场环境简单化，将磁力计误差模型看作具有旋转、缩放、平移的三类变换，即可得到简化的磁力计等效误差模型：

$$\boldsymbol{M}_b=\boldsymbol{C}(\boldsymbol{M}_b'+\boldsymbol{B}_0) \tag{4-16}$$

式中，$\boldsymbol{C}=\boldsymbol{S}_M\boldsymbol{C}_{no}\boldsymbol{C}_{si}$；$\boldsymbol{M}_b'$ 为磁力计校正值，忽略非正交误差和尺度因子误差对 $\boldsymbol{B}_h$ 的影响，可将剩余项 $\boldsymbol{B}_0$ 看作常值，进一步写为

$$\boldsymbol{M}'_b = \boldsymbol{g}(\boldsymbol{M}_b + \Delta) \tag{4-17}$$

式中，$\boldsymbol{g} = [g_x \quad g_y \quad g_z]$，$\boldsymbol{\Delta} = [\Delta_x \quad \Delta_y \quad \Delta_z]^{\mathrm{T}}$，即 $\boldsymbol{g}_{3\times1}$ 和 $\boldsymbol{\Delta}_{3\times1}$ 是需要标定的两个参数向量，$\boldsymbol{g}_{3\times1}$ 称为比例参数，$\Delta_{3\times1}$ 称为偏置参数。此时，多参数校正模型即简化为仅需六个待估参数的校正模型，即

$$\begin{cases} M'_{bx} = g_x(M_{bx} + \Delta_x) \\ M'_{by} = g_y(M_{yx} + \Delta_y) \\ M'_{bz} = g_z(M_{zx} + \Delta_z) \end{cases} \tag{4-18}$$

需要注意的是，大部分 AHRS 内置的磁力计输出格式都是经过标准化后的数据，实际应用时应该根据手册中的换算比例来进行补偿。引入当地理想的磁场强度 G，建立载体系下基于椭球理论的三轴磁力计观测误差方程：

$$\begin{aligned} \boldsymbol{v} &= M'^2_{bx} + M'^2_{by} + M'^2_{bz} - G^2 \\ &= g_x^2 M_{bx}^2 + g_x^2\Delta_x^2 + 2g_x M_{bx}\Delta_x + g_y^2 M_{by}^2 + g_y^2\Delta_y^2 + 2g_y M_{by}\Delta_y + g_z^2 M_{bz}^2 + g_z^2\Delta_z^2 + 2g_z M_{bz}\Delta_z - G^2 \\ &= [M_{bx}^2 \quad M_{by}^2 \quad M_{bz}^2 \quad M_{bx} \quad M_{by} \quad M_{bz} \quad 1] \cdot \begin{bmatrix} g_x^2 \\ g_y^2 \\ g_z^2 \\ 2g_x\Delta_x \\ 2g_y\Delta_y \\ 2g_z\Delta_z \\ g_x^2\Delta_x^2 + g_y^2\Delta_y^2 + g_z^2\Delta_z^2 - G^2 \end{bmatrix} \end{aligned} \tag{4-19}$$

式中，G 可使用 WMM2015 模型给出的参考值。该磁力计观测误差是典型的非线性多元函数，待估参数只有 6 个。在随后的讨论中，我们将该方法称为 6 参数法。相比上一节中的 12 参数误差模型，待估参数减少一半，计算量少，更为简洁。上式是典型的非线性方程，解决以上问题通常可采用经典的高斯牛顿迭代算法(Gauss-Newton method，GN)等来求解磁力计误差参数。

4.3　改进的 Levenberg-Marquardt 算法

Levenberg-Marquardt 算法简称 LM 算法，是由 Levenberg 提出，并由 Marquardt 重新发现的。它克服了 GN 法在求解雅可比矩阵出现时由非满秩导致的奇异问题。为了增强算法的鲁棒性和提高搜索效率，本书采用改进的 LM 算法求解简化的磁力计非线性误差方程。

非线性最小二乘问题可以归纳为求使得 $\| F(\boldsymbol{x}) \|^2$ 最小的数组 $\boldsymbol{x} \in \mathbb{R}^n$ 的方法，其中，$F(\boldsymbol{x})$ 在 $\mathbb{R}^n \to \mathbb{R}^m$ 空间中是连续可微的，$\| \cdot \|$ 表示二阶范数。记 $F(\boldsymbol{x}) = F(F_1(\boldsymbol{x}),\ F_2(\boldsymbol{x}),\ \cdots F_m(\boldsymbol{x}))^{\mathrm{T}}$，则非线性最小二乘问题可表示为[186]

$$\min f(\boldsymbol{x}) = \frac{1}{2} \| F(\boldsymbol{x}) \|^2 = \frac{1}{2}\sum_{i=1}^{m} F_i^2(\boldsymbol{x}) \tag{4-20}$$

目标函数 $F(\boldsymbol{x})$ 的雅可比矩阵可求解为

$$J(\boldsymbol{x}) = F'(\boldsymbol{x}) = \frac{\partial(F_1(\boldsymbol{x}), F_2(\boldsymbol{x}), \cdots, F_m(\boldsymbol{x}))}{\partial(x_1, x_2, \cdots, x_n)} \tag{4-21}$$

为了克服高斯牛顿算法中要求 $J(\boldsymbol{x})$ 必须列满秩的问题，LM 算法通过求解下述优化模型来获取搜索方向：

$$\boldsymbol{d}_k = \underset{d \in R^n}{\operatorname{argmin}} \| \boldsymbol{J}_k \boldsymbol{d} + \boldsymbol{F}_k \|^2 + \mu_k \| \boldsymbol{d} \|^2 \tag{4-22}$$

式中，$\boldsymbol{F}_k = \boldsymbol{F}(x_k)$；$\boldsymbol{J}_k = \boldsymbol{J}(x_k)$；$\mu_k$ 为阻尼因子，且 $\mu_k > 0$，并在迭代中进行更新。当阻尼因子 μ 很小时，搜索步长接近牛顿法步长，当 μ 很大时，搜索步长接近梯度下降法步长。由最优性条件知，$\boldsymbol{d}_k$ 满足：

$$(\| \boldsymbol{J}_k \boldsymbol{d} + \boldsymbol{F}_k \|^2 + \mu_k \| \boldsymbol{d} \|^2)' = 2[(\boldsymbol{J}_k^{\mathrm{T}} \boldsymbol{J}_k + \mu_k \boldsymbol{I})\boldsymbol{d} + \boldsymbol{J}_k^{\mathrm{T}} \boldsymbol{F}_k] = \boldsymbol{0} \tag{4-23}$$

式中，$\boldsymbol{I}$ 为单位阵，可求得

$$\boldsymbol{d}_k = -(\boldsymbol{J}_k^{\mathrm{T}} \boldsymbol{F}_k + \mu_k \boldsymbol{I})^{-1} \boldsymbol{J}_k^{\mathrm{T}} \boldsymbol{F}_k \tag{4-24}$$

若 $\boldsymbol{g}_k = \boldsymbol{J}_k^{\mathrm{T}} \boldsymbol{F}_k \neq 0$。则对任意 $\mu_k > 0$，有

$$\boldsymbol{g}_k^{\mathrm{T}} \boldsymbol{d}_k = -(\boldsymbol{J}_k^{\mathrm{T}} \boldsymbol{F}_k)^{\mathrm{T}} (\boldsymbol{J}_k^{\mathrm{T}} \boldsymbol{J}_k + \mu_k \boldsymbol{I})^{-1} (\boldsymbol{J}_k^{\mathrm{T}} \boldsymbol{F}_k) < 0 \tag{4-25}$$

所以 $\boldsymbol{d}_k$ 是 $F(\boldsymbol{x})$ 在 $\boldsymbol{x}_k$ 的下降方向，μ_k 负责克服雅可比矩阵 $\boldsymbol{J}_k$ 的奇异。因此，得到求解非线性最小二乘问题的迭代算法，公式如下：

$$\boldsymbol{x}_{k+1} = \boldsymbol{x}_k + \boldsymbol{d}_k = \boldsymbol{x}_k - (\boldsymbol{J}_k^{\mathrm{T}} \boldsymbol{F}_k + \mu_k \boldsymbol{I})^{-1} \boldsymbol{J}_k^{\mathrm{T}} \boldsymbol{F}_k \tag{4-26}$$

在传统 LM 算法中，每一次迭代都需要先给定 μ_k 的值然后计算 $\boldsymbol{d}_k$ 的值，搜索完成后，按照如下方法更新 μ_k：

$$\mu_k = \| \boldsymbol{F}(x_k) \| \tag{4-27}$$

一般认为，当 η_k 接近 0 时，说明目标函数在 $\boldsymbol{x}_k$ 处的拟合不好，需要增大 μ_k 的取值以减少 $\boldsymbol{d}_k$ 的模长；当 η_k 接近 1 时，说明目标函数在 $\boldsymbol{x}_k$ 处的拟合较好，需要减少 μ_k 的取值，此时高斯牛顿法的效果可能更好；当 η_k 的值既不接近 0 也不接近 1 时，认为 μ_k 的取值相对合理。

改进 LM 算法的目标在于动态调整阻尼因子 μ 的更新速度，使搜索速度变快。利用类似于调整置信域半径的策略来实现参数 μ 的调整。假设第 k 次迭代中，目标函数实际下降量 Ared_k 和预测下降量 Pred_k 可以分别描述为

$$\begin{cases} \mathrm{Ared}_k = \| \boldsymbol{F}_k \|^2 - \| F(x_k + d_k) \|^2 \\ \mathrm{Pred}_k = \| \boldsymbol{F}_k \|^2 - \| F(x_k + \boldsymbol{J}_k d_k) \|^2 \end{cases} \tag{4-28}$$

二者比值为

$$r_k = \mathrm{Ared}_k / \mathrm{Pred}_k \tag{4-29}$$

比值 r_k 越大，证明目标函数 $\| \boldsymbol{F}_k \|^2$ 下降越快，此时接受 d_k 并且期望下一步的 d_{k+1} 更长，因此减小 μ_k，反之则相反。则改进的 LM 算法流程如下：

(1) 给定 $x_1 \in \mathbb{R}^n$，$\varepsilon > 0$，$\mu_1 > m > 0$，$0 \leqslant p_0 \leqslant p_1 \leqslant p_2 < 1$，$k = 1$；

(2) 如果 $\| \boldsymbol{J}_k^{\mathrm{T}} \boldsymbol{F}_k \| \leqslant \varepsilon$，停止；

否则，解算 $(\boldsymbol{J}_k^{\mathrm{T}}\boldsymbol{J}_k + \mu_k \|\boldsymbol{F}_k\| \boldsymbol{I})^{-1} d_k = -\boldsymbol{J}_k^{\mathrm{T}}\boldsymbol{F}_k$ 得到 d_k；

(3)计算 $r_k = \mathrm{Ared}_k / \mathrm{Pred}_k$； 取

$$x_{k+1} = \begin{cases} x_k + d_k, & if\ r_k > p_0 \\ x_k, & \text{otherwise} \end{cases} \tag{4-30}$$

(4)按如下原则更新 μ_{k+1}

$$\mu_{k+1} = \begin{cases} 4\mu_k, & r_k < p_1 \\ \mu_k, & p_1 \leqslant r_k \leqslant p_2 \\ \max(\mu_k/4,\ m), & r_k > p_2 \end{cases} \tag{4-31}$$

(5) $k = k + 1$； 返回步骤(2)。

通常 r_k 两端的阈值分别取 0.25 和 0.75，具体证明过程见参考文献[187]。通过以上改进策略 LM 算法搜索策略，实现了阻尼因子的快速更新，利用该方法解算磁力计误差校正模型，可有效减少 LM 算法的迭代搜索次数，从而提高计算效率。

4.4　磁力计/IMU 自适应抗差融合定姿

本节在四元数姿态解算的基础上，提出了基于扩展卡尔曼滤波的磁力计/加速度计融合姿态解算模型。建立了以四元数、陀螺零偏为待估参数的系统状态方程和以加速度计和磁航向角的量测方程。为减小载体机动引起的 IMU 粗差和磁力计环境粗差对姿态融合的影响，引入自适应抗差算法，提高姿态估计精度。

4.4.1　状态方程

建立七维系统观测方程[188]：

$$\boldsymbol{x}(k) = [q_0(k) \quad q_1(k) \quad q_2(k) \quad q_3(k) \quad \varepsilon_x \quad \varepsilon_y \quad \varepsilon_z]^{\mathrm{T}} \tag{4-32}$$

式中，$q_{0,\,1,\,2,\,3}(k)$ 为姿态四元数；ε_x，ε_y，ε_z 为三轴陀螺零偏；k 为计算时刻。

由四元数微分方程可知，其离散模型为

$$q(k) = q(k-1) + \frac{T}{2}[\mathbf{W}(k-1)]q(k-1) = \left\{I + \frac{T}{2}[\mathbf{W}(k-1)]\right\} q(k-1) \tag{4-33}$$

式中，T 表示采样时间间隔；$\boldsymbol{W}$ 为陀螺角速度在载体坐标系上分量的反对称矩阵，可由三轴陀螺仪在载体系直接测得

$$\boldsymbol{W} = \begin{bmatrix} 0 & -\omega_x & -\omega_y & -\omega_z \\ \omega_x & 0 & \omega_z & -\omega_y \\ \omega_y & -\omega_z & 0 & \omega_x \\ \omega_z & \omega_y & -\omega_x & 0 \end{bmatrix} \tag{4-34}$$

则系统的状态方程可以归纳为

$$
\boldsymbol{x}(k)=\begin{pmatrix}\boldsymbol{q}(k)\\ \boldsymbol{\varepsilon}_b(k)\end{pmatrix}=\begin{pmatrix}(\boldsymbol{I}+(T/2)\boldsymbol{W}\boldsymbol{q}(k-1))\\ \boldsymbol{\varepsilon}_b(k)\end{pmatrix}+\boldsymbol{w}_{k-1}=f(\boldsymbol{x}(k-1),\ k-1) \tag{4-35}
$$

对上式求取其雅可比矩阵，可得

$$
\boldsymbol{\Phi}(k,\ k-1)=\left.\frac{\partial f(\boldsymbol{x}(k-1),\ k-1)}{\partial \boldsymbol{x}(k-1)}\right|_{x(k-1=\hat{x}(k-1)}
$$

$$
=\begin{pmatrix}
1/T & -\hat{\omega}_x/2 & -\hat{\omega}_y/2 & -\hat{\omega}_z/2 & q_1/2 & q_2/2 & q_3/2\\
\hat{\omega}_x/2 & 1/T & \hat{\omega}_z/2 & -\hat{\omega}_y/2 & -q_0/2 & q_3/2 & -q_2/2\\
\hat{\omega}_y/2 & -\hat{\omega}_z/2 & 1/T & \hat{\omega}_x/2 & -q_3/2 & -q_0/2 & q_1/2\\
\hat{\omega}_z/2 & \hat{\omega}_y/2 & -\hat{\omega}_x/2 & 1/T & q_2/2 & -q_1/2 & -q_0/2\\
 & & & & 1/T & & \\
 & & & & & 1/T & \\
 & & & & & & 1/T
\end{pmatrix}\cdot T \tag{4-36}
$$

式中，上标^代表陀螺仪量测的估计值，由下式计算得到

$$
\begin{bmatrix}\hat{\omega}_x\\ \hat{\omega}_y\\ \hat{\omega}_z\end{bmatrix}=\begin{bmatrix}\omega_x\\ \omega_y\\ \omega_z\end{bmatrix}-\begin{bmatrix}\varepsilon_x\\ \varepsilon_y\\ \varepsilon_z\end{bmatrix} \tag{4-37}
$$

则系统过程噪声协方差矩阵应满足：

$$
\boldsymbol{Q}_k=\begin{pmatrix}\sigma_q^2\boldsymbol{I}_{4\times4} & \boldsymbol{0}\\ \boldsymbol{0} & \sigma_\omega^2\boldsymbol{I}_{3\times3}\end{pmatrix} \tag{4-38}
$$

4.4.2 观测方程

用四元数表示旋转矩阵，则 IMU 的三轴加速度计在载体系中的理想比力输出应为

$$
\begin{pmatrix}f_x^b\\ f_y^b\\ f_z^b\end{pmatrix}=\boldsymbol{C}_n^b\begin{pmatrix}0\\ 0\\ -g\end{pmatrix}=\begin{pmatrix}-2g(q_1q_3-q_0q_2)\\ -2g(q_2q_3+q_0q_2)\\ -g(q_0^2-q_1^2-q_2^2+q_3^2)\end{pmatrix} \tag{4-39}
$$

建立非线性系统观测方程：

$$
\boldsymbol{z}(k)=\begin{pmatrix}f_x^b(k)\\ f_y^b(k)\\ f_z^b(k)\\ \psi_M(k)\end{pmatrix}=\begin{pmatrix}-2g(q_1q_3-q_0q_2)\\ -2g(q_2q_3+q_0q_1)\\ -g(q_0^2-q_1^2-q_2^2+q_3^2)\\ \arctan\left(-\dfrac{-2(q_1q_2-q_0q_3)}{q_0^2-q_1^2+q_2^2-q_3^2}\right)\end{pmatrix}+v(k)=h(x(k),\ k)+v(k) \tag{4-40}
$$

求取观测方程的雅可比矩阵：

$$
\boldsymbol{H}(k)=\left.\frac{\partial h(x(k),\ k)}{\partial x(k)}\right|_{x(k)=\hat{x}(k,\ k-1)}
=\begin{pmatrix}
2gq_2 & -2gq_3 & 2gq_0 & -2gq_1 & 0\ 0\ 0\\
-2gq_1 & -2gq_0 & -2gq_3 & -2gq_2 & 0\ 0\ 0\\
-2gq_0 & 2gq_1 & 2gq_2 & 2gq_3 & 0\ 0\ 0\\
\dfrac{2q_3D_1+4q_0D_2}{D_1^2+4D_2^2} & \dfrac{-2q_2D_1-4q_1D_2}{D_1^2+4D_2^2} & \dfrac{-2q_2D_1+4q_2D_2}{D_1^2+4D_2^2} & \dfrac{2q_0D_1-4q_3D_2}{D_1^2+4D_2^2} & 0\ 0\ 0
\end{pmatrix}
\tag{4-41}
$$

式中，$D_1=q_0^2-q_1^2+q_2^2-q_3^2$；$D_2=q_1q_2-q_0q_3$。

系统量测噪声协方差矩阵应满足：

$$
\boldsymbol{R}_k=\begin{pmatrix}\sigma_f^2\boldsymbol{I}_{3\times 3} & \boldsymbol{0}\\ \boldsymbol{0} & \sigma_M^2\boldsymbol{I}_{1\times 1}\end{pmatrix}
\tag{4-42}
$$

4.4.3 相关观测抗差估计

引入异常观测方差膨胀模型的相关观测抗差估计理论处理磁力计/IMU 姿态融合中的观测异常问题。

假设观测方程中有两类观测值，分别记为 z_1 和 z_2，两类观测值属于相关观测，这种相关性一般来源于观测的几何结构或物理结构的关联。相关观测量本身是一个整体，各元素之间的相关性是验前固有的性质。因此，对于异常观测的协方差的膨胀应该考虑与之相关联的协方差元素的调整，而不是整体处理，以确保膨胀后的方差和协方差保持原有的相关系数[189]。

设观测量 z_1 和 z_2 的方差和协方差元素分别为 σ_i^2、σ_j^2 和 σ_{ij}，则相关系数可以表示为[190]

$$
\rho_{ij}=\frac{\sigma_{ij}}{\sigma_i\sigma_j}
\tag{4-43}
$$

考虑观测量 $\boldsymbol{z}_1$ 或 $\boldsymbol{z}_2$ 中包含粗差或者两者都有粗差时，引入抗差因子 λ 调节观测值方差协方差：

$$
\begin{cases}
\overline{\sigma}_i^2=\lambda_{ii}\sigma_i^2,\ \lambda_{ii}>1\\
\overline{\sigma}_j^2=\lambda_{jj}\sigma_j^2,\ \lambda_{jj}>1\\
\overline{\sigma}_{ij}=\lambda_{ij}\sigma_{ij}
\end{cases}
\tag{4-44}
$$

式中，$\lambda_{ij}=\sqrt{\lambda_{ii}\lambda_{jj}}$；$\overline{\sigma}_i^2$、$\overline{\sigma}_j^2$ 和 $\overline{\sigma}_{ij}$ 称为等价方差和协方差，则等价观测协方差矩阵可表示为

$$
\overline{\boldsymbol{R}}=\boldsymbol{\lambda}_{ii}\boldsymbol{R}
\tag{4-45}
$$

λ_{ii} 可按如下方式进行构造：

$$\boldsymbol{\lambda}_{ii}=\begin{cases}1, & |\tilde{v}_i|=\left|\dfrac{v_i}{\sigma_{v_i}}\right|\leqslant c\\ \dfrac{|\tilde{v}_i|}{c}, & |\tilde{v}_i|>c\end{cases} \tag{4-46}$$

式中，$\tilde{v}_i$ 表示标准化残差；c 为常量，一般可以取 1.0~1.5。

由上式求得 λ_{ii} 和 λ_{jj} 后，即可计算 $\overline{\sigma}_i^2$、$\overline{\sigma}_j^2$ 和 $\overline{\sigma}_{ij}$ 的等价观测协方差矩阵。

综上，Kalman 滤波预测过程为

$$\begin{aligned}\hat{\boldsymbol{X}}_{k,\ k-1}&=\boldsymbol{\Phi}_{k,\ k-1}\hat{\boldsymbol{X}}_{k-1}\\ \boldsymbol{P}_{k,\ k-1}&=\boldsymbol{\Phi}_{k,\ k-1}\boldsymbol{P}_{k-1}\boldsymbol{\Phi}_{k,\ k-1}^{\mathrm{T}}+\boldsymbol{\Gamma}_{k,\ k-1}\boldsymbol{\Phi}_{k-1}\boldsymbol{\Gamma}_{k,\ k-1}^{\mathrm{T}}\end{aligned} \tag{4-47}$$

相关观测抗差滤波更新过程为

$$\begin{aligned}\boldsymbol{P}_{V_k}&=\boldsymbol{H}_k\boldsymbol{P}_{k,\ k-1}\boldsymbol{H}_k^{\mathrm{T}}+\boldsymbol{R}_k\\ \boldsymbol{K}_k&=\boldsymbol{P}_{k,\ k-1}\boldsymbol{H}_k^{\mathrm{T}}[\boldsymbol{H}_k\boldsymbol{P}_{k,\ k-1}\boldsymbol{H}_k^{\mathrm{T}}+\lambda_{ii}\boldsymbol{R}_k]^{-1}\\ \hat{\boldsymbol{X}}_k&=\hat{\boldsymbol{X}}_{k,\ k-1}+\boldsymbol{K}_k[\boldsymbol{Z}_k-\boldsymbol{H}_k\hat{\boldsymbol{X}}_{k,\ k-1}]\\ \boldsymbol{P}_k&=[\boldsymbol{I}-\boldsymbol{K}_k\boldsymbol{H}_k]\boldsymbol{P}_{k,\ k-1}\end{aligned} \tag{4-48}$$

图 4-4 给出了本章提出的磁力计/IMU 自适应抗差姿态融合算法的技术路线图。

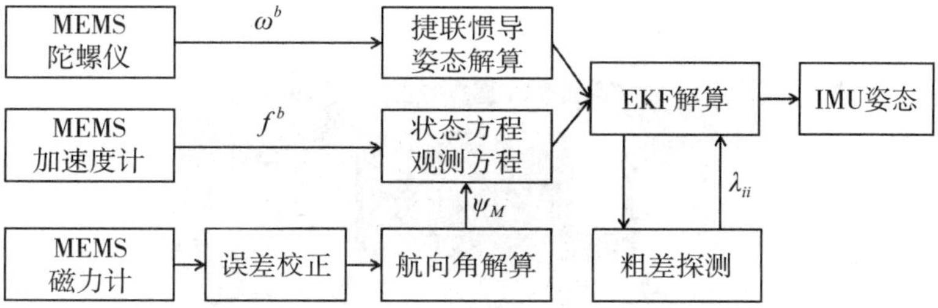

图 4-4　本章技术路线

4.5　实验与分析

本节实验采用 MTi-G-700 型 AHRS 搭建测试环境，在室内环境采集数据，其内置传感器的标称技术指标如表 4-2 和表 4-3 所示。

表 4-2　**MTi-G-700 内置磁力计的标称参数**

参　　数	指　　标
标准全程量	+/−8Gs
总均方根噪声	0.5mGs

续表

参　　数	指　　标
非线性度	0.1%
分辨率	0.25mGs

表 4-3　**MTi-G-700 内置 IMU 的标称参数**

	参数	指标
陀螺仪	运行偏置稳定性	10°/h
	噪声密度	$0.01°/s/\sqrt{h}$
加速度计	运行偏置稳定性	40μg
	噪声密度	$80\mu g/\sqrt{Hz}$

4.5.1　误差校正算法实验与分析

为验证本书提出的基于改进 LM 算法的六参数简化模型的有效性，分别设置两组实验进行对比。

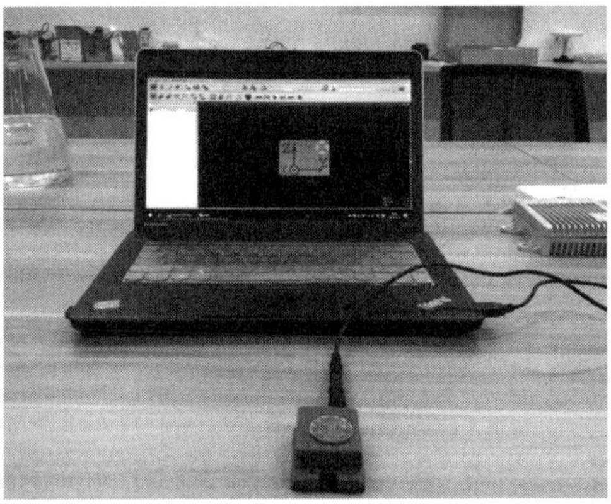

图 4-5　铁磁体干扰下的数据采集实验

实验 A：远离外部磁场干扰，采集 MTi 空中翻滚 120s 的磁力计数据，使其各个轴采集的数据矢量尽量布满整个三维空间。分别建立十二参数校正模型和六参数校正模型，利用 LM 算法和改进的 LM 算法进行磁力计校正。

实验 B：将一元硬币采用固连的方式与 MTi 捆绑安置，模拟铁磁体干扰环境，用同样的方法采集 120s 的磁力计数据，如图 4-6 所示。分别建立十二参数校正模型和六参数校正模型，利用 LM 算法和改进的 LM 算法进行磁力计校正。

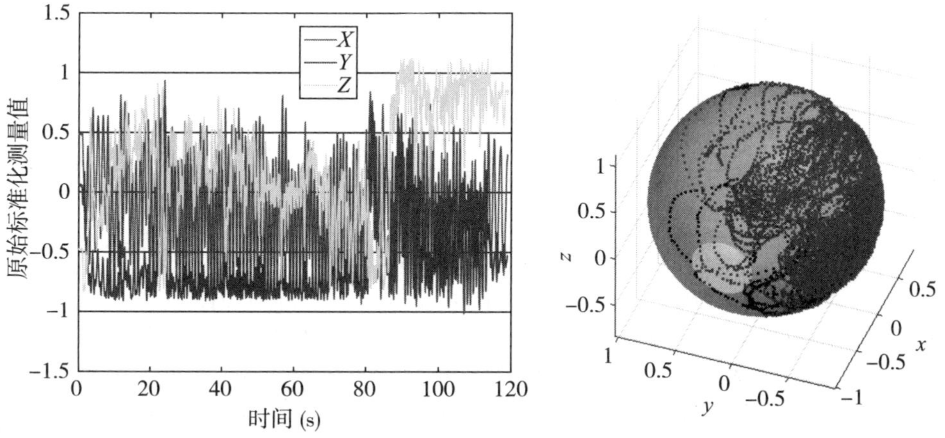

(a)原始测量值　　　　(b)拟合椭球

图 4-6　实验 A 磁力计原始测量值和拟合椭球

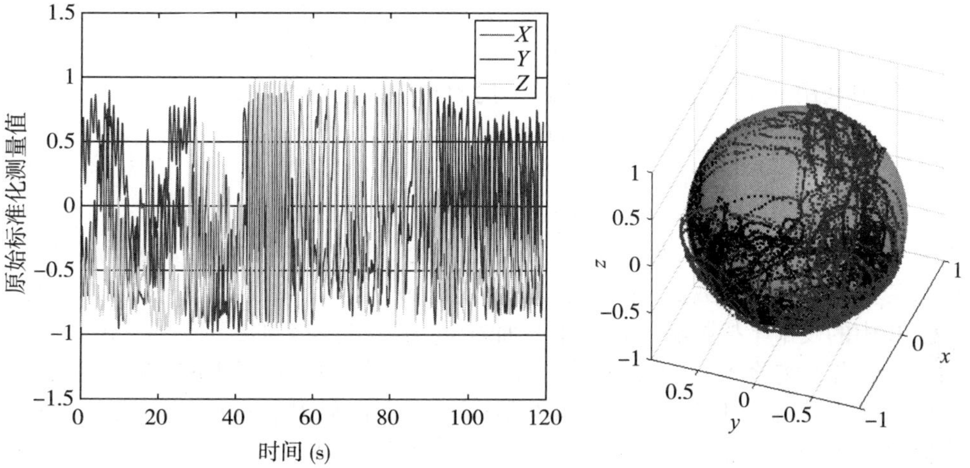

(a)原始测量值　　　　(b)拟合椭球

图 4-7　实验 B 磁力计原始测量值和拟合椭球

图 4-6 和图 4-7 分别给出了实验 A 和实验 B 的磁力计原始输出的标准化测量值和原始磁力计椭球。可以看出：一方面，实验 A 中未绑定硬币的磁力计测量值比实验 B 中绑定硬币的磁力计测量值整体偏小且稳定；另一方面，实验 A 的磁力计测量值与拟合的球体表面更为贴合。由于硬币属于合金软磁材料，受其影响，实验 B 中的磁力计在三维空间的测量值部分分布于拟合球体的外围，证明整个磁力计测量值的输出被软磁干扰“拉”成了椭球形状，不再近似正球体。

针对实验 A 未受磁干扰的磁力计数据和实验 B 中的受磁干扰的数据，分别利用基于传统 LM 算法的十二参数椭球校正模型(以下简称 LM12 算法)和基于改进 LM 算法的简化六参数椭球校正模型(以下简称 m-LM6 算法)对两组实验数据对比分析。分别从校正结果、磁场模值标准差和运算速度三个方面进行对比。

实验 A 中利用 LM12 算法计算的磁力计校正参数为

$$\boldsymbol{T}_{\mathrm{A}}=\begin{bmatrix}1.0430 & 0.0420 & -0.0199\\ 0 & 1.0443 & 1.0443\\ 0 & 0 & 1.0345\end{bmatrix},\ \boldsymbol{h}_{\mathrm{A}}=\begin{bmatrix}-0.0573\\ 0.0645\\ 0.1620\end{bmatrix} \tag{4-49}$$

实验 B 中利用 LM12 算法计算的磁力计校正参数为

$$\boldsymbol{T}_{\mathrm{B}}=\begin{bmatrix}1.0726 & 0.0210 & 0.0818\\ 0 & 1.1178 & -0.0094\\ 0 & 0 & 1.0282\end{bmatrix},\ \boldsymbol{h}_{\mathrm{B}}=\begin{bmatrix}-0.0297\\ -0.0049\\ 0.01356\end{bmatrix} \tag{4-50}$$

从以上结果可以看出，硬币不仅对磁力计输出产生软磁干扰，也存在硬磁干扰。等效软磁误差矩阵中的 $\boldsymbol{T}_{\mathrm{B}}(2,3)$ 与 $\boldsymbol{T}_{\mathrm{A}}(2,3)$ 有较大的数值差异，$\boldsymbol{T}_{\mathrm{B}}(2,2)$ 也比 $\boldsymbol{T}_{\mathrm{A}}(2,2)$ 要大，说明硬币的磁干扰对磁力计载体下 Y 轴输出有较大影响，使 Y 轴的测量值变小，X 轴和 Z 轴输出变化不大。

实验 A 中利用 m-LM6 算法计算的无干扰的磁力计校正参数为

$$\boldsymbol{g}_{\mathrm{A}}=\begin{bmatrix}1.0395\\ 1.0433\\ 1.0366\end{bmatrix}\quad \boldsymbol{\Delta}_{\mathrm{A}}=\begin{bmatrix}0.0338\\ -0.0659\\ -0.1596\end{bmatrix} \tag{4-51}$$

实验 B 中利用 m-LM6 算法计算的磁干扰的磁力计校正参数为

$$\boldsymbol{g}_{\mathrm{B}}=\begin{bmatrix}1.0641\\ 1.1153\\ 1.0326\end{bmatrix}\quad \boldsymbol{\Delta}_{\mathrm{B}}=\begin{bmatrix}0.0033\\ 0.0100\\ -0.0135\end{bmatrix} \tag{4-52}$$

从 m-LM6 算法校正参数结果来看，不受磁干扰的实验 A 的比例参数 $\boldsymbol{g}_{\mathrm{A}}$ 相对较小，受磁干扰的实验 B 的比例参数 $\boldsymbol{g}_{\mathrm{B}}$ 相对较大，尤其是 $\boldsymbol{g}_{\mathrm{B}}(2,1)$ 参数要比 $\boldsymbol{g}_{\mathrm{A}}(2,1)$ 大，这也说明实验 B 中的硬币干扰影响了磁力计 Y 轴输出，该结论与 LM12 算法的结论是一致的。

图 4-8 给出了实验 A 利用 LM12 算法校正后的磁力计标准化测量值和利用 m-LM6 算法校正后的磁力计标准化测量值，图 4-9 给出了实验 B 利用 LM12 算法校正后的磁力计标准化测量值和利用 m-LM6 算法校正后的磁力计标准化测量值。

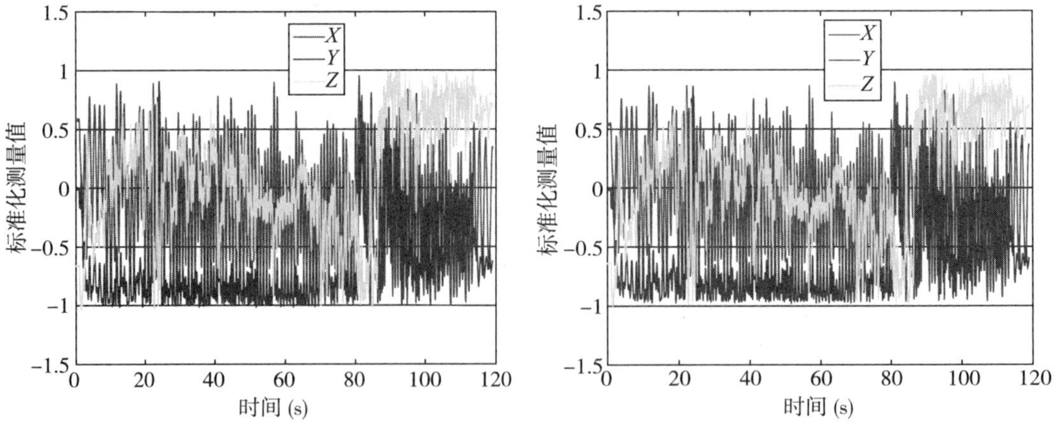

(a) LM12 算法　　(b) m-LM6 算法

图 4-8　实验 A 中 LM12 算法和 m-LM6 算法校正的磁力计测量值

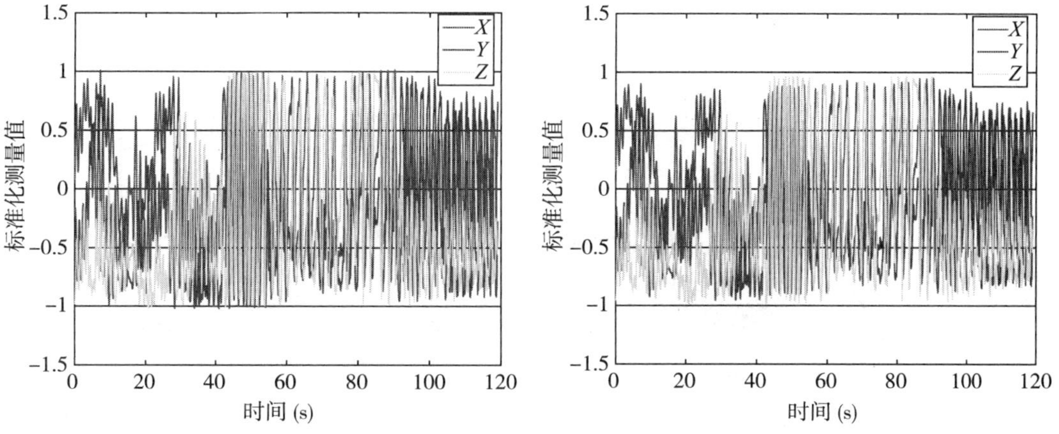

(a) LM12 算法　　(b) m-LM6 算法

图 4-9　实验 B 中 LM12 算法和 m-LM6 算法校正的磁力计测量值

从图 4-8 可以更直观地看出，在无磁干扰环境下，简化后的 m-LM6 算法和较为复杂的 LM12 算法对磁力计校正后的磁力计三轴测量值几乎是一致的。图 4-9 则表明对于磁干扰环境，简化后的 m-LM6 算法比复杂的 LM12 算法具有更强的针对较大观测值的整体截断能力，m-LM6 算法校正的测量值比 LM12 算法略偏小，这可能是 LM12 算法对软磁误差的建模描述比 m-LM6 算法充分的原因导致的。然而，从磁力计航向算法的原理来看，对于三轴尺度因子而言，无论其大小，只要尺度相同，就不会影响航向角计算。但究竟 m-LM6 算法面对磁干扰环境下的这种细微的整体偏差会对磁力计航向角解算产生怎样的影响，还需进一步分析。

图 4-10 分别给出了实验 A 中利用 LM12 算法和 m-LM6 算法校正前后的测量值三维分布图，图 4-11 分别给出了实验 B 中利用 LM12 算法和 m-LM6 算法校正前后的测量值三维分布图。

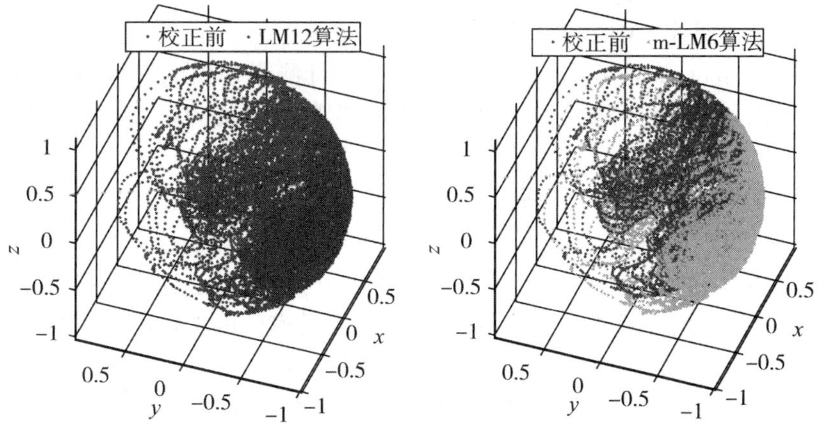

(a) LM12 算法　　(b) m-LM6 算法

图 4-10　实验 A 中 LM12 算法和 m-LM6 算法校正前后的测量值三维分布

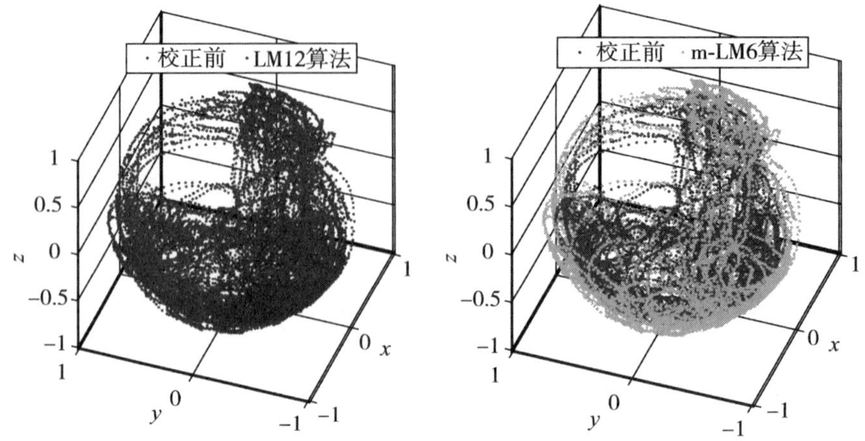

(a) LM12 算法　　(b) m-LM6 算法

图 4-11　实验 B 中 LM12 算法和 m-LM6 算法校正前后的测量值三维分布

由图 4-10 可以看出，一方面，当无磁干扰时，实验所用的 MTi-G-700 型磁力计输出矢量在三维空间形成球体，校正前后主要差异是球体沿球心的整体偏移，说明无磁干扰时，影响磁力计输出的主要因素为磁力计本身类似于 IMU 器件的常值零偏误差，这就解释了 m-LM6 模型中将偏置参数作为主要估计量的原因；另一方面，针对无磁干扰的磁力计数据，m-LM6 校正的椭球与 LM12 算法校正的椭球是一致的。由图 4-11 可以看出，当硬币作为磁力计的主要磁干扰时，校正前输出矢量在三维空间形成的球体比校正后要小，主要差异是球体半径的变化，说明存在磁干扰时，影响磁力计输出的主要因素为磁力模值的整体缩放，同样，这也解释了 m-LM6 模型中将比例参数作为主要估计量之一的可行性。与实验 A 结果类似，实验 B 中 m-LM6 校正的椭球与 LM12 算法校正的椭球也是一致的。这个结果说明，提出的 m-LM6 算法对于磁干扰严重的磁力计数据，同样适用。

图 4-12 和图 4-13 分别给出了实验 A 和实验 B 中利用 LM12 算法和 m-LM6 算法校正前后的磁场标准化模值。从磁力计模值的校正结果来看，LM12 算法和 m-LM6 算法都对磁力计输出粗差或干扰值起到了很好的抑制作用，从图 4-12 可以看出，m-LM6 算法对大扰动的抑制能力要比 LM12 算法强，整体校正更为平滑。

以均方根值(root mean square，RMS)作为磁力计测量模值的有效值，分别对比两种算法在无磁干扰和磁干扰环境下对磁力计输出数据的校正能力。计算公式如下：

$$M_{\mathrm{RMS}} = \sqrt{\frac{\sum_{i=1}^{N} M_i^2}{N}} = \sqrt{\frac{M_1^2 + M_1^2 + \cdots + M_N^2}{N}} \tag{4-53}$$

图 4-14 和图 4-15 分别给出了实验 A 和实验 B 中利用 LM12 算法和 m-LM6 算法校正前后的磁场测量模值的均方根值。实验 A 中，原始磁场模值的 RMS 为 0.9515，LM12 算法校正后的 RMS 为 1.0011，m-LM6 算法校正后的 RMS 为 0.9944，在无磁干扰的环境下，两种算法的校正差异为 0.67%；实验 B 中，原始磁场模值的 RMS 为 0.9348，LM12 算法校正后的 RMS 为 1.0006，m-LM6 算法校正后的 RMS 为 0.9947，磁干扰环境下，两种算法的校正差异为 0.59%。无论是无磁干扰环境还是磁干扰环境，两者性能基本一致。

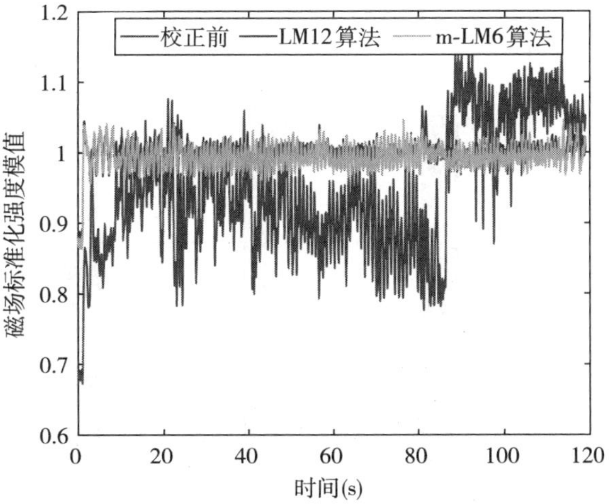

图 4-12 实验 A 两种算法的校正标准化模值

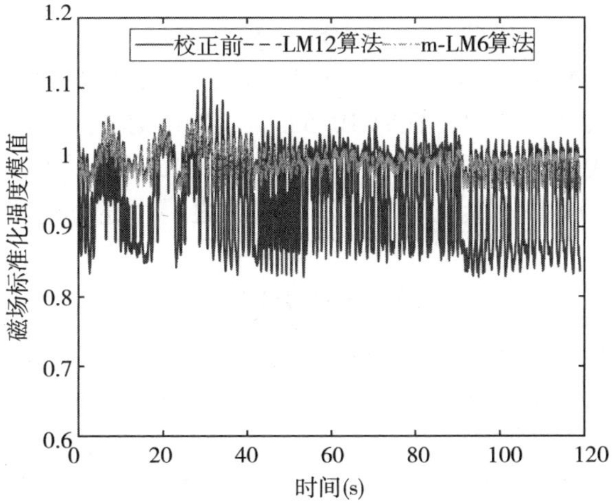

图 4-13 实验 B 两种算法的校正标准化模值

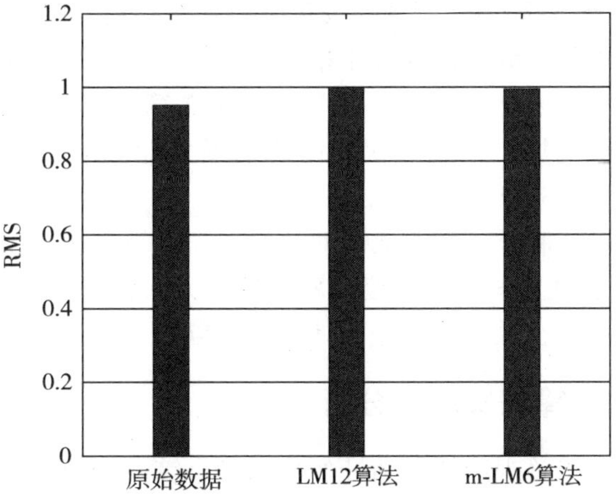

图 4-14 实验 A 两种算法磁场模值的均方根

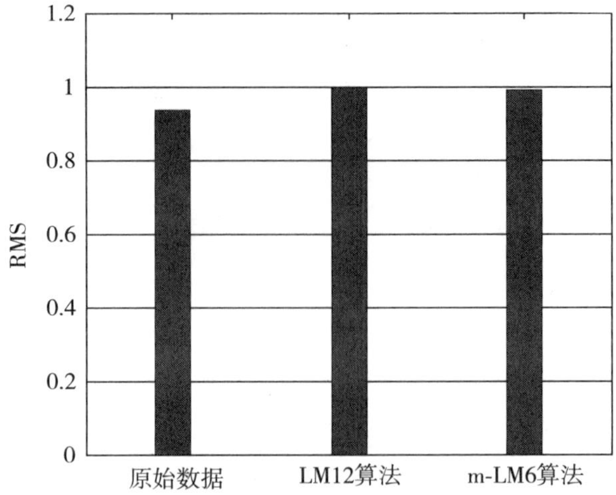

图 4-15　实验 B 两种算法磁场模值的均方根

表 4-4 给出了两种方法在两个实验中的计算耗时对比。数据处理平台采用 Matlab 2016a 版本，计算机处理器为 Core i7-6700HQ。对于 120s 的磁力计 100Hz 采样数据，实验 A 中 LM12 算法迭代计算 8 次，耗时 10. 58s，m-LM6 迭代计算 6 次，耗时 3. 76s；实验 B 中 LM12 算法迭代计算 8 次，耗时 11. 42s，m-LM6 迭代计算 6 次，耗时 3. 93s。综合来看，m-LM6 算法的耗时仅为 LM12 算法的三分之一，显著提高了计算效率。

表 4-4　**两种方法计算效率对比**

	LM12 算法耗时	迭代次数	m-LM6 算法耗时	迭代次数
实验 A	10. 58s	8	3. 76s	6
实验 B	11. 42s	8	3. 93s	6

以上结果证明，本章提出的基于改进 LM 算法的简化磁力计六参数校正模型与基于 LM 的算法的磁力计十二参数校正模型的校正结果基本一致。但是，由于 m-LM6 模型改进了迭代收敛算法，因此能够在保证校正精度的前提下，采用最少的待估参数，迭代次数更少，计算时间更短。因此，m-LM6 算法比 LM12 算法具有更好的工程实践应用前景，可以为用户在导航现场提供更加快速简便的磁力计标定算法，并且不以精准度为代价。

然而，受实验器材限制，该实验无法对比航向角计算结果，实验结果只能作为提出的 m-LM6 磁力计校正算法的相对性精度检验指标，无法验证该校正算法的绝对性精度，因此还需将该算法用于姿态融合前的磁力计校正，以进一步验证算法的有效性。

4. 5. 2　姿态融合算法实验与分析

为了验证提出基于相关观测抗差估计的姿态融合算法的效果，在室内空旷环境下水平放置 IMU，首先采集一段时间的静态数据，然后随机移动一段时间 IMU，然后放回原位，保持与之前静止状态航向一致，继续采集数据，全程共60s。为了确保算法的可对比性，在采集数据期间，远离任何磁干扰，以MTi-G-700内置的航姿算法的结果作为参考值进行对比。数据采集于山东大学威海校区，根据WMM2015，其地磁场信息如表4-5所示。

表4-5 **威海市地磁场信息**

位置	磁偏角	磁倾角	磁场强度(Gs)
34°16′0″N 117°10′0″E	-5.88°	52.17°	0.515035

以4.5.1节实验B的软磁干扰校正结果对本次数据进行磁干扰仿真，以进一步验证校正算法对姿态融合精度的提高，作为校正算法的绝对性检验指标。设计三组方案进行对比：

方案一：利用加速度计和磁力计测量值的姿态融合解算法(以下简称AM算法)解算磁干扰情况下的IMU姿态。

方案二：利用基于改进LM算法的六参数磁力计校正模型标定后，利用提出的姿态融合解算法(以下简称L-AM算法)解算磁干扰情况下的IMU姿态。

方案三：在方案二的基础上，模拟加速度计受振动干扰情况，在加速度计X轴数据的第30s、40s、50s添加2g、3g、4g的粗差，振动干扰持续0.5s，利用提出的磁力计/IMU抗差自适应融合定姿算法(以下简称L-RAM算法)解算加速度计粗差干扰情况下的IMU姿态。

分析系统的观测方程可以看到，磁环境干扰主要影响姿态融合的航向角精度，对水平方位角影响较小。因此，针对方案一和方案二，只对其航向角融合结果进行分析。与磁干扰不同的是，加速度计受振动导致的短时粗差对三个姿态角均有较强的影响。因此，对于方案三，本节对水平角融合精度和航向角融合精度都进行了分析。图4-16分别给出了磁干扰情况下的AM算法和L-AM算法解算的IMU航向角结果。图4-17~图4-19分别给出了加速度计振动粗差情况下的L-AM算法和L-RAM算法解算的IMU横滚角、俯仰角和航向角结果。

从上图可以看出，固定软磁干扰环境下，AM算法失效，航向角解算结果与真实值存在系统偏差。L-AM算法表现出了较高的姿态融合精度，航向角融合解算结果与真实值非常接近，说明L-AM算法在抑制磁干扰方面表现出了较强的能力。从图4-17~图4-19可以看出，L-AM算法对加速度计突发的振动非常敏感，导致的横滚角误差最大为26.822°，俯仰角误差最大为12.900°，航向角误差最大为6.394°，表明在IMU遭遇突然短时振动时，L-AM算法的处理能力有限。相反，提出的L-RAM算法的姿态融合解算效果要明显优于L-AM算法，对模拟的2g、3g、4g的加速度计粗差，均起到了很好的抑制和削弱作用，横滚角误差最大为3.939°，俯仰角误差最大为1.937°，航向角误差最大为4.622°。

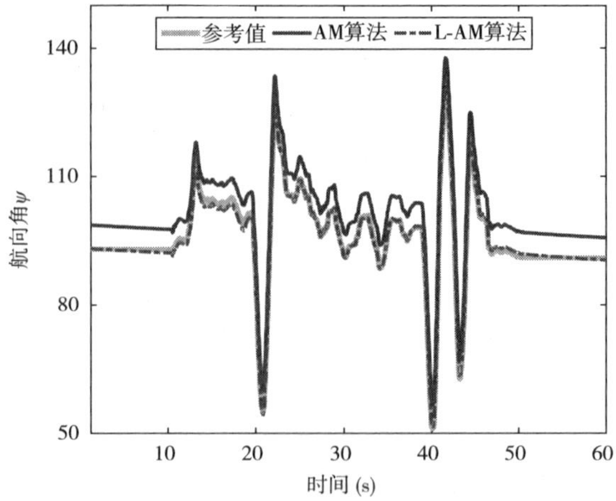

图 4-16　磁干扰下的姿态融合算法对比

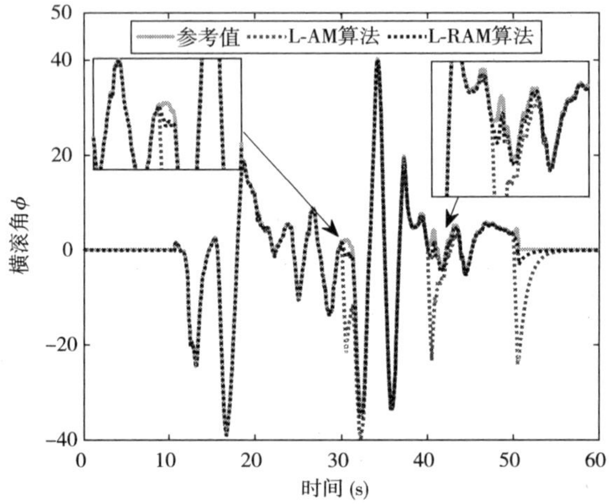

图 4-17　加速度计振动干扰下的两种姿态融合算法的横滚角解算结果

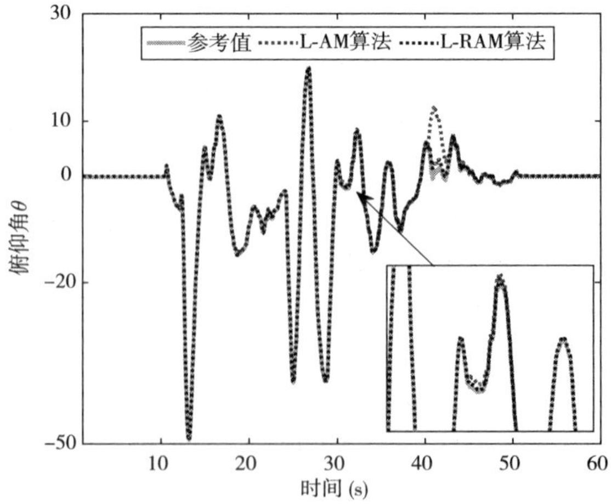

图 4-18　加速度计振动干扰下的两种姿态融合算法的俯仰角解算结果

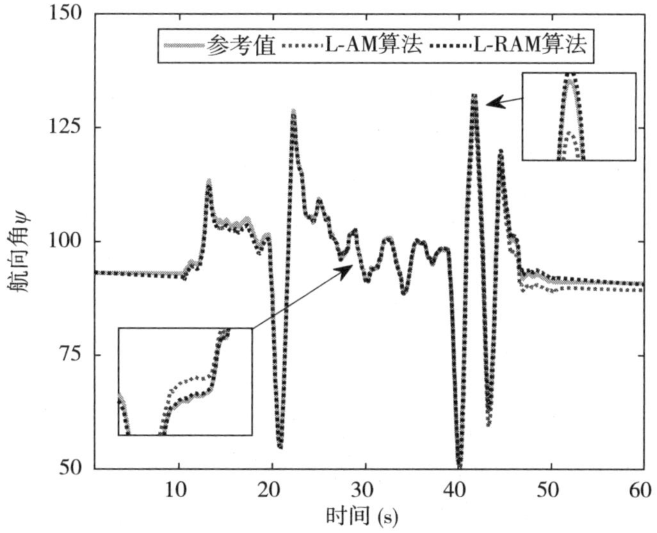

图 4-19 加速度计振动干扰下的两种姿态融合算法的航向角解算结果

图 4-20 给出了 L-AM 算法和 L-RAM 两种方法解算方案三情况下的 IMU 姿态角的均方根误差(Root Mean Square Error，RMSE)，以对比解算精度，计算方法为

$$\mathrm{RMSE}=\sqrt{\frac{1}{n}\sum_{i=1}^{n}(x_i-\hat{x}_i)^2} \tag{4-54}$$

结果表明，相比于 L-AM 算法，L-RAM 算法的横滚角、俯仰角和航向角的解算精度分别提高了 85.3%、85.0%、27.7%。

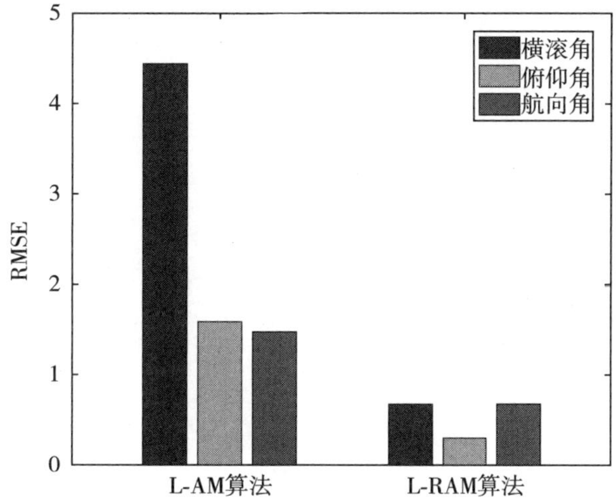

图 4-20 方案三中两种算法姿态角解算均方根误差

4.6　本章小结

本章主要针对外部磁场干扰情况下的低成本航姿参考系统姿态初始化技术进行了详细讨论。在对磁力计误差分类和建模的基础上，对复杂的误差模型进行简化，利用更快速的线性回归方法对其进行解算，建立了现场快速磁力计校正方法。提出了磁力计/IMU 抗差自适应融合定姿模型来提高磁干扰条件下和加速度计受震时的 AHRS 系统的姿态融合精度，增强了系统姿态初始化时鲁棒性。现将工作总结如下：

(1)详细分析了磁力计测量误差来源和分类，建立了地理系下十二参数全误差模型，并详细推导了简化过程，在研究误差性质基础上，提出了载体系下简化的六参数误差模型。

(2)为了增强算法的鲁棒性和提高搜索效率，在传统 LM 算法的基础上，改进了迭代搜索逻辑，减少搜索次数，使非线性函数快速获得最优解，并在此基础上利用提出的改进 LM 算法，解决磁力计校正问题。

(3)采集了实测的 MTi-G700 磁干扰环境下的数据，分别利用提出的 m-LM6 和 LM12 两种算法进行校正对比，校正差异仅为 0.59%。但 m-LM6 算法比 LM12 算法具有更少的迭代次数，耗时仅为 LM12 算法的 1/3，更适用于现场快速校正。

(4)提出了基于相关观测抗差估计理论的磁力计/IMU 抗差自适应融合定姿模型，实现了低精度 IMU 短时受振时的姿态稳健融合估计。对模拟的 2g、3g、4g 的加速度计粗差，横滚角、俯仰角和航向角的估计精度分别提高了 85.3%、85.0%、27.7%。

第 5 章　车载 GNSS/MIMU 组合系统约束定位模型

GNSS 是基于位置服务(location-based services，LBS)中最常见的定位方法，在开阔环境中能获得高精度、高可靠的位置信息。然而在高楼林立的城市环境中，GNSS 易受周跳、多路径等因素干扰(图 5-1)，导致定位精度降低。

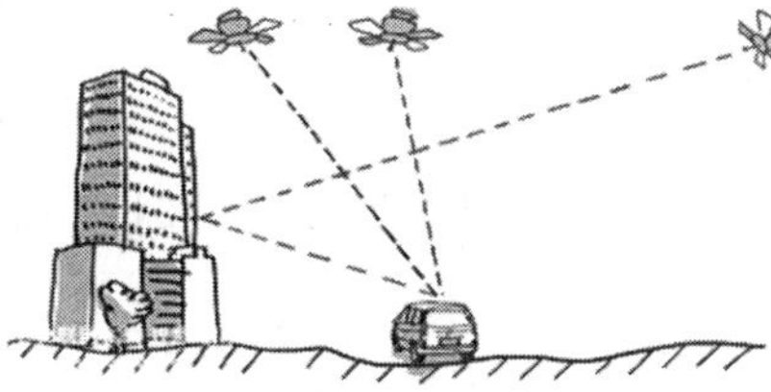

图 5-1　卫星信号的多路径效应

全球卫星导航系统与惯性导航系统进行组合导航，可以发挥各自的优势。一方面，INS 可以为 GNSS 提供载体更高频率且连续的位置和姿态信息，增强 GNSS 抗干扰能力，满足载体高动态的需求；另一方面，GNSS 也可以成为约束 INS 定位的约束条件，使其不易发散并且为 INS 提供时间信息。随着 MEMS IMU(MIMU)的快速发展，精度高、可连续、成本适中的 GNSS/MIMU 组合导航系统已越来越受用户青睐。

从组合模式上分类，GNSS/MIMU 组合导航可分为三类：分别为松组合模式、紧组合模式与深组合模式。其中，松组合模式优点为模式简单、便于工程实现，缺点是无法辅助增强卫星信号跟踪、提高卫星定位性能，且在有效卫星数量少于 4 颗时无法正常工作；紧组合模式在卫星对少于 4 颗时仍然能够进行组合，具有较高的组合导航精度、动态性和抗差性，在卫星信号半遮蔽条件下优势明显；深组合是信号层面的组合，可提高 GNSS 跟踪信号的信噪比，实现信号中断后快速捕获，但也存在结构复杂等缺点。现阶段的车载应用中，GNSS/MIMU 组合导航仍以松组合和紧组合模式为主。从组合方法上分类，GNSS/MIMU 组合导航可分为三类，分别为伪距/伪距率与惯性信息组合、载波差分与惯性信息组合、精密单点定位与惯性信息组合，本章研究主要以载波差分与惯性信息组合为主。

然而，在城市复杂环境中，当卫星信号失锁时，车载 GNSS/MIMU 组合系统的导航解会很快发散。零速修正技术是 GNSS/INS 组合导航系统中常用的一种抑制误差随时间发散的方法，在不依赖任何传感器的情况下，零速修正技术可以有效地提高组合导航系统的精度，但在车辆行驶过程中不能获得观测值，在实际应用中需要频繁停车，降低了车辆的机动性。因此，在不附加其他传感器的情况下，寻找一种提高定位精度、增强车辆机动性能的方案具有重要意义。

本章对 GNSS 观测模型和随机模型进行了详细叙述，建立了差分 GNSS/MIMU 组合导航系统下基于位置/速度松组合的滤波模型和地球系下基于载波相位紧组合的滤波模型，构建了 24 维系统状态方程和观测方程。为防止车载组合系统在复杂城市中定位不可靠甚至发散的问题，改进了现有的零速检测方法，综合利用 IIR 低通滤波器、GNSS/INS 速度更新和惯性导航原始数据进行零速检测，提出了 ZUPT/DZUTP 多状态约束的 GNSS/MIMU 组合方法，引入了里程计约束模型来提高约束效果，并通过一组实测数据进行了验证。

5.1　GNSS 观测模型

5.1.1　伪距观测方程

在伪距测量中，直接测量的是信号到达接收机的时刻 t_R（由接收机钟量测）与信号离开卫星的时刻 t^S（由卫星钟量测）之差（$t_R - t^S$），此差值与真空中的光速 c 的乘积即为伪距观测值 $\widetilde{\rho}$，即

$$\widetilde{\rho} = c(t_r - t^s) \tag{5-1}$$

顾及信号传播过程中的各项误差，完整的伪距观测方程可以表示为

$$\widetilde{\rho} = R_r^s + c\delta t_r - c\delta t^s + T + I + E + M_P + \varepsilon_P + \xi \tag{5-2}$$

式中，$\widetilde{\rho}$ 表示伪距观测值，m；下标 r 与上标 s 分别代表接收机和卫星；R_r^s 表示天线相位中心与卫星之间的卫地距，m；c 为光速；δt^s、δt_r 分别表示卫星钟差与接收机钟差；T、I 分别表示对流层延迟和电离层延迟；E 表示星历误差；M_P 表示伪距多路径效应引起的误差；ε_P 表示伪距观测噪声；ξ 表示包括硬件延迟偏差以及天线相位中心偏差等其他误差。

卫地距 R_r^s 可以表示为

$$R_r^s = \| \boldsymbol{x}^s - \boldsymbol{x}_r \| = \| \boldsymbol{x}_r^s \| = \sqrt{(x^s - x)^2 + (y^s - y)^2 + (z^s - z)^2} \tag{5-3}$$

5.1.2　载波相位观测方程

载波相位观测值是接收机本机振荡产生的相位与接收到的卫星载波相位之差。在开始锁定卫星时，接收机只能测到不足一整周的小数部分，随后保持连续跟踪，相位观测值不断增加。因此，初始锁定卫星时，相位观测量与接收机到卫星的距离相差载波波长的整数倍 N，被称为整周模糊度，且在随后的每个历元观测值中保持不变。因此，载波相位观测方程中与伪距观测方程多了整周模糊度参数。载波相位的测量精度远远高于伪距测量，可以精确到 0.01 周，相当于毫米级精度。

顾及各项误差，载波观测方程可以表示为

$$\Phi_j^i = \lambda\varphi_j^i = \rho_j^i + c\delta t_r - c\delta t^s - I_j^i + T_j^i + \lambda N_j^i \\ E^i + O_k^i + m_P^i + \varepsilon_\Phi + W + \xi \tag{5-4}$$

式中，上标 i 和下标 j 分别表示卫星编号和接收机编号；φ 表示载波相位观测值，周；λ 表示载波波长，m；N 表示整周模糊度，周；m_P 表示载波多路径效应引起的误差；ε_Φ 表示载波观测噪声；ξ 表示接收机和卫星段的天线相位缠绕，m。

5.1.3 GNSS 差分观测模型

基于伪距观测值和载波相位观测值构建的非差观测方程式(5-5)和式(5-6)是进行 GNSS 定位的基础观测方程，而 GNSS 信号在传播过程中会受到各种非弥散误差和弥散误差的干扰[190]。为提升定位精度，差分技术作为有效地消除或者降低误差的技术手段被广泛应用于 GNSS 数据处理体系。常用的差分技术可以分为单差模型、双差模型和三差模型三类。对于单差模型，根据差分模式不同又可以将其分为站间单差、星间单差和历元间单差模式。需特别指出的是三差模型虽然消除了包括模糊度在内的绝大多数误差，但是经过三次求差之后，观测方程的测量噪声被进一步放大以及三差观测方程中相应系数矩阵所对应的精度因子(dilution of precision，DOP)值一般也比较大，则基于三阶差分技术得到的定位结果精度未必优于低阶差分定位精度[193]。因此，本章不对三差模型进行分析。

1. 站间单差模型

站间单差表示的是对两个不同观测站之间的观测方程进行求差，基于测站 m 和 n 利用共视卫星 s 求差的单差伪距和载波相位观测方程可以表示为

$$\Delta P_{i,mn}^s = \Delta\rho_{i,mn}^s + c\cdot\Delta dt_{mn} + \mu_i\cdot\Delta I_{mn}^s + \Delta T_{mn}^s + \Delta\beta_{i,mn} + \Delta d_m^s + \Delta\varepsilon_{i,mn,\rho}^s \tag{5-5}$$

$$\lambda_i\cdot\Delta\varphi_{i,mn}^s = \Delta\rho_{mn}^s + c\cdot\Delta dt_{mn} - \mu_i\cdot\Delta I_{mn}^s + \Delta T_{mn}^s + \lambda_i(\Delta\delta_{i,mn} + \Delta N_{i,mn}^s) + \Delta d_m^s + \Delta\varepsilon_{i,mn}^s \tag{5-6}$$

式中，Δ 表示站间单差算子。经过测站间求差之后，与卫星端相关的误差项被消除，并且大气延迟项被削弱。

2. 星间单差模型

星间单差表示的是同一测站不同卫星的观测方程之间求差，对于 CDMA 信号机制的卫星，对于测站 m 基于可视卫星 s 和 r 形成的伪距和载波相位观测方程组成的星间单差模型为

$$\nabla P_{i,m}^{sr} = \nabla\rho_m^{sr} + c\cdot\nabla dt^{sr} + \mu_i\cdot\nabla I_m^{sr} + \nabla T_m^{sr} - \nabla\beta_i^{sr} + \nabla d_m^s + \nabla\varepsilon_{i,m,\rho}^{sr} \tag{5-7}$$

$$\lambda_i\nabla\varphi_{i,m}^{sr} = \nabla\rho_m^{sr} + c\cdot\nabla dt^{sr} - \mu_i\cdot\nabla I_m^{sr} + \nabla T_m^{sr} + \lambda_j(\nabla\delta_i^{sr} + \nabla N_{i,m}^{sr}) + \nabla d_m^s + \nabla\varepsilon_{i,m,\varphi}^{sr} \tag{5-8}$$

式中，∇表示星间单差算子。

对于采用 FDMA 信号机制的卫星，只有在同一轨道面上间隔 180°的两颗卫星才使用同一频率。因此，需要将星间单差模糊度分解成一个参考卫星的非差模糊度和一个星

间单差模糊度，

$$\nabla P_{i,m}^{sr} = \nabla \rho_m^{sr} + c \cdot \nabla dt^{sr} + \mu_i \cdot \nabla I_m^{sr} + \nabla T_m^{sr} + \nabla \beta_{i,m}^{sr} - \nabla \beta_i^{sr} + \nabla d_m^s + \nabla \varepsilon_{i,m,\rho}^{sr} \quad (5\text{-}9)$$

$$\begin{aligned}\lambda_i \nabla \varphi_{i,m}^{sr} =& \nabla \rho_m^{sr} + c \cdot \nabla dt^{sr} - \mu_i \cdot \nabla I_m^{sr} + \nabla T_m^{sr} + \lambda_i^s (\nabla \delta_i^{sr} + \nabla N_{i,m}^{sr}) \\ &+ (\lambda_i^s - \lambda_i^r)(\delta_{i,m} + \delta_i^r + N_{i,m}^r) + \nabla d_m^s + \nabla \varepsilon_{i,m,\varphi}^{sr}\end{aligned} \quad (5\text{-}10)$$

经过星间单差之后，与测站相关的误差基本可以消除，同时也可以削弱电离层延迟、对流层延迟等大气误差。对于采用 FDMA 信号机制的卫星，由于卫星信号的频率与信号的通道有关，因此接收机硬件延迟无法有效消除[192]。

3. *历元间单差模型*

历元间单差表示的是同一测站对相同卫星在相邻历元 t_{k-1} 和 t_k 进行求差，基于历元间单差的伪距和载波相位观测方程可以表示为

$$\begin{aligned}P_{i,m}^s(t_{k-1,k}) =& P_{i,m}^s(t_k) - P_{i,m}^s(t_{k-1}) = \rho_m^s(t_{k-1,k}) + c \cdot [dt_k(t_{k-1,k}) - dt^s(t_{k-1,k})] \\ &+ T_m^s(t_{k-1,k}) + \mu_i \cdot I_m^s(t_{k-1,k}) + \beta_{i,m}(t_{k-1,k}) - \beta_i^s(t_{k-1,k}) + d_m^s(t_{k-1,k}) + \varepsilon_{i,m,\rho}^s(t_{k-1,k})\end{aligned} \quad (5\text{-}11)$$

$$\begin{aligned}\lambda_i \varphi_{i,m}^s(t_{k-1,k}) =& \lambda_i \varphi_{i,m}^s(t_k) - \lambda_i \varphi_{i,m}^s(t_{k-1}) \\ =& \rho_m^s(t_{k-1,k}) + c \cdot [\Delta dt_k(t_{k-1,k}) - \Delta dt^s(t_{k-1,k})] + T_m^s(t_{k-1,k}) \\ &- \mu_i \cdot I_m^s(t_{k-1,k}) + \delta_{i,m}(t_{k-1,k}) - \delta_m^s(t_{k-1,k}) + \lambda_i CS + d_m^s(t_{k-1,k}) + \varepsilon_{i,k}^s(t_{k-1,k})\end{aligned} \quad (5\text{-}12)$$

式中，CS 表示前后两个连续历元的周跳，当不发生周跳时，$CS = 0$。从式中可以看出，历元间单差消除了模糊度参数，历元间单差方程通常被用于周跳的探测。

4. *双差观测方程*

根据求差方式的不同，双差模型也存在三种模式，而其中基于站间和星间求差的双差模式是目前差分定位比较常用的双差方法。对于 CDMA 信号机制的卫星，基于站间和星间的双差伪距和载波相位观测方程可以表示为

$$\nabla \Delta P_{i,mn}^{sr} = \nabla \Delta \rho_{mn}^{sr} + \nabla \Delta T_{mn}^{sr} + \mu_i \cdot \nabla \Delta I_{mn}^{sr} + \nabla \Delta d_{mn}^{sr} + \nabla \Delta \varepsilon_{i,mn,\rho}^{sr} \quad (5\text{-}13)$$

$$\lambda_i \nabla \Delta \varphi_{i,mn}^{sr} = \nabla \Delta \rho_{i,mn}^{sr} + \nabla \Delta T_{mn}^{sr} - \mu_i \cdot \Delta I_{mn}^{sr} + \lambda_j \nabla \Delta N_{i,mn}^{sr} + \nabla \Delta d_{mn}^{sr} + \nabla \Delta \varepsilon_{i,mn,\varphi}^{sr} \quad (5\text{-}14)$$

式中，$\nabla\Delta$ 表示双差算子。

经过双差之后，卫星端和接收机端的误差基本可以有效地消除，但是仍然受到残余的大气延迟等误差的影响。对于中短基线用户，残余的大气延迟可以忽略不计，但是对于中长基线用户，残余的大气延迟仍然需要考虑。

对于 FDMA 信号的卫星，站间和历元间的双差观测方程可以表示为[194,195]

$$\nabla \Delta P_{i,mn}^{sr} = \nabla \Delta \rho_{mn}^{sr} + \nabla \Delta T_{mn}^{sr} + \mu_i \cdot \nabla \Delta I_{mn}^{sr} + \nabla \Delta \beta_{i,mn}^{sr} + \nabla \Delta d_{mn}^{sr} + \nabla \Delta \varepsilon_{i,mn,\rho}^{sr} \quad (5\text{-}15)$$

$$\begin{aligned}\lambda_i \Delta \varphi_{i,mn}^s - \lambda_i \Delta \varphi_{i,mn}^r =& \nabla \Delta \rho_{mn}^{sr} + \lambda_i \nabla \Delta N_{i,mn}^{sr} + \lambda_i^s \nabla \Delta N_{i,mn}^r + \nabla \Delta T_{mn}^{sr} \\ &+ (\lambda_i^r - \lambda_i^s)(\delta_{i,mn} + \Delta N_{i,mn}^r) - \mu_i \cdot \nabla \Delta I_{mn}^{sr} + \nabla \Delta d_{mn}^{sr} + \nabla \Delta \varepsilon_{i,mn,\varphi}^{sr}\end{aligned} \quad (5\text{-}16)$$

从式(5-15)和式(5-16)可以看出，对于 FDMA 信号机制的卫星无法完全消除接收机硬件延迟。

5.1.4 观测值的线性组合

除了 5.1.2 节所介绍的基于同一频率和同一类型观测值之间的组合方式之外，还有基于不同频率或者不同类型观测值之间的线性组合方式，可以组合形成具有某些特殊性能的虚拟观测值。目前比较常用的基于双频信号的观测值线性组合包括宽巷组合、无电离层组合以及 MW 组合。

1. 宽巷组合观测模型

宽巷组合观测模型是基于相同观测值类型和不同频率组合形成的虚拟观测方程，将载波观测值在不同频率之间求差得到的组合形成宽巷观测方程为

$$\phi_{wl} = \frac{f_1}{f_1 - f_2}\varphi_1 - \frac{f_2}{f_1 - f_2}\varphi_2 \tag{5-17}$$

经过线性组合之后，宽巷观测值的波长为 $\frac{c}{f_1 - f_2}$，相应的宽巷模糊度为 $N_{wl} = N_1 - N_2$。以 GPS 为例，组合之后的宽巷观测值的波长约为 0.86m，是基础频率的四倍多，与基频模糊度相比更加容易固定。但是宽巷组合之后的载波测量噪声被放大了六倍多，因此直接使用宽巷观测方程进行定位解算的精度一般不会太高，宽巷观测方程通常被用于获得最终定位解算结果的中间辅助过程。

2. 无几何组合观测模型

无几何(geometry-free，GF)组合是一种相同类型、不同频率观测值之间的线性组合方式，直接将两个不同频率的伪距和载波相位观测值分别相减形成新的虚拟观测量为

$$\begin{cases} P_{GF} = P_2 - P_1 \\ \varphi_{GF} = \varphi_2 - \varphi_1 \end{cases} \tag{5-18}$$

无几何组合观测值消除了接收机钟差、卫星钟差、轨道钟差以及卫地距等相关项，只剩下和频率有关项[196]。无几何观测组合可以用来提取电离层信息，同时当采样频率较高、电离层变化缓慢时，无几何观测值也可以用来进行周跳的探测。

3. 无电离层组合观测模型

无电离层组合是一种相同类型、不同频率观测值之间的组合方式。基于伪距和载波相位观测值组合形成的无电离层组合观测模型可以分别表示为

$$P_{IF} = \frac{1}{f_1^2 - f_2^2}(f_1^2 \cdot P_1 - f_2^2 \cdot P_2) \tag{5-19}$$

$$\phi_{IF} = \frac{f_1^2}{f_1^2 - f_2^2}\varphi_1 - \frac{f_2^2}{f_1^2 - f_2^2}\varphi_2 \tag{5-20}$$

无电离层组合虽然能够有效地消除大部分电离层误差的影响，但是组合形成的观测

值的噪声是基频观测值噪声的三倍，并且模糊度失去了整周特性。

4. MW 组合观测模型

MW 组合是一种不同观测类型、不同频率之间的线性组合，其组合形式可以表示为

$$\phi_{MW} = \frac{1}{f_1 - f_2}(f_1 \cdot \varphi_1 - f_2 \cdot \varphi_2) - \frac{1}{f_1 + f_2}(f_1 \cdot P_1 + f_2 \cdot P_2) \tag{5-21}$$

MW 组合消除了电离层延迟、对流层延迟、卫星钟差、接收机钟差和卫星至接收机之间的几何距离，组合形成的观测值仅受到观测噪声以及多路径效应的影响，可以利用多个历元求平均的方式来很好地平滑、削弱。当伪距观测值质量较好时，MW 组合可以用来进行宽巷模糊度的确定以及进行周跳的探测。

5.2 GNSS 随机模型

随机模型表达了观测值精度及其相关关系，不准确的随机模型将会影响参数的估计，因此在进行 GNSS 解算前需要确定随机模型[197]。通过建立适宜的随机模型，将未模型化的误差归入随机模型中进行处理，可以有效地降低大气残余误差、多路径效应等对 GNSS 定位的影响，提高卫星定位的精度与可靠性。

5.2.1 原始观测值的随机模型

观测值在从卫星端传播到接收机端的过程中会受到外界环境的干扰，影响接收机接收到的观测值的质量。在经过一定方法对原始观测值进行处理后，仍然会存在残余的大气延迟、衍射等误差，这些误差会影响观测值的质量。通过建立合理的随机模型，在数据处理过程中能够有效降低这部分误差的影响。目前比较常用的随机模型主要包括基于卫星高度角、信噪比和方差分量模型等方法[198,199]。其中基于卫星高度角信息和信噪比信息的方法是目前应用比较广泛的方法。

1. 基于高度角的随机模型

高度角信息能够比较好地反映观测值的质量状况，基于高度角信息建立的随机模型是将观测值噪声 σ 建模为卫星高度角 ele 的函数，

$$\sigma^2 = f(ele) \tag{5-22}$$

一般来说，随着高度角的增大，大气延迟、多路径效应等误差对观测值的影响将会降低。因此，可以根据高度角来确定观测值的权值。目前比较常用的函数模型是正弦函数。

$$\sigma^2 = \frac{1}{\sin^2 ele} \tag{5-23}$$

并由此衍生出了一系列改进函数模型[200,201]。

2. 基于信噪比的随机模型

接收机信噪比(Signal to Noise Ratio，SNR)大小与大气延迟、多路径效应以及接收机天线增益等有关，并且与卫星高度角相关。当大气延迟增大时，GNSS 卫星信号观测值质量变差，从而导致 SNR 变小。当观测站受到外界环境遮挡导致多路径、衍射等较

严重时，卫星信号同样将会变弱[202]。因此，SNR 也可以作为一项衡量观测值质量的指标[203]。Brunner 等利用 SNR 信息建立的 SIGMA－ε 随机模型[204]，所示如下：

$$\sigma^2 = C_i \cdot 10^{-\frac{S}{10}} = B_i\left(\frac{\lambda_i}{2\pi}\right) \cdot 10^{-\frac{S}{10}} \tag{5-24}$$

式中，S 表示观测值的信噪比；B 表示相位跟踪环带宽 Hz；λ 表示载波相位观测值的波长，m；在实际应用中取 $C_1 = 0.00224\text{m}^2\text{Hz}$，$C_2 = 0.00077\text{m}^2\text{Hz}$。

5.2.2 差分观测值的相关性

虽然 GNSS 原始观测值在时间和空间上具有一定的相关性，但是在 GNSS 基线数据处理中，通常假设各个卫星的原始观测值之间是相互独立的[200]。

假设测站 m 和 n 在历元 t_k 观测到 h 颗卫星，则由式(5-6)可得相应的站间单差观测方程为

$$SD = \begin{pmatrix} \Delta\phi_{mn}^1 \\ \vdots \\ \Delta\phi_{mn}^s \\ \vdots \\ \Delta\phi_{mn}^h \end{pmatrix} = \begin{pmatrix} -1 & 1 & 0 & 0 & \cdots & \cdots & \cdots & 0 & 0 \\ 0 & 0 & -1 & 1 & 0 & 0 & \cdots & 0 & 0 \\ \vdots & \vdots & \vdots & \vdots & \vdots & \vdots & \vdots & \vdots & \vdots \\ 0 & 0 & \cdots & \cdots & \cdots & \cdots & \cdots & -1 & 1 \end{pmatrix} \begin{pmatrix} \phi_m^1 \\ \phi_n^1 \\ \vdots \\ \phi_m^s \\ \phi_n^s \\ \vdots \\ \phi_m^h \\ \phi_n^h \end{pmatrix} = F_1 \cdot D \tag{5-25}$$

式中，ϕ_m^s 为以米为单位的原始载波相位观测值；F_1 表示站间单差系数矩阵。

由误差传播定律可得站间单差的方差-协方差矩阵，其表达形式为

$$\Sigma_{SD} = F_1 \cdot \Sigma_D \cdot F_1^{\mathrm{T}} \tag{5-26}$$

式中，Σ_D、Σ_{SD} 分别表示原始观测值以及站间单差观测值的方差，形式为，

$$\Sigma_D = \begin{pmatrix} (\sigma_m^1)^2 & & & & & & & \\ & (\sigma_n^1)^2 & & & & & & \\ & & \ddots & & & & & \\ & & & (\sigma_m^s)^2 & & & & \\ & & & & (\sigma_n^s)^2 & & & \\ & & & & & \ddots & & \\ & & & & & & (\sigma_m^h)^2 & \\ & & & & & & & (\sigma_n^h)^2 \end{pmatrix} \tag{5-27}$$

$$\Sigma_{SD} = \begin{pmatrix} (\sigma_m^1)^2 + (\sigma_n^1)^2 & & & & \\ & \ddots & & & \\ & & (\sigma_m^s)^2 + (\sigma_n^s)^2 & & \\ & & & \ddots & \\ & & & & (\sigma_m^h)^2 + (\sigma_n^h)^2 \end{pmatrix} \tag{5-28}$$

式中，$(\sigma_m^s)^2$ 表示观测值的方差，可以用 5.2.1 节介绍的方法求解。

当选择其中一颗卫星 r 作为参考卫星时，基于式(5-25)站间单差观测方程形成的站间和星间双差观测方程可以表示为

$$DD = \begin{pmatrix} \nabla\Delta\phi_{mn}^{1r} \\ \vdots \\ \nabla\Delta\phi_{mn}^{sr} \\ \vdots \\ \nabla\Delta\phi_{mn}^{hr} \end{pmatrix} = \begin{pmatrix} 1 & & -1 & & \\ & \ddots & \vdots & & \\ & 1 & -1 & & \\ & & -1 & 1 & \\ & & \vdots & \ddots & \\ & & -1 & & 1 \end{pmatrix} \begin{pmatrix} \Delta\phi_{mn}^{1} \\ \vdots \\ \Delta\phi_{mn}^{r} \\ \vdots \\ \Delta\phi_{mn}^{h} \end{pmatrix} = F_2 \cdot SD \tag{5-29}$$

式中，F_2 表示星间单差系数矩阵。

基于式(5-26)的站间单差观测值方差-协方差矩阵，由误差传播定律可得站间和星间双差的方差-协方差矩阵为

$$\Sigma_{DD} = F_2 \cdot \Sigma_{SD} \cdot F_2^{\mathrm{T}} \tag{5-30}$$

式中，Σ_{DD} 表示双差观测值的方差-协方差矩阵，可以表示为

$$\Sigma_{DD} = \begin{pmatrix} (\sigma_m^1)^2 + (\sigma_n^1)^2 + (\sigma_m^r)^2 + (\sigma_n^r)^2 & (\sigma_m^r)^2 + (\sigma_n^r)^2 & \cdots \\ (\sigma_m^r)^2 + (\sigma_n^r)^2 & (\sigma_m^2)^2 + (\sigma_n^2)^2 + (\sigma_m^r)^2 + (\sigma_n^r)^2 & \vdots \\ \vdots & \vdots & \ddots \end{pmatrix} \tag{5-31}$$

由式(5-31)可以看出，双差观测值是相关的。式(5-31)也是进行双差动态相对定位常用的方差-协方差矩阵。对于本书研究的 GPS、GLONASS 和 BDS 三系统定位而言，其双差方差-协方差矩阵可以表示为

$$\Sigma_{DD} = \begin{pmatrix} \Sigma_{DD,\ G} & & \\ & \Sigma_{DD,\ R} & \\ & & \Sigma_{DD,\ C} \end{pmatrix} \tag{5-32}$$

式中，$\Sigma_{DD,\ G}$、$\Sigma_{DD,\ R}$ 和 $\Sigma_{DD,\ C}$ 分别表示 GPS、GLONASS 和 BDS 的方差-协方差矩阵。

5.3　GNSS/INS 组合模型

5.3.1　GNSS/INS 松组合

1. 状态方程

基于扩展 Kalman 滤波的 BDS/INS 松组合滤波中，建立导航系统的状态误差模型，本书选取 INS 姿态角误差模型，同时顾及状态增量误差、杆臂效应误差。顾及了 24 个误差项描述系统状态[203]：

$$\begin{cases} \boldsymbol{X}_{\mathrm{nav}} = [\delta r_N,\ \delta r_E,\ \delta r_D,\ \delta v_N,\ \delta v_E,\ \delta v_D,\ \delta\psi_N,\ \delta\psi_E,\ \delta\psi_D]^{\mathrm{T}} \\ \boldsymbol{X}_{\mathrm{acc}} = [\nabla_{bx},\ \nabla_{by},\ \nabla_{bz},\ \nabla_{fx},\ \nabla_{fy},\ \nabla_{fz}]^{\mathrm{T}} \\ \boldsymbol{X}_{\mathrm{gyro}} = [\varepsilon_{bx},\ \varepsilon_{by},\ \varepsilon_{bz}]^{\mathrm{T}} \\ \boldsymbol{X}_{\mathrm{ant}} = [\delta L_{bx},\ \delta L_{by},\ \delta L_{bz}]^{\mathrm{T}} \\ \boldsymbol{X}_{\mathrm{grav}} = [\delta g_N,\ \delta g_E,\ \delta g_D]^{\mathrm{T}} \end{cases} \tag{5-33}$$

式中，$\boldsymbol{X}_{\text{nav}}$ 为 9 个导航误差；$\boldsymbol{X}_{\text{acc}}$ 为 3 个加速度零偏误差和 3 个尺度因子误差；$\boldsymbol{X}_{\text{gyro}}$ 为 3 个陀螺仪零偏误差；$\boldsymbol{X}_{\text{ant}}$ 为 3 个天线偏心误差；$\boldsymbol{X}_{\text{grav}}$ 为 3 个重力异常误差。N、E、D 为导航坐标系，b_x、b_y、b_z 为载体坐标系；δr 为 INS 位置误差向量；δv 为 INS 速度误差向量；$\delta\psi$ 为平台姿态误差向量；∇为加速度误差向量；ε 为陀螺漂移误差向量；δL 为天线相位中心误差向量。

以此建立当地地理坐标系下系统离散化误差模型为

$$\boldsymbol{X}_k = \boldsymbol{\Phi}_{k-1}\boldsymbol{X}_{k-1} + \boldsymbol{w}_{k-1} \tag{5-34}$$

式中，$\boldsymbol{\Phi}$ 为系统的状态转移矩阵；w_{k-1} 为动力学高斯白噪声向量。w_{k-1} 应满足：

$$\begin{gathered} E\{\boldsymbol{w}_k\} = 0 \\ E\{\boldsymbol{w}_k\boldsymbol{w}_i^{\mathrm{T}}\} = \begin{cases} \boldsymbol{Q}_k & i = k \\ 0 & i \neq k \end{cases} \end{gathered} \tag{5-35}$$

式中，$E\{\cdot\}$ 表示期望函数；$\boldsymbol{Q}$ 为过程噪声协方差矩阵。

对应的状态方程可以写为

$$\begin{bmatrix} \dot{\boldsymbol{x}}_{\text{Nav}} \\ \dot{\boldsymbol{x}}_{\text{Acc}} \\ \dot{\boldsymbol{x}}_{\text{Gyro}} \\ \dot{\boldsymbol{x}}_{\text{Grav}} \\ \dot{\boldsymbol{x}}_{\text{Ant}} \end{bmatrix} = \begin{bmatrix} \boldsymbol{F}_{11} & \boldsymbol{F}_{12} & \boldsymbol{F}_{13} & \boldsymbol{F}_{14} & \boldsymbol{0} \\ \boldsymbol{0} & \boldsymbol{F}_{22} & \boldsymbol{0} & \boldsymbol{0} & \boldsymbol{0} \\ \boldsymbol{0} & \boldsymbol{0} & \boldsymbol{F}_{33} & \boldsymbol{0} & \boldsymbol{0} \\ \boldsymbol{0} & \boldsymbol{0} & \boldsymbol{0} & \boldsymbol{F}_{44} & \boldsymbol{0} \\ \boldsymbol{0} & \boldsymbol{0} & \boldsymbol{0} & \boldsymbol{0} & \boldsymbol{0} \end{bmatrix} \begin{bmatrix} \boldsymbol{x}_{\text{Nav}} \\ \boldsymbol{x}_{\text{Acc}} \\ \boldsymbol{x}_{\text{Gyro}} \\ \boldsymbol{x}_{\text{Grav}} \\ \boldsymbol{x}_{\text{Ant}} \end{bmatrix} + \begin{bmatrix} \boldsymbol{w}_{\text{Nav}} \\ \boldsymbol{w}_{\text{Acc}} \\ \boldsymbol{w}_{\text{Gyro}} \\ \boldsymbol{w}_{\text{Grav}} \\ \boldsymbol{0} \end{bmatrix} \tag{5-36}$$

系数矩阵 $\boldsymbol{F}_{11}$的具体表示形式为

$$\boldsymbol{F}_{11} = \begin{bmatrix} 0 & -\dot{\lambda}sL & \dot{L} & 1 & 0 & 0 & 0 & 0 & 0 \\ \dot{\lambda}sL & 0 & \dot{\lambda}cL & 0 & 1 & 0 & 0 & 0 & 0 \\ -\dot{L} & -\dot{\lambda}cL & 0 & 0 & 0 & 1 & 0 & 0 & 0 \\ -\dfrac{g}{R_E} & 0 & 0 & \dfrac{v_D}{R_M+h} & -\dfrac{v_E}{R_N+h}tL-(2\omega_{ie}+\dot{\lambda})sL & \dot{L} & 0 & -f_D & f_E \\ 0 & -\dfrac{g}{R_E} & 0 & (2\omega_{ie}+\dot{\lambda})sL & \dfrac{v_D}{R_N+h}+\dfrac{v_N}{R_N+h}tL & (2\omega_{ie}+\dot{\lambda})cL & f_D & 0 & -f_N \\ 0 & 0 & \dfrac{2g}{R_E} & -\dot{L}-\dfrac{v_N}{R_M+h} & -\dfrac{v_E}{R_N+h}-(2\omega_{ie}+\dot{\lambda})cL & 0 & -f_E & f_N & 0 \\ 0 & 0 & 0 & 0 & \dfrac{1}{R_N+h} & 0 & 0 & -(\omega_{ie}+\dot{\lambda})sL & \dot{L} \\ 0 & 0 & 0 & -\dfrac{1}{R_M+h} & 0 & 0 & (\omega_{ie}+\dot{\lambda})sL & 0 & (\omega_{ie}+\dot{\lambda})cL \\ 0 & 0 & 0 & 0 & -\dfrac{tL}{R_N+h} & 0 & -\dot{L} & -(\omega_{ie}+\dot{\lambda})cL & 0 \end{bmatrix} \tag{5-37}$$

式中，$sL=\sin(L)$；$cL=\cos(L)$；$tL=\tan(L)$。同样，可以得到其他系数矩阵的具体表达式。

$$F_{12}=\begin{bmatrix}\mathbf{0}_{3\times3} & \mathbf{0}_{3\times3}\\ \boldsymbol{C}_b^n & \boldsymbol{C}_b^n\begin{bmatrix}f_x & 0 & 0\\ 0 & f_y & 0\\ 0 & 0 & f_z\end{bmatrix}\\ \mathbf{0}_{3\times3} & \mathbf{0}_{3\times3}\end{bmatrix} \tag{5-38}$$

$$F_{13}=\begin{bmatrix}\mathbf{0}_{6\times3} & \mathbf{0}_{6\times3}\\ -\boldsymbol{C}_b^n & -\boldsymbol{C}_b^n\begin{bmatrix}\omega_x & 0 & 0\\ 0 & \omega_y & 0\\ 0 & 0 & \omega_z\end{bmatrix}\end{bmatrix} \tag{5-39}$$

$$F_{14}=\boldsymbol{I}_{3\times3} \tag{5-40}$$

惯性器件的误差以及重力误差均采用一阶高斯-马尔可夫过程建模，相应的系数阵可以表示为

$$F_{22}=\mathrm{diag}\begin{bmatrix}-\frac{1}{\tau_{\nabla_{bx}}} & -\frac{1}{\tau_{\nabla_{by}}} & -\frac{1}{\tau_{\nabla_{bz}}} & -\frac{1}{\tau_{\nabla_{fx}}} & -\frac{1}{\tau_{\nabla_{fy}}} & -\frac{1}{\tau_{\nabla_{fz}}}\end{bmatrix} \tag{5-41}$$

$$F_{33}=\mathrm{diag}\begin{bmatrix}-\frac{1}{\tau_{\varepsilon_{bx}}} & -\frac{1}{\tau_{\varepsilon_{by}}} & -\frac{1}{\tau_{\varepsilon_{bz}}} & -\frac{1}{\tau_{\varepsilon_{fx}}} & -\frac{1}{\tau_{\varepsilon_{fy}}} & -\frac{1}{\tau_{\varepsilon_{fz}}}\end{bmatrix} \tag{5-42}$$

$$F_{44}=\mathrm{diag}\begin{bmatrix}-\frac{1}{\tau_{\delta g_N}} & -\frac{1}{\tau_{\delta g_E}} & -\frac{1}{\tau_{\delta g_D}}\end{bmatrix} \tag{5-43}$$

式中，τ 为高斯-马尔可夫过程的相关时间。天线相位中心偏差参数一般认为在导航过程中是固定的，因此常用随机常数模型建模。

2. 观测方程

考虑天线相位中心与 INS 器件参考中心的偏差，在地球坐标系(e 系)下，天线相位中心可表示为

$$\boldsymbol{r}_{\mathrm{BDS}}=\boldsymbol{r}_{\mathrm{INS}}+\boldsymbol{C}_b^e\boldsymbol{L}_b \tag{5-44}$$

式中，$\boldsymbol{C}_b^n$ 为 b 系至 e 系的旋转矩阵。

建立以速度和位置误差作为观测量的 GNSS/INS 组合导航观测模型，观测方程可描述为

$$\boldsymbol{Z}_k=\begin{bmatrix}\boldsymbol{v}_{\mathrm{INS}}^n-\boldsymbol{v}_{\mathrm{GNSS}}^n\\ \boldsymbol{p}_{\mathrm{INS}}-\boldsymbol{p}_{\mathrm{GNSS}}\end{bmatrix}=\boldsymbol{H}\boldsymbol{X}_k+\boldsymbol{V}_k \tag{5-45}$$

式中，Z 为观测向量；$\boldsymbol{v}_{\mathrm{INS}}^n$ 表示导航系下惯导的观测速度；$\boldsymbol{v}_{\mathrm{GNSS}}^n$ 表示 GNSS 观测的速度；$\boldsymbol{p}_{\mathrm{INS}}$ 代表惯导推算的位置；$\boldsymbol{p}_{\mathrm{GNSS}}$ 表示 GNSS 观测的经过杆臂改正的惯导中心位置；$\boldsymbol{H}$ 为量测矩阵；$\boldsymbol{V}_k$ 为观测噪声向量，其协方差矩阵为 P。

$$\boldsymbol{H}=\begin{bmatrix}\mathbf{0}_{3\times3} & \boldsymbol{I}_{3\times3} & \mathbf{0}_{3\times3} & \mathbf{0}_{3\times6} & -\boldsymbol{C}_b^n(\boldsymbol{\omega}_{eb}^b\times) & \boldsymbol{a}^n\\ \mathbf{0}_{3\times3} & \mathbf{0}_{3\times3} & \boldsymbol{I}_{3\times3} & \mathbf{0}_{3\times6} & -\boldsymbol{M}_{pv}\boldsymbol{C}_b^n & \boldsymbol{M}_{pv}\boldsymbol{v}^n\end{bmatrix},\quad \boldsymbol{V}=\begin{bmatrix}\boldsymbol{V}_v\\ \boldsymbol{V}_p\end{bmatrix} \tag{5-46}$$

式中，观测噪声 V_k 应满足：

$$E\{\boldsymbol{V}_k\} = 0$$
$$E\{\boldsymbol{V}_k\boldsymbol{V}_i^{\mathrm{T}}\} = \begin{cases}\boldsymbol{R}_k, & i = k \\ 0, & i \neq k\end{cases} \tag{5-47}$$

式中，R_k 为观测噪声协方差矩阵。

5.3.2 GNSS/INS 紧组合

GNSS/INS 松组合中，需要提供 GNSS 观测的位置和速度信息，这就意味着当可见卫星少于 4 颗时，组合系统无法工作，INS 将进行独立定位，导航解会很快发散。GNSS/INS 紧组合中，将 GNSS 观测的原始信息作为观测量，可以在可见卫星少于 4 颗时继续维持组合定位能力，相比松组合有更强的复杂环境适应力。输入的 GNSS 原始观测值可以是载波相位观测值、伪距/伪距率观测值和多普勒观测值，GNSS 定位模式可以是单点定位，也可以是差分定位。

与松耦合模式不同的是，受组合模式的影响，GNSS/INS 紧组合必须在地球系下进行，而无法像松耦合那样在导航系下进行。本书以双差模式为例构建 GNSS/INS 紧组合模型，采用双差载波相位为观测值，地球系下的 GNSS/INS 组合系统观测方程可表示为[204]

$$\Delta\nabla\boldsymbol{\Phi}_{\mathrm{GNSS}}^{\mathrm{e}} - \Delta\nabla\boldsymbol{\Phi}_{\mathrm{INS}}^{\mathrm{e}} = \boldsymbol{H}^{\mathrm{e}}\boldsymbol{C}_n^{\mathrm{e}}\delta\boldsymbol{r}^{\mathrm{n}} + \boldsymbol{H}^{\mathrm{e}}\boldsymbol{C}_b^{\mathrm{e}}\delta\boldsymbol{L}^{\mathrm{b}} + \lambda_{\mathrm{GNSS}}\Delta\nabla\boldsymbol{N} + \Delta\nabla\boldsymbol{\varepsilon}_{\boldsymbol{\Phi}} \tag{5-48}$$

式中，$\Delta\nabla$ 表示双差算子；$\boldsymbol{H}^{\mathrm{e}}$ 为量测设计矩阵；$\boldsymbol{C}_n^{\mathrm{e}}$ 为导航系到地球系的转换矩阵；$\boldsymbol{C}_b^{\mathrm{e}}$ 为载体系到地球系的转换矩阵；λ_{GNSS} 为载波波长；$\boldsymbol{\varepsilon}_{\boldsymbol{\Phi}}$ 为 GNSS 系统的观测噪声。

与上一节中松组合类似，地球系内 GNSS 天线相位中心位置与 IMU 中心的位置之间的关系可以表示为

$$\boldsymbol{r}_{\mathrm{GNSS}}^{\mathrm{e}} = \boldsymbol{r}_{\mathrm{INS}}^{\mathrm{e}} + \boldsymbol{C}_b^{\mathrm{e}}\boldsymbol{L}^{\mathrm{b}} \tag{5-49}$$

类似地，IMU 的速度可以转换到 GNSS 天线相位中心。

$$\boldsymbol{v}_{\mathrm{GNSS}}^{\mathrm{e}} = \boldsymbol{C}_n^{\mathrm{e}}\boldsymbol{v}_{\mathrm{INS}}^{\mathrm{n}} + \boldsymbol{C}_b^{\mathrm{e}}\boldsymbol{\omega}_{nb}^{\mathrm{b}}\boldsymbol{L}^{\mathrm{b}} \tag{5-50}$$

在紧组合系统中，可用 INS 转换后的位置和速度来推算 INS 预测观测值。GNSS/INS 松/紧组合流程图如图 5-2 所示。

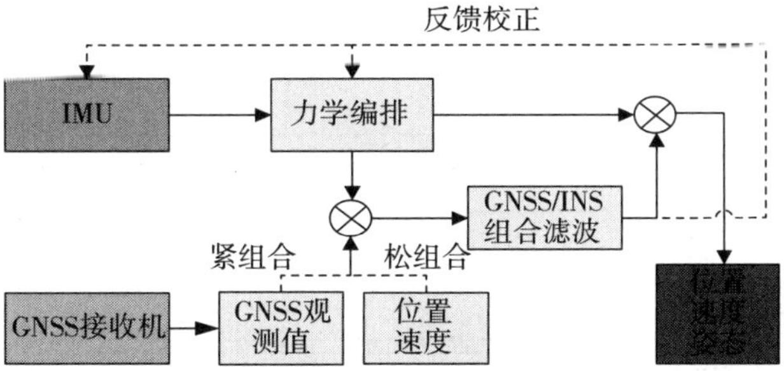

图 5-2　GNSS/INS 松/紧组合流程图

5.3.3　算例分析

实验采用自主研发的低精度 MEMS IMU 组合导航系统采集数据，以 707 所研制的高精度 IMU(HZ325-1)为参考数据，分别利用位置/速度松组合、载波相位紧组合算法进行解算。实验期间，卫星可视条件良好，全程无遮挡发生。图 5-3 给出了 MEMS IMU 的载波相位紧组合位置误差。

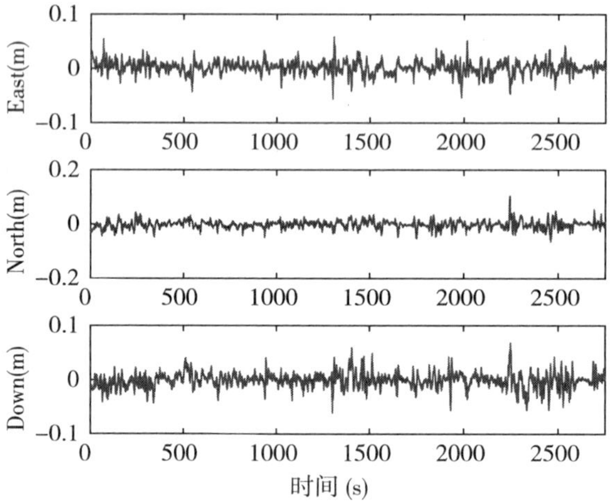

图 5-3　参考 IMU 解算的位置误差

将 GPS 时 291701~291760 期间的可视卫星人为设置为 3 颗(保留 PRN15、PRN20、PRN21)，模拟半遮蔽环境，分别利用松组合和紧组合算法进行解算，图 5-4 给出了两种算法的位置误差对比。

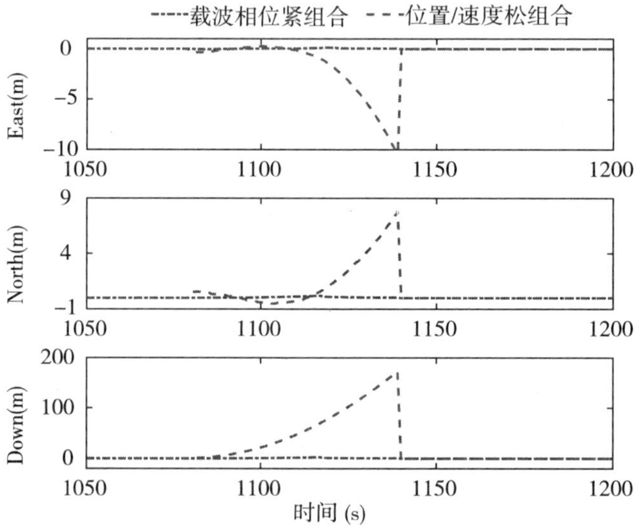

图 5-4　半遮蔽环境中松/紧组合解算的位置误差

在观测卫星不足4颗的情况下，载波相位紧组合算法可以提供稳定的导航解，而基于位置/速度的松组合算法由于无法计算接收机的位置和速度信息，所以导航解迅速发散。因此，在半遮蔽环境下，紧组合算法相对于松组合算法具有更强的适应能力。

5.4 车载动力学约束模型

5.4.1 静态零速约束

1. 零速修正

当载体处于静止状态时，载体的速度理论上为零，而惯性导航系统输出的速度即为速度误差，以该速度误差作为约束条件构造观测方程，就相当于有了精度较高的速度观测值来抑制惯导误差累积，零速修正的状态方程同式，观测方程为

$$\boldsymbol{Z}_1 = \boldsymbol{H}_1\boldsymbol{X} + \boldsymbol{w}_1 \tag{5-51}$$

式中，$\boldsymbol{X}$ 为组合系统的状态变量；$\boldsymbol{w}_1$ 为零速观测噪声；观测值 $\boldsymbol{Z}_1$ 为

$$\boldsymbol{Z}_1 = [\boldsymbol{v}_{\mathrm{INS}}^n - \boldsymbol{0}_{3\times1}] \tag{5-52}$$

观测矩阵 $\boldsymbol{H}_1$ 为

$$\boldsymbol{H}_1 = [\boldsymbol{0}_{3\times3} \quad \boldsymbol{I}_{3\times3} \quad \boldsymbol{0}_{3\times18}] \tag{5-53}$$

2. 零速状态检测

零速修正技术中如何准确检测出载体速度为零的时刻至关重要，当检测成功时可以有效改善系统的定位精度，而检测失败可能导致组合系统精度下降甚至发散。目前，零速修正技术在行人导航和车载导航等领域应用广泛，根据不同的载体和不同的应用环境，零速状态检测算法也不尽相同。目前的零速检测算法在行人导航领域研究较多，有学者先后提出了加速度计测量方差检测(MV)、加速度计观测幅值检测(MAG)、角速度观测能量检测(ARE)、广义似然比检测[112](GLRT)等方法，其中，GLRT方法根据加速度计和陀螺仪的幅值是否在给定阈值中进行判断，效果更优，式(5-54)给出了GLRT方法的判断依据：

$$T(z_n^a, z_n^\omega) = \frac{1}{W}\sum_{k=n}^{n+W-1}\left(\frac{1}{\sigma_a^2}\left\| y_k^a - g\frac{\bar{y}_n^a}{\|\bar{y}_n^a\|}\right\|^2 + \frac{1}{\sigma_\omega^2}\|y_k^\omega\|^2\right) \tag{5-54}$$

式中，y_k^a，y_k^ω 分别为加速计和陀螺输出的第 k 个加速度向量和角速度向量；σ_a，σ_ω 分别为加速度计与陀螺仪观测噪声；W 为窗口长度，当 T 小于给定的阈值时 λ_G，即认为检测到零速。

对于车载GNSS/INS组合导航系统，仅靠陀螺和加速度计信息无法满足需求，如当车辆处于近似匀速运动状态时也可能被误检测为停车，且车载仪器容易受发动机干扰产生高频噪声导致检测失败。本书针对车载GNSS/INS组合导航系统零速检测，在GLRT算法基础上，综合利用低通滤波器、GNSS/INS更新的速度和惯导的原始数据进行零速检测，具体检测方法如下：

(1)低通滤波去噪：采用截止频率为 3Hz 的 IIR 低通滤波器处理惯导加速度和角速率数据。

(2)惯导原始数据检测：在车辆启动后的 1~2min，求取加速度计标准差 σ_a 和陀螺仪标准差 σ_ω 作为检测算法的初始检测参数，车辆运行后根据已检测的零速时刻数据计算 σ_a 和 σ_ω，通过 GLRT 算法检测零速作为判断条件 1。

(3)GNSS/INS 速度检测：当卫星数目大于 4 颗时，检验 GNSS/INS 实时更新的速度作为判断条件 2；当条件 1 和条件 2 同时满足时，判断检测状态为零速。

5.4.2　动态零速约束

车辆在正常行驶状态下不会发生侧滑和离开地面，即在载体坐标系中车辆的侧向速度和法向速度始终保持为 0，因此在车辆动态情况下也能获得速度观测值，基于此运动条件可以构造动态零速约束模型。如图 5-5 所示，动态零速约束模型对载体系 Y 轴和 Z 轴速度信息约束。与静态零速修正技术相比，动态零速修正技术仅对两个轴向速度施加约束，因此动态零速约束技术也被称为非完整性约束技术。车辆在实际运动过程中，由于转弯、振动等因素不可避免地会出现 Y 轴和 Z 轴速度不为 0 情况，可以通过调整噪声的方差来反映观测信息的精度。

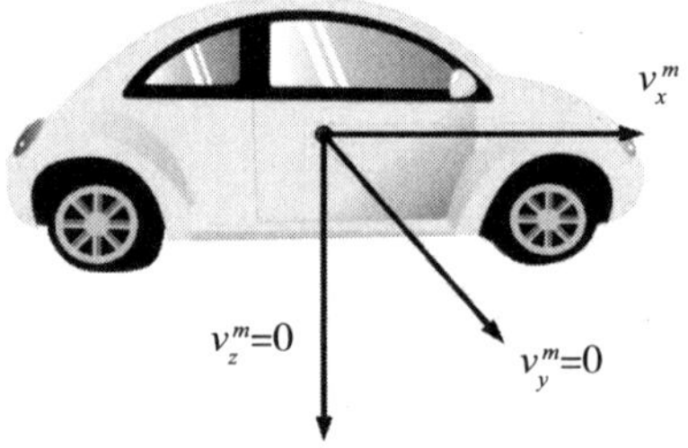

图 5-5　动态零速约束示意图

组合系统在安装时惯导系统和车辆轴向之间不可避免地存在安装偏差角 $[\alpha_\theta, \alpha_\gamma, \alpha_\psi]$，安装偏差角会影响动态零速修正的效果。由于观测信息为右向和垂向速度，因此沿着前向的横滚安装偏差角 α_γ 对约束没有影响，载体坐标系 b 系和车体坐标系 m 系的速度存在式(5-55)的关系，如果安装偏差角为大角度，在应用动态零速修正技术时应该对 $C_{\mathrm{m}}^{\mathrm{b}}$ 进行估计，如果安装偏差角为小角度则可认为 $\boldsymbol{C}_{\mathrm{m}}^{\mathrm{b}}$ 为单位阵。

$$\boldsymbol{v}^{\mathrm{b}} = \boldsymbol{C}_{\mathrm{m}}^{\mathrm{b}} \boldsymbol{v}^{\mathrm{m}} \tag{5-55}$$

在考虑 α_θ 和 α_ψ 安装偏差角情况下，系统状态量中需要附加 α_θ 和 α_ψ，可以设为随机常值，误差方程[113]为

$$\dot{\alpha}_\theta = 0,\ \dot{\alpha}_\psi = 0 \tag{5-56}$$

而观测方程为

$$\boldsymbol{Z}_2 = \boldsymbol{H}_2 \boldsymbol{X} + \boldsymbol{w}_2 \tag{5-57}$$

式中，X 为组合系统的状态变量；w_2 为动态零速修正观测噪声；观测值 Z_2 为

$$\boldsymbol{Z}_2 = \begin{bmatrix} v_y^{\mathrm{m}} - 0 \\ v_z^{\mathrm{m}} - 0 \end{bmatrix} \tag{5-58}$$

式中，v_y^{m} 和 v_z^{m} 分别为载体坐标系下惯导解算的侧向和法向速度；观测矩阵 H_2 为

$$\boldsymbol{H}_2 = \begin{bmatrix} 0_{1\times3} & C_{\mathrm{b}}^{\mathrm{m}}C_{\mathrm{n}}^{\mathrm{b}}(2,:) & -C_{\mathrm{b}}^{\mathrm{m}}C_{\mathrm{n}}^{\mathrm{b}}(v^{\mathrm{n}}\times)(2,:) & 0_{1\times15} \\ 0_{1\times3} & C_{\mathrm{b}}^{\mathrm{m}}C_{\mathrm{n}}^{\mathrm{b}}(3,:) & -C_{\mathrm{b}}^{\mathrm{m}}C_{\mathrm{n}}^{\mathrm{b}}(v^{\mathrm{n}}\times)(3,:) & 0_{1\times15} \end{bmatrix} \tag{5-59}$$

式中，$\boldsymbol{C}_{\mathrm{n}}^{\mathrm{b}}(2,:)$ 表示矩阵 $\boldsymbol{C}_{\mathrm{n}}^{\mathrm{b}}$ 的第一行元素，其余符号含义相似。静态零速约束和动态零速约束结合的零速约束模型原理如图 5-6 所示。

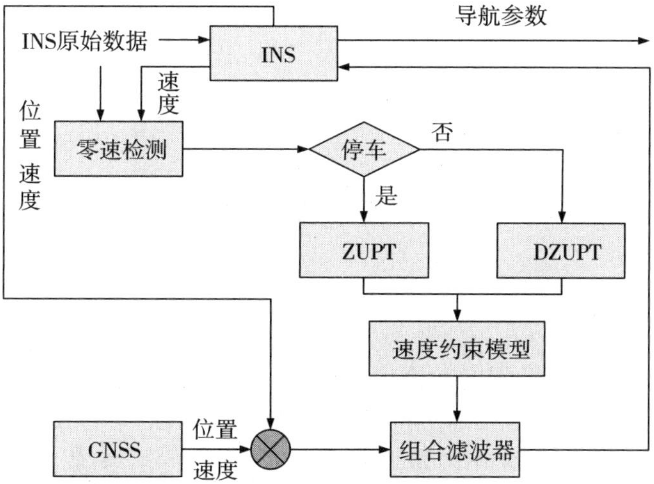

图 5-6 零速约束模型原理图

5.4.3 里程计约束模型

里程计是一种可以自主测量载体的路程和速度的器件，为了减小车轮打滑的影响，通常把里程计安装在车辆非动力轮上测量车辆前进方向的速度。由于里程计没有零位偏差，所以里程计输出的速度模型[21]可以表示为

$$\bar{\boldsymbol{v}}_{ox}^{\mathrm{m}} = [1 + \delta k]\boldsymbol{v}_{ox}^{\mathrm{m}} + \boldsymbol{w}_{ox}^{\mathrm{m}} \tag{5-60}$$

式中，δk 为刻度系数误差；$\boldsymbol{w}_{ox}^{\mathrm{m}}$ 为观测噪声。

为了增强系统的可观测性，里程计通常安装在车辆从动轮上，同样符合动态零速修正的约束条件，则里程计的输出模型在载体坐标系中的形式为

$$\boldsymbol{v}_o^{\mathrm{b}} = \boldsymbol{C}_{\mathrm{m}}^{\mathrm{b}}(1 + \delta k)\boldsymbol{v}_o^{\mathrm{m}} = (1 + \delta k)\begin{bmatrix} \cos\alpha_\theta \sin\alpha_\psi \\ \cos\alpha_\psi \cos\alpha_\theta \\ \sin\alpha_\theta \end{bmatrix}\boldsymbol{v}_o^{\mathrm{m}} \tag{5-61}$$

在考虑刻度系数误差 δk 情况下，系统状态量中附加 δk，可以设为随机常值模型，误差方程为

$$\delta\dot{k} = 0 \tag{5-62}$$

综上，由惯导的误差模型，将里程计刻度系数误差 δk、安装角误差 $\delta\alpha_\theta$ 和 $\delta\alpha_\psi$ 扩充到状态方程中，则里程计/INS 组合系统状态方程为

$$\begin{bmatrix}\dot{\boldsymbol{X}}_{\mathrm{INS}}\\ \dot{\boldsymbol{X}}_{OD}\end{bmatrix}=\begin{bmatrix}\boldsymbol{F}_{\mathrm{INS}} & 0\\ 0 & \boldsymbol{F}_{OD}\end{bmatrix}\begin{bmatrix}\boldsymbol{X}_{\mathrm{INS}}\\ \boldsymbol{X}_{OD}\end{bmatrix} \tag{5-63}$$

式中，$\boldsymbol{F}_{OD}=[0_{3\times3}]$；$\boldsymbol{X}_{OD}=[\delta K \quad \delta\alpha_\theta \quad \delta\alpha_\psi]$。

里程计/INS 组合的观测方程为

$$\boldsymbol{Z}_3=\boldsymbol{H}_3X+\boldsymbol{w}_3 \tag{5-64}$$

式中，$\boldsymbol{X}$ 为组合系统的状态变量；$\boldsymbol{w}_3$ 为里程计观测噪声；观测值 $\boldsymbol{Z}_3$ 为

$$\boldsymbol{Z}_3=\boldsymbol{C}_{\mathrm{b}}^{\mathrm{m}}\boldsymbol{v}_{\mathrm{INS}}^{\mathrm{b}}-\boldsymbol{v}_o^{\mathrm{m}} \tag{5-65}$$

观测矩阵 $\boldsymbol{H}_3$ 为

$$\boldsymbol{H}_3=[0_{3\times3} \quad \boldsymbol{C}_{\mathrm{b}}^{\mathrm{m}}\boldsymbol{C}_{n3\times3}^{\mathrm{b}} \quad -\boldsymbol{C}_{\mathrm{b}}^{\mathrm{m}}\boldsymbol{C}_{\mathrm{n}}^{\mathrm{b}}(\boldsymbol{v}^{\mathrm{n}}\times) \quad \boldsymbol{0}_{3\times15}] \tag{5-66}$$

5.5　实验与分析

5.5.1　实验描述

为了验证本书附加约束模型的效果，2018 年 11 月 18 日在山东省威海市市区开展车载导航实验。实验过程中采用商务车搭载实验平台，实验平台搭载的惯性仪器为 SBGSYSTEMS 公司的 Ellipse2-N 系列微型 GNSS/INS 组合导航系统。惯性传感器的陀螺零偏为 7°/h，角度随机游走系数为 0.15°/$\sqrt{\mathrm{h}}$，加速度计零偏为 5mg，速度随机游走为 57μg/$\sqrt{\mathrm{Hz}}$，采样频率为 200Hz，同时组合系统附有里程计，基准站和移动站都接收机采用天宝 R9 型接收机，采样频率为 1Hz，截止高度角设为 15°，移动站的天线固定于车辆顶部，如图 5-7 所示。基准站采用山东大学威海校区闻天楼楼顶的 CORS 站 sdwa，其坐标为-2687447.5321m、4292271.5582m、3864568.8147m，基准站和移动站距离保持在 15km 以内。实验数据采集总时间约为 60min，图 5-8 给出了实验运动过程中平面轨迹图，本书以后处理的 GNSS/INS 紧组合结果作为参考值。

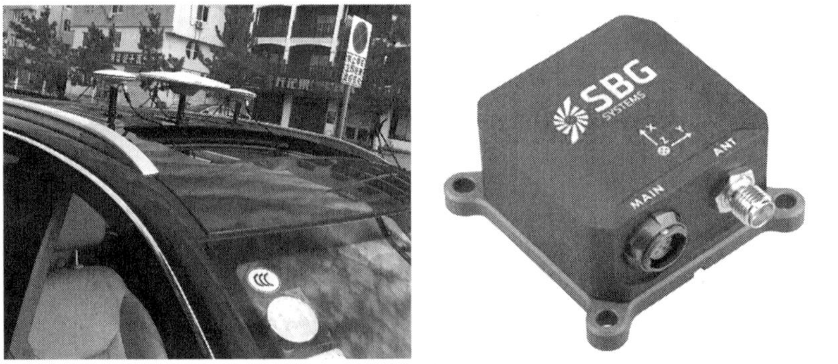

图 5-7　GNSS/INS 测试平台

图 5-8 车载实验平面运动轨迹

5.5.2 零速约束模型分析

为了验证本书提出的零速检测算法的有效性，图 5-9 给出了本书零速检测算法的结果和车载实时速度对比。其中，零速检测算法结果为“1”时，表示检测为零速；结果为“0”时表示结果为动态。可以看出，传统的 GLRT 算法和本书提出的零速检测算法都可以检测到停车时刻，但 GLRT 算法在少数历元出现了误检，而本书方法几乎没有出现误检。实验数据的真实零速历元共计 20058 个，GLRT 算法正确检测率为 94.15%，误检率为 4.86%，而本书检测算法正确检测率为 95.86，误检率为 0.21%，表明本书算法可以有效地检测车辆停车时刻。

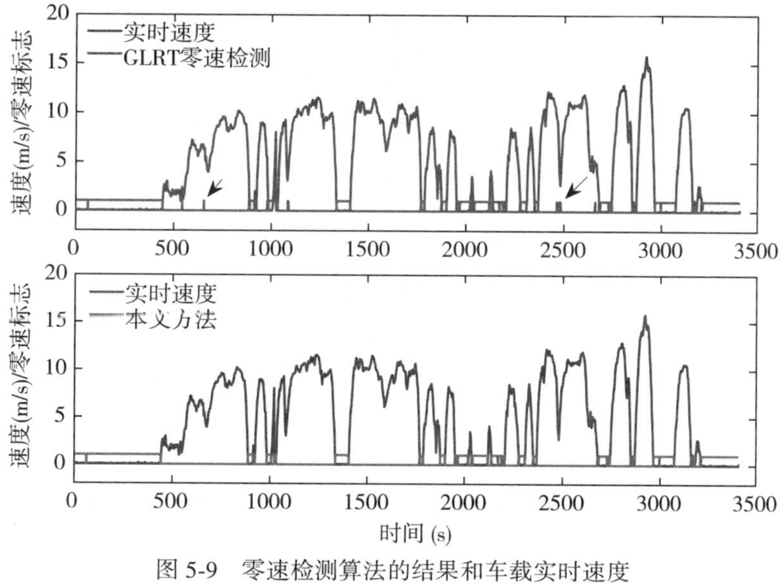

图 5-9 零速检测算法的结果和车载实时速度

为了验证静态条件下零速修正技术对车载 GNSS/INS 组合定位的效果，本书在静止时间段 2200~2320s 模拟卫星信号失锁，并对使用与不使用零速修正两种方案的效果进行对比，图 5-10 和图 5-11 分别给出了卫星信号失锁 120s 期间应用零速修正模型和不应用零速修正模型的位置、速度误差情况，由图可知，不使用零速修正技术时，卫星信号失锁后 INS 独立工作导致位置和速度的误差随着时间快速累积，水平方向误差比垂直方向发散更快，误差较大；而使用零速修正技术时，位置和速度误差虽然也呈发散趋势，但误差已经得到了很好的抑制。

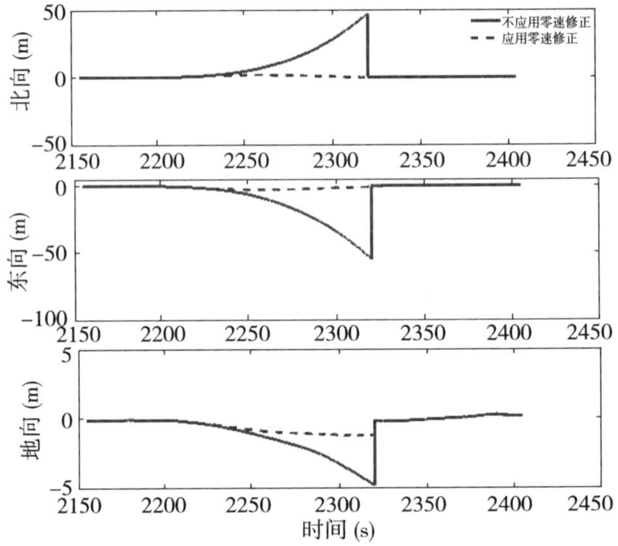

图 5-10　零速修正模型位置误差

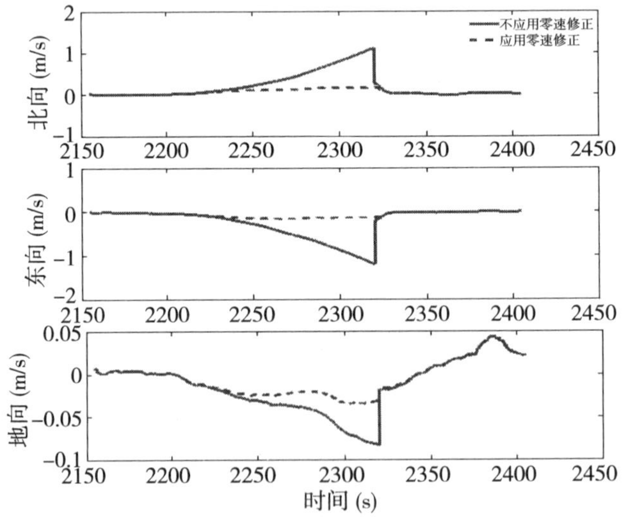

图 5-11　零速修正模型速度误差

表 5-1 给出了 GNSS 信号中断 120s 时零速修正的位置和速度误差统计精度。由表可以看出，不使用零速修正技术时，各方向分量的最大位置误差分别为 46.999m、54.980m 和 4.772m；速度最大误差分别为 1.114m/s、1.206m/s 和 0.083m/s，这样的定位精度已经无法满足车载导航定位的需求。而在使用零速修正技术时，各方向分量的最大位置误差分别为 1.873m、2.886m 和 1.208m，与不应用零速校正技术相比分别减小了 96.0%、94.7%和 74.7%；速度最大误差分别为 0.164m/s、0.166m/s 和 0.044m/s，与不应用零速校正技术相比分别减小了 85.3%、86.2%和 47.0%，这表明当卫星信号失锁时应用零速修正技术可以有效地提高 GNSS/INS 组合系统位置和速度精度。

表 5-1　**GNSS 信号中断 120s 零速修正位置和速度误差**

导航误差		不使用零速修正		使用零速修正	
		Max	RMSE	Max	RMSE
位置(m)	N	46.999	12.622	1.873	0.793
	E	54.980	15.357	2.886	1.367
	D	4.772	1.487	1.208	0.605
速度(m/s)	N	1.114	0.353	0.164	0.084
	E	1.206	0.399	0.166	0.089
	D	0.083	0.033	0.044	0.020

5.5.3 不同约束方案对比

为了验证卫星信号失锁时间段不同约束模型对 GNSS/INS 组合导航系统的应用效果，本书分别在 1340~1460s、2000~2120s 和 2620~2740s 三个时间段模拟卫星信号失锁 120s。失锁时间段内包括短时停车、直线行驶和转弯等运动，并对比分析了三种约束方案的效果，具体方案如下：

方案一：GNSS/INS 组合；方案二：ZUPT/DZUPT 辅助 GNSS/INS；方案三：ZUPT/DZUPT/里程计辅助 GNSS/INS。

图 5-12 和图 5-13 分别给出了不同方案的位置误差和速度误差漂移结果，表 5-2 列出了不同约束方案的位置和速度误差统计值。从结果可以看出，方案一在卫星信号完全失锁时，位置误差和速度误差随着时间快速累积，卫星信号失锁时间段内各分量方向上的最大位置误差为 60.029m、35.328m 和 10.357m，最大速度误差分别为 1.205m/s、0.859m/s 和 0.135m/s。

方案二在方案一基础上附加静态零速约束和动态零速修正，卫星信号失锁时间段内位置和速度误差发散得到有效抑制，各方向分量的最大位置误差分别为 8.255m、8.557m 和 0.924m，与方案一相比分别减小了 86.2%、75.8%和 91.1%；最大速度误差分别为 0.204m/s、0.335m/s 和 0.048m/s，与方案一相比分别减小了 83.1%、61.0%和

64.4%。此方案有效抑制了位置和速度误差的发散趋势，提高了组合系统的导航精度，表明卫星信号失锁时，静态零速修正技术结合动态零速修正技术在不依赖任何传感器情况下可有效改进组合系统的精度。

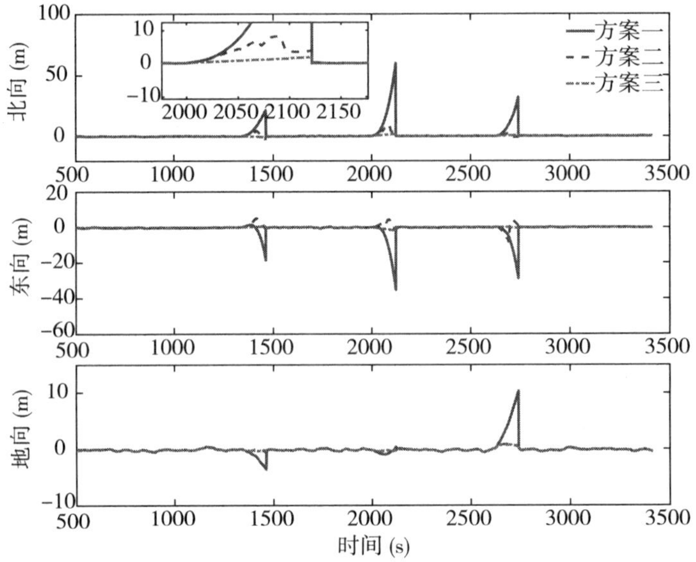

图 5-12　不同约束方案位置误差

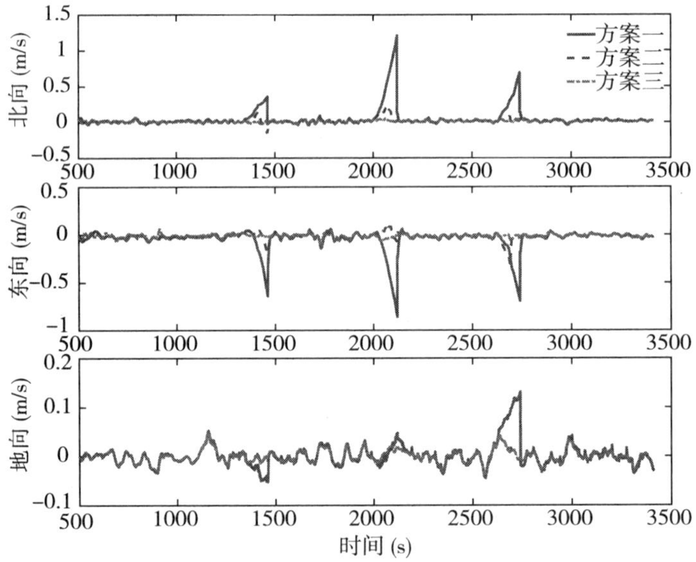

图 5-13　不同约束方案速度误差

方案三在方案二的基础上增加了里程计约束，里程计结合动态零速修正技术可以提供三维速度约束，因此相较于方案二增强了系统的可观测性，与方案一和方案二相比约束效果更加显著。卫星信号失锁时间段内各方向分量的最大位置误差分别为 2.009m、

1.641m 和 0.761m，与方案二相比分别减小了 75.7%、80.8%和 17.6%；最大速度误差分别为 0.076m/s、0.101m/s 和 0.038m/s，与方案二相比分别减小了 62.7%、69.9%和 20.8%，位置精度和速度精度均得到了有效的改善。对于较长时间段内的卫星信号失锁，ZUPT/DZUPT/里程计约束的 GNSS/INS 组合系统是一种有效改善导航精度的方案。

表 5-2　不同约束方案的位置和速度误差

导航误差		方案一		方案二		方案三	
		MAX	RMSE	MAX	RMSE	MAX	RMSE
位置	N	60.029	29.290	8.255	5.173	2.009	1.303
	E	35.328	17.679	8.557	4.994	1.641	1.098
	D	10.357	5.506	0.924	0.817	0.761	0.758
速度	N	1.205	0.709	0.204	0.149	0.076	0.042
	E	0.859	0.559	0.335	0.153	0.101	0.047
	D	0.135	0.096	0.048	0.027	0.038	0.026

5.6 本章小结

本章给出了 GNSS 观测模型和随机模型，构建了 GNSS/INS 松/紧耦合滤波模型。针对城市环境下误差随时间发散的问题，提出了三类车载动力学约束模型，有效提升城市复杂环境中的定位能力。现将工作总结如下：

(1)在介绍 GNSS 观测方程的基础上，建立了 24 维导航系下基于位置/速度松组合的滤波模型和地球系下基于载波相位紧组合的滤波模型，利用相同数据进行解算对比两种组合方式的性能。当可观测卫星数低于 4 颗时，松组合算法已经失效，而紧组合算法相对于松组合算法具有更强的适应能力，依旧能提供较为可靠的导航解。

(2)针对复杂环境下卫星信号长时间失锁导致的定位发散问题，作者在 GNSS/INS 组合导航模型的基础上，提出了附加约束信息的 GNSS/INS 组合导航模型。首先，根据载体的运动特点将静态零速修正和动态零速修正相结合构造零速约束模型，其次，结合里程计的输出模型和动态零速修正技术增强组合系统的可观测性。

(3)通过实测数据分析了卫星信号长时间失锁情况下零速约束模型、里程计约束模型的效果，不同约束模型均可以有效抑制组合系统导航误差的发散，ZUPT/DZUPT/里程计的约束模型将非约束情况下各方向分量的位置误差由 60.029m、35.328m 和 10.357m 降低到 2.009m、1.641m 和 0.761m，有效提高了组合系统的精度和可靠性。

第 6 章 惯导辅助 GNSS 高精度定位技术

城市环境中，尤其在动态环境下，由于高大建筑物、茂密树木等遮挡导致卫星信号频繁受到干扰，影响观测值的质量，使得卫星信号周跳频发、模糊度难以可靠固定。周跳的准确探测和修复是保证 GNSS 获得可靠定位解的重要前提之一，而模糊度的快速、可靠固定是获得高精度定位结果的关键。本章将对车载组合导航系统中的多系统 GNSS 周跳探测与模糊度的快速固定展开研究。

目前在高精度 GNSS 导航定位中，多频周跳探测方法主要包括：历元间高次差法、伪距/载波相位组合法、Geometry-Free 组合法等。然而，上述方法对周跳估值的计算都归结为历元间的探测量差异，在城市频繁遮蔽的强多路径环境中，即使采样频率较高，也无法通过历元间差分完全消除多路径效应，尤其伪距多路径的残差会严重影响伪距相位组合的周跳探测及修复能力。GNSS/INS 组合系统中，惯性信息可以用来辅助周跳探测。利用惯性系统短时间能保持高精度位置信息的优势，可以修正多路径效应引起的接收机位置误差，以反算的星地距替代包含多路径误差的伪距观测值，能有效克服强多路径环境中的周跳探测难题。

GNSS 观测值的质量(尤其是伪距观测质量)是模糊度解算的主要影响因素。相比于单一卫星系统，多星座的联合增加了可视卫星数目，能够有效改善卫星的空间几何结构，有利于提高卫星定位的可靠性。但是，可视卫星数目的增多，也将更多观测值质量较低的卫星引入观测方程，影响了模糊度固定性能。同时将所有的模糊度一起解算也增加了模型解算的负担，影响了模糊度固定的性能。目前，模糊度的解算策略可以归纳为两类：第一类是基于引导算法，第二类是基于整周最小二乘的解算方法。引导算法是基于取整的思想，模糊度固定效率高，但是当观测条件不好时，模糊度固定正确率受到影响。基于降相关的 LAMBDA 算法是目前运用最为广泛的最小二乘模糊度求解方法，但是 LAMBDA 算法需要进行实时搜索，当观测值的质量不好时，搜索空间较大，将会影响模糊度的固定正确率和搜索效率。因此，基于 GNSS 模糊度快速、可靠地固定依然是当前值得进一步研究的问题。

从周跳的处理入手，本章研究内容如下：首先，提出了 INS 定位信息辅助的单频、多频组合法，构建了 INS 辅助的周跳探测模型和决策量优选组合，分析了 INS 定位误差对周跳探测能力的影响，提高了复杂环境下小周跳探测精度；其次，对基于双频 GNSS 模糊度快速、可靠固定以及定位性能展开研究，介绍了模糊度参数估计的最小二乘方法和常见检核方法，先重点讨论了固定宽巷模糊度，然后再固定基础模糊度的分步模糊度固定策略，同时根据观测值的质量状况，提出了一种基于观测值质量的逐级固定宽巷模糊度的方法，基于改进的引导算法和 LAMBDA 搜索算法相结合的模糊度固定方法，能够获得较优的模糊度固定性能；最后，使用三组实测的数据分别对 GNSS 模糊度的固定性能以及定位性能进行评估。

6.1 INS 辅助单频周跳探测技术

GNSS 单频信号由于无法进行观测值之间的组合，其周跳更加难以有效地识别。因此，本小节在单频 GNSS/INS 分散式紧组合滤波模型的基础上，对单频信号的周跳探测与修复方法展开研究。

使用 GNSS 进行高精度相对定位时，需要一个基准站观测信息和一个移动站信息，基于站间单差载波相位观测方程可以简写为

$$\lambda\Delta\varphi = \Delta\rho + c\Delta dt + \Delta T - \Delta I + \lambda\Delta N + \Delta\varepsilon_{\varphi} \tag{6-1}$$

式中各符号含义如同式(3-5)。

式(6-1)中未知参数为三维位置、接收机钟差和模糊度。为了消去模糊度参数，对式(6-1)进行历元间差分，可得

$$\lambda\Delta\varphi_{k-1,\,k} = \Delta\rho_{k-1,\,k} + c\cdot\Delta dt_{k-1,\,k} + \Delta T_{k-1,\,k} - \Delta I_{k-1,\,k} + \lambda CS + \Delta\varepsilon_{\varphi,\,k-1,\,k} \tag{6-2}$$

当 k 时刻相比于 $k-1$ 时刻未发生周跳时，式(6-2)中 $CS=0$，此时式(6-2)的未知参数包括三个位置和一个接收机钟差。省略下标，将式(6-2)写成矩阵形式为

$$V = \begin{pmatrix}\boldsymbol{B} & \boldsymbol{h}\end{pmatrix}\underbrace{\begin{pmatrix}X \\ c\Delta dt\end{pmatrix}}_{Y} - \Delta L \tag{6-3}$$

式中，$\boldsymbol{h} = [1 \quad \cdots \quad 1]^{\mathrm{T}}$。

将式(6-3)构建的误差方程组进行最小二乘解算，可得估计的参数为

$$Y = \begin{pmatrix}\boldsymbol{B}^{\mathrm{T}}\boldsymbol{PB} & \boldsymbol{B}^{\mathrm{T}}\boldsymbol{Ph} \\ \boldsymbol{h}^{\mathrm{T}}\boldsymbol{PB} & \boldsymbol{h}^{\mathrm{T}}\boldsymbol{Ph}\end{pmatrix}^{-1}\begin{pmatrix}\boldsymbol{B}^{\mathrm{T}}\boldsymbol{P}\Delta L \\ \boldsymbol{h}^{\mathrm{T}}\boldsymbol{P}\Delta L\end{pmatrix} \tag{6-4}$$

式中，$\boldsymbol{P}$ 表示权矩阵。

单位权中误差的计算表达式为

$$\sigma_0 = \sqrt{\frac{\boldsymbol{V}^{\mathrm{T}}\boldsymbol{PV}}{m}} \tag{6-5}$$

式中，m 表示多余观测数目。

单位权中误差反映着观测值的质量状况，当没有周跳发生时，σ_0 比较真实地反映原始观测值的质量状况。非差载波观测值的精度 $\hat{\sigma}_0$ 为 2~3mm，根据误差传播定律，基于站间和历元间双差的观测值精度为 $2\hat{\sigma}_0$，并将此作为检验阈值 $\hat{\sigma}_{\mathrm{thresh}}$，

$$\sigma_0 > \hat{\sigma}_{\mathrm{thresh}} \tag{6-6}$$

如果使用式(6-5)计算的双差观测值的单位权中误差满足式(6-6)，则可以认为该历元的观测值存在着误差的影响，式(6-2)中有可能发生周跳。

由于最小二乘估计方法具有均衡误差的特性，使得个别粗差的存在会严重影响参数估计的精度，使得观测值的残差受到影响。抗差估计方法能够较为有效地处理粗差对参数估计的影响，因此本小节借助抗差估计的方法对周跳的确定进行处理。根据抗差估计

方法，可以得到参数的估计结果为

$$Y = \begin{pmatrix} \boldsymbol{B}^{\mathrm{T}}\overline{\boldsymbol{P}}\boldsymbol{B} & \boldsymbol{B}^{\mathrm{T}}\overline{\boldsymbol{P}}\boldsymbol{h} \\ \boldsymbol{h}^{\mathrm{T}}\overline{\boldsymbol{P}}\boldsymbol{B} & \boldsymbol{h}^{\mathrm{T}}\overline{\boldsymbol{P}}\boldsymbol{h} \end{pmatrix}^{-1} \begin{pmatrix} \boldsymbol{B}^{\mathrm{T}}\overline{\boldsymbol{P}}\Delta L \\ \boldsymbol{h}^{\mathrm{T}}\overline{\boldsymbol{P}}\Delta L \end{pmatrix} \tag{6-7}$$

式中，$\overline{\boldsymbol{P}} = \gamma \boldsymbol{P}$ 表示等价权矩阵；γ 表示抗差因子矩阵，可以通过 IGG 方案获得。

经过抗差估计迭代计算后，可以得到残差 $\bar{v}_i$。如果残差的绝对值 $|\bar{v}_i|$ 大于某阈值(这里取四分之一波长)，则认为该残差所对应的载波相位观测值发生周跳。根据残差值可计算周跳的估值：

$$CS = \frac{\bar{v}_i}{\lambda_i} \tag{6-8}$$

对式(6-8)进行四舍五入取整计算即可获得整周周跳值。

为了避免观测值之间的相互影响，可以每次处理残差最大的观测值，然后回代迭代计算，直至所有周跳处理完成。

错误修复的模糊度同样会对参数的估计产生影响，在进行周跳修复时，需满足如下条件，否则认为周跳修复失败，只对该卫星进行周跳标记，并作为新星处理，

$$|CS - \mathrm{round}(CS)| < T_1 \tag{6-9}$$

式中，T_1 表示经验阈值。

根据上述过程进行周跳的探测与修复，构造基于站间和历元间差分的双差观测方程而不再进行三差计算，可以有效降低观测值噪声被进一步放大，从而减少对参数估计产生影响；使用基于站间和历元间差分的双差观测方程进行周跳探测时，可以避免参考卫星发生周跳导致整个星座发生周跳的状况。此外，基于站间与历元间双差的观测方程无须对 CDMA 和 FDMA 的星座进行区分，可以直接对各个系统进行周跳探测，有效解决了一般方法 GLONASS 卫星探测、修复困难的问题。然而，基于上述方法构造的双差周跳探测方程，包含 3 个位置参数和 1 个接收机钟差参数，因此需要至少 4 个方程才能运行，对于多系统的卫星定位，卫星数目在大多数时刻充足，可以满足要求，但是也存在部分遮挡较为严重的时刻，使得可用卫星数目少于 4 颗。

6.1.1　INS 辅助的单频 GNSS 周跳探测模型

在进行 GNSS/INS 组合导航滤波解算时，INS 能够预测高精度的位置信息。当 INS 预测的位置信息可用时，可借助 INS 预测信息的短时高精度特性来辅助周跳的探测。

将 INS 预测的高精度位置信息代入观测方程(6-2)，将 INS 预测的高精度位置信息作为虚拟观测方程。则基于 INS 辅助方法构建的周跳探测误差方程可以表示为

$$\begin{pmatrix} \boldsymbol{V} \\ \boldsymbol{0}_{3\times1} \end{pmatrix} = \begin{pmatrix} \boldsymbol{B} & 1 \\ \boldsymbol{I}_{3\times3} & \boldsymbol{0}_{3\times1} \end{pmatrix} \underbrace{\begin{pmatrix} X \\ c\Delta dt \end{pmatrix}}_{Y} - \begin{pmatrix} \Delta L \\ \boldsymbol{\varepsilon}_{\mathrm{INS}} \end{pmatrix} \tag{6-10}$$

式中，$\boldsymbol{\varepsilon}_{\mathrm{INS}}$ 表示 INS 预测误差。

对式(6-3)进行最小二乘解算可以得到参数估计结果为

$$Y = \begin{pmatrix} \boldsymbol{B}^{\mathrm{T}}\boldsymbol{P}\boldsymbol{B} + \boldsymbol{P}_{\mathrm{INS}} & \boldsymbol{B}^{\mathrm{T}}\boldsymbol{P}\boldsymbol{h} \\ \boldsymbol{h}^{\mathrm{T}}\boldsymbol{P}\boldsymbol{B} & \boldsymbol{h}^{\mathrm{T}}\boldsymbol{P}\boldsymbol{e} \end{pmatrix}^{-1} \begin{pmatrix} \boldsymbol{B}^{\mathrm{T}}\boldsymbol{P}\Delta L \\ \boldsymbol{h}^{\mathrm{T}}\boldsymbol{P}\Delta L \end{pmatrix} \tag{6-11}$$

式中，P_{INS} 表示 INS 预测值的虚拟观测值的权矩阵，可以通过 INS 预测值的方差获得。通常情况下，根据陀螺零偏和加速度零偏采用式(6-12)的经验公式计算 INS 预测值的误差：

$$\sigma_{\text{INS}} = \sqrt{\left(gb_g\frac{\Delta t^3}{6}\right)^2 + \left(b_a\frac{\Delta t^3}{6}\right)^2} \tag{6-12}$$

式中，g 表示当地的重力加速度；b_g 和 b_a 分别表示陀螺和加速度零偏。

与式(6-4)相比，式(6-11)法方程系数矩阵左上角多了一项与 GNSS 无关的 P_{INS}，增强了法方程的强度，改善了参数估计的解算精度。

同样地，可以根据式(6-5)计算的单位权中误差来判断该历元是否发生周跳。然后根据式(6-7)按照抗差估计理论进行参数估计：

$$\overline{Y} = \begin{pmatrix} \boldsymbol{B}^{\text{T}}\overline{\boldsymbol{P}}\boldsymbol{B} + \boldsymbol{P}_{\text{INS}} & \boldsymbol{B}^{\text{T}}\overline{\boldsymbol{P}}e \\ \boldsymbol{h}^{\text{T}}\overline{\boldsymbol{P}}\boldsymbol{B} & \boldsymbol{h}^{\text{T}}\overline{\boldsymbol{P}}e \end{pmatrix}^{-1} \begin{pmatrix} \boldsymbol{B}^{\text{T}}\overline{\boldsymbol{P}}\Delta L \\ \boldsymbol{h}^{\text{T}}\overline{\boldsymbol{P}}\Delta L \end{pmatrix} \tag{6-13}$$

经过抗差估计可得残差 $\bar{v}_i$，然后根据残差的绝对值 $|\bar{v}_i|$ 来判断该卫星的观测值是否存在周跳，如果存在周跳，即可按照式(6-8)和式(6-9)进行周跳的修复。

如上所述，当 INS 预测的位置信息可用时，INS 预测的位置短时高精度信息可以作为约束方程，即使卫星数目较少时仍然能够基于最小二乘方法进行周跳的探测。

基于站间和历元间双差的周跳探测与修复算法的流程如图 6-1 所示。算法流程如下：①使用基准站和移动站数据构建基于站间和历元间双差的周跳探测观测方程，当 INS 辅助信息可用时，将 INS 预测的位置信息作为约束方程。②根据最小二乘原则计算周跳探测的观测方程，如果式(6-6)不满足，结束周跳探测流程，认为该时刻不存在周跳，否则继续向下执行。③基于抗差估计算法判断残差的绝对值 $|\bar{v}_i|$ 是否大于设置的阈值，如果小于阈值则认为该时刻不存在周跳，否则继续向下执行。④基于式(6-8)计算周跳

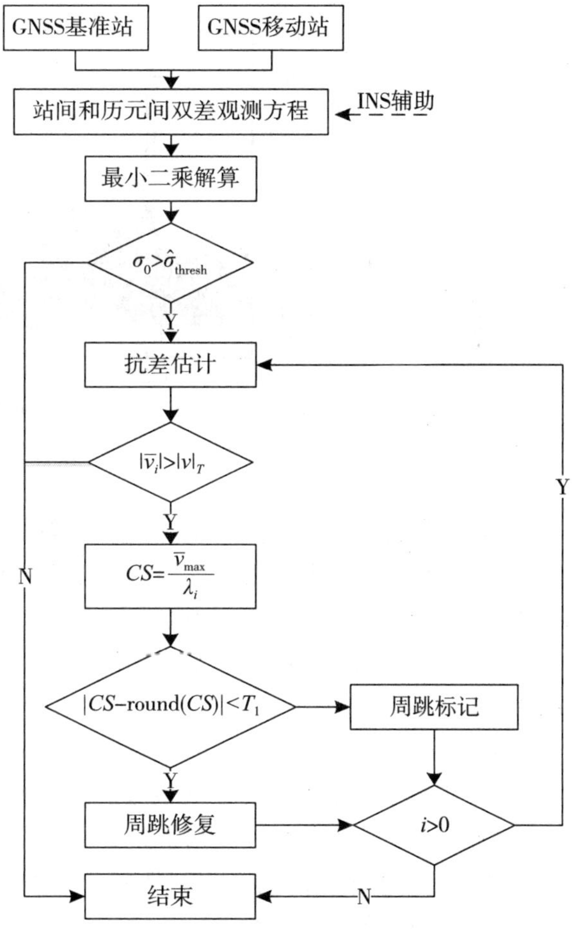

图 6-1 周跳探测与修复流程图

值，如果式(6-9)满足，则修复周跳，并继续判断观测值中是否还存在发生周跳的情况；如果式(6-9)不满足，则只对该卫星进行标记，不进行修复，然后继续判断是否还有发生周跳的卫星；如果不存在发生周跳的卫星，则结束该历元周跳判断与修复过程。

6.1.2　实验分析

使用 5.3.2 节的三系统数据进行单频 GNSS/INS 紧组合解算，从中截取部分时段数据(367400~368400s)进行本节所提出的周跳探测与修复方法的分析。所截取时段观测环境良好，数据未有周跳发生。

图 6-2 表示该时段数据周跳探测观测方程的单位权中误差时间序列。由图 6-2 可以看出，当未发生周跳时，整个周跳测试时段的单位权中误差几乎都小于阈值。因此，经过单位权中误差判断后，仅仅个别超越探测阈值的历元需要进一步对每颗卫星进行周跳探测。

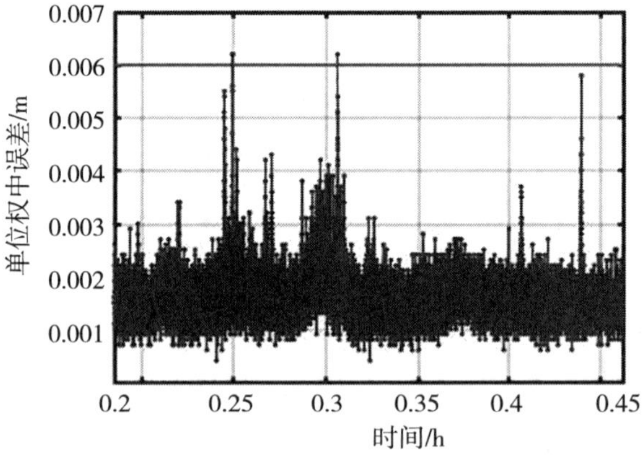

图 6-2　未发生周跳时单位权中误差序列

在观测环境良好时段，人为地在高度角较高的卫星 G26 的观测值上加入 1 周小周跳，如图 6-3 所示为周跳探测方程解算的单位权中误差时间序列。由图 6-3 可以看出，即使在观测环境良好的情况下，卫星高度角较高的卫星发生 1 周的小周跳也会引起单位权中误差产生较大误差。因此，基于单位权中误差的方法可以作为判断某时刻是否发生周跳的初步方法。

为验证本节所提出的 INS 辅助方法的周跳探测性能，对本组实验数据进行周跳的模拟分析。对于本组数据，每个卫星星座选择两颗卫星每隔 200s 进行周跳模拟。模拟周跳的选择原则为：一颗为低高度角卫星，一颗为较高高度角卫星。表 6-1 表示模拟周跳卫星的 PRN 以及模拟周跳的大小。从表 6-1 可以看出，本小节周跳模拟的实验，既包括 1 周的小周跳也包括大周跳。

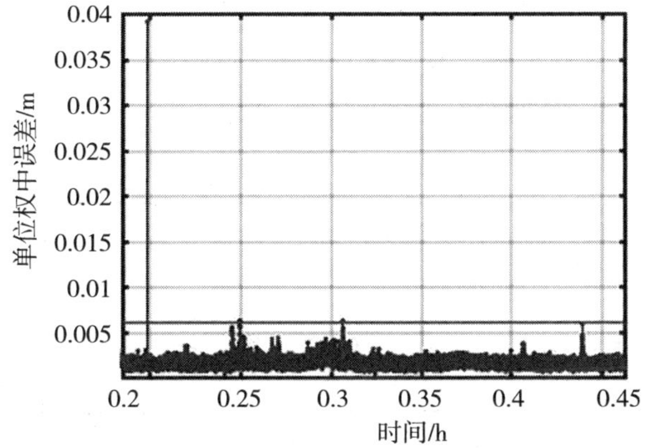

图 6-3　发生周跳时单位权中误差序列

表 6-1　**模拟周跳卫星的 PRN 及模拟周跳的大小**

历元	G31	G27	R19	R18	C09	C03
100	1	−1	1	−1	−1	1
300	2	−5	4	1	6	−3
500	−3	6	−10	6	5	−8
700	15	−20	20	16	2	10
900	−10	8	−5	−10	−12	−6

图 6-4 表示本组数据周跳模拟计算的单位权中误差时间序列。分析图 6-4 可以得出，不论是模拟的 1 周小周跳还是大周跳，周跳探测方程在所有模拟周跳的位置解算的单位权中误差都超过了阈值，能够有效判断发生周跳的时刻。

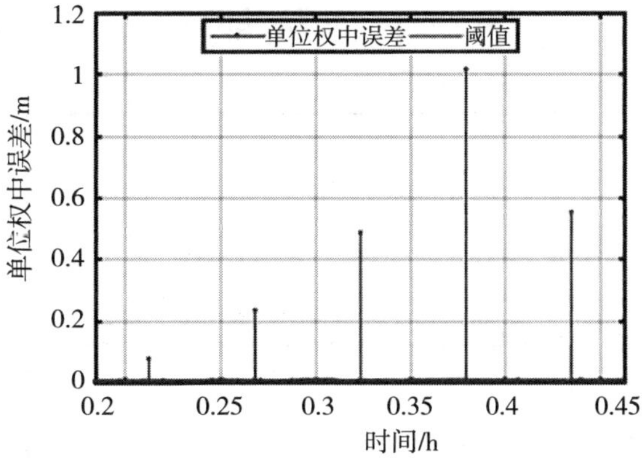

图 6-4　周跳模拟结果的单位权中误差序列

图 6-5~图 6-10 分别表示 6 颗卫星的模拟周跳探测结果。从图中可以看出，不论是

模拟的大周跳还是 1 周的小周跳，在发生周跳的时刻都能准确识别出发生周跳的卫星。表 6-2 表示模拟周跳的修复结果。从表 6-2 中可以看出，模拟周跳的计算值都较为精确，模拟的周跳都能够正确地修复。

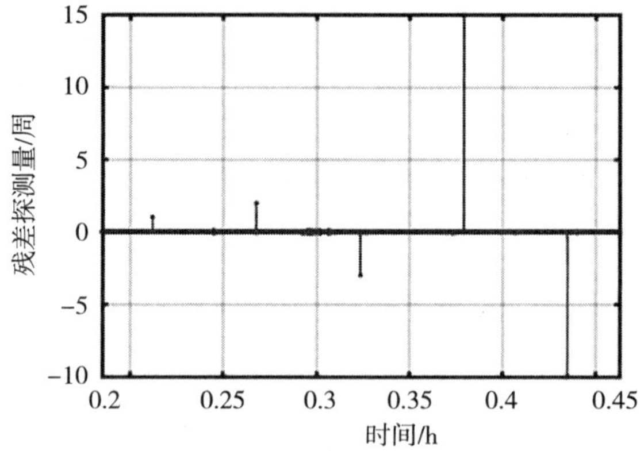

图 6-5　G31 卫星周跳探测量

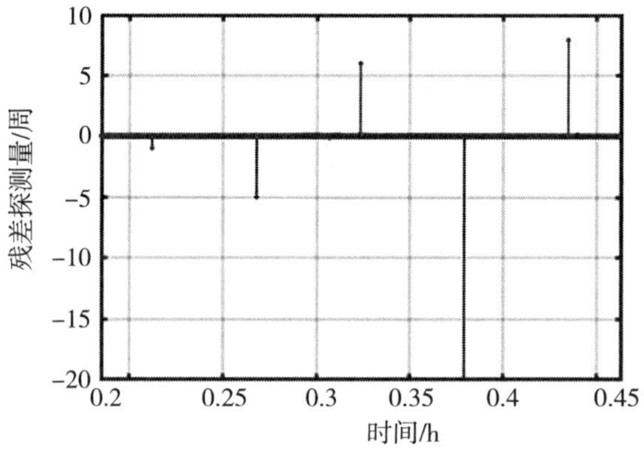

图 6-6　G27 卫星周跳探测量

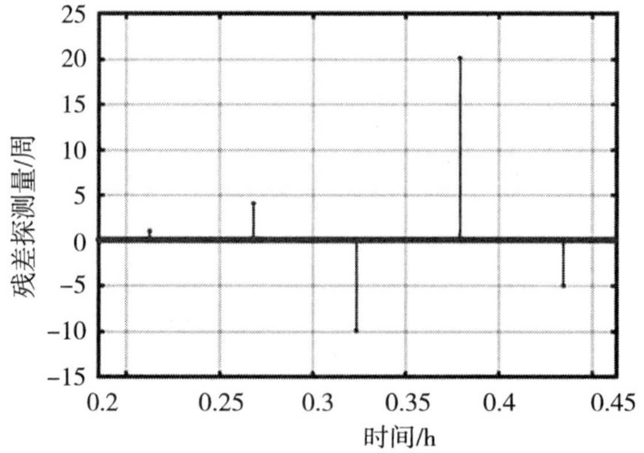

图 6-7　R19 卫星周跳探测量

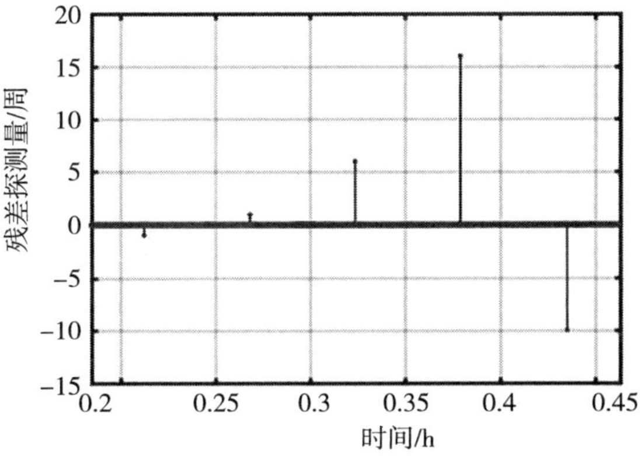

图 6-8　R18 卫星周跳探测量

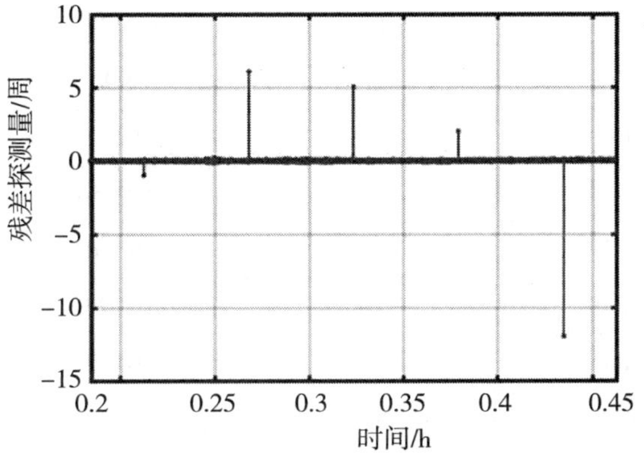

图 6-9　C09 卫星周跳探测量

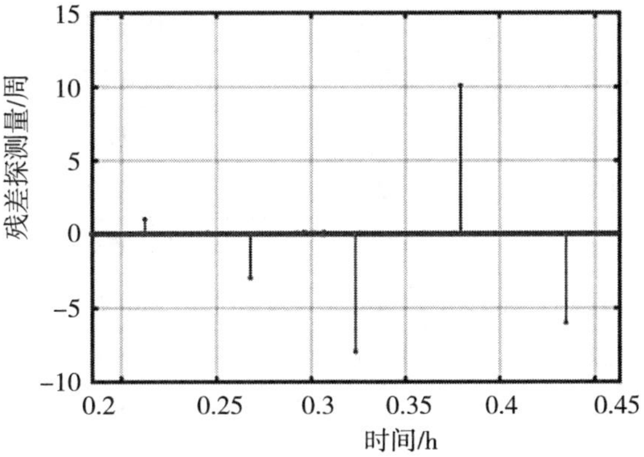

图 6-10　C03 卫星周跳探测量

表 6-2　**模拟周跳的修复结果**

历元	PRN	周跳/周	周跳计算值/周	周跳修复值/周
100	G31	1	0.9989	1
	G27	−1	−0.9809	−1
	R19	1	0.9825	1
	R18	−1	−0.9979	−1
	C09	−1	−0.9852	−1
	C03	1	0.9927	1
300	G31	2	1.9817	2
	G27	−5	−5.0256	−5
	R19	4	4.0217	4
	R18	1	0.9698	1
	C09	−3	−2.9908	−3
	C03	6	6.0447	6
500	G31	−3	−2.9956	−3
	G27	6	5.9910	6
	R19	−10	−10.0232	−10
	R18	6	6.0159	6
	C09	5	5.0172	5
	C03	8	7.9795	8
700	G31	15	14.9579	15
	G27	−20	−19.9595	−20
	R19	20	20.0177	20
	R18	16	15.9863	16
	C09	2	1.9970	2
	C03	10	10.0583	10
900	G31	−10	−9.9869	−10
	G27	8	7.9608	8
	R19	−5	−5.0576	−5
	R18	−10	−10.0202	−10
	C09	−12	−11.9611	−12
	C03	−6	−6.0302	−6

为了进一步分析本书所提出的周跳探测与修复方法的性能，接下来对卫星数目较少时周跳探测与修复方法的性能进行模拟分析。对本组数据分别模拟单 GPS、单 GLONSS 和单 BDS 只有 2 颗和 3 颗情况下的周跳探测与修复性能。选取高度角较低的 G27 和 G23 卫星模拟单 GPS 只有 2 颗卫星时的情况，然后再选取卫星高度角相对较低的 G31 模拟只有 3 颗卫星时的情况。对于单 GLONASS，选择卫星高度角较低的 R19 和 R07 模拟只有 2 颗卫星时的情况，然后再选取 R06 模拟只有 3 颗卫星时的情况。选取高度角较低的 C09 和 C14 卫星模拟只有 2 颗卫星时的情况，然后再选择 C04 模拟只有 3 颗卫星时的情况。对于单 GPS、单 GLONASS 和单 BDS，分别选择 G27、R19 和 C09 卫星进行周跳模拟。表 6-3 表示模拟周跳的历元及大小。表 6-3 中第 100 和 300 历元表示模拟只有 2 颗卫星情况，第 700 和 900 历元表示模拟只有 3 颗卫星情况。

表 6-3　**模拟周跳的历元及大小**

历元	100	300	700	900
周跳/周	−1	5	1	−5

图 6-11～图 6-13 分别表示 G27、R19 和 C09 卫星的周跳探测结果。图中虚线左边表示第 100 和 300 历元模拟只有 2 颗卫星的情况，虚线右边表示第 700 和 900 历元模拟只有 3 颗卫星的情况。从图中可以看出，对于 GPS、GLONASS 和 BDS 系统，基于 INS 辅助的周跳探测方法在某历元只有 2 颗或 3 颗卫星时，依然能够有效地探测出发生单周跳的卫星。

表 6-4 表示模拟周跳的修复结果。由表 6-4 可以看出，对于单 GPS、单 GLONASS 和单 BDS 星座在某历元只有 2 颗或 3 颗卫星时模拟的单周跳情况，本书所提出的方法都能够有效识别出发生周跳的卫星，并且模拟周跳的计算值精度较高，能够正确修复模拟的周跳。

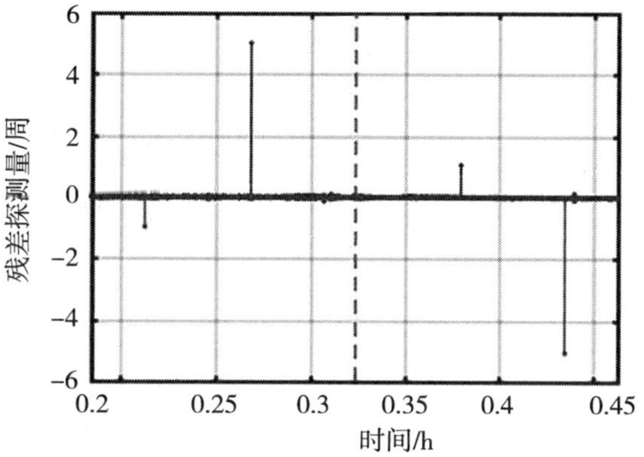

图 6-11　G27 卫星周跳探测量

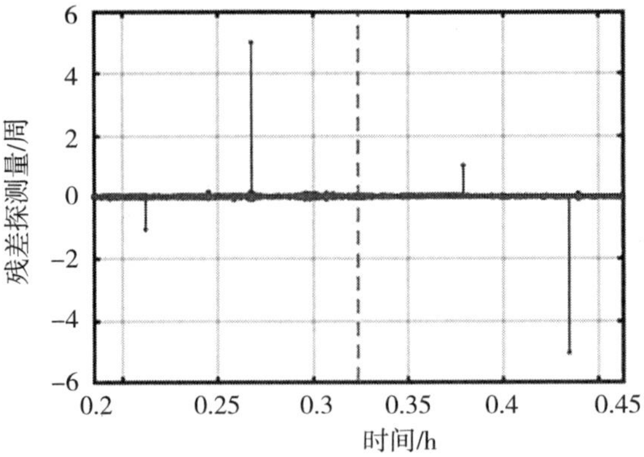

图 6-12　R19 卫星周跳探测量

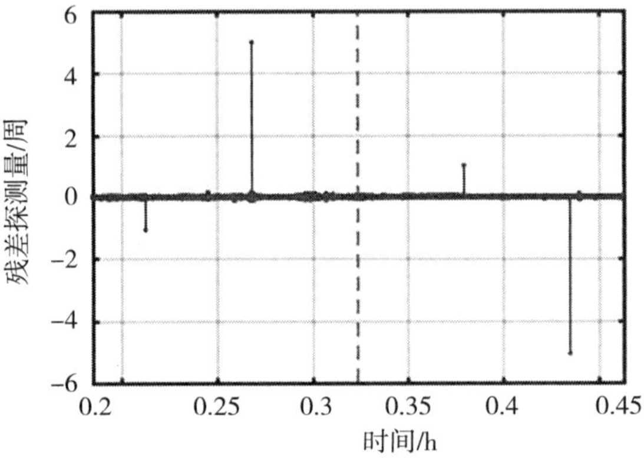

图 6-13　C09 卫星周跳探测量

表 6-4　**模拟周跳的修复结果**

历元	PRN	周跳/周	周跳计算值/周	周跳修复值/周
100	G27	−1	−0.9699	−1
	R19	−1	−1.0590	−1
	C09	−1	−0.9354	−1
300	G27	5	5.0152	5
	R19	5	4.9916	5
	C09	5	5.0411	5
700	G27	1	1.0690	1
	R19	1	1.0066	1
	C09	1	1.0447	1
900	G27	−5	−5.0689	−5
	R19	−5	−5.0633	−5
	C09	−5	−4.9700	−5

综上所述，本研究提出的单频 GNSS 周跳探测与修复方法能够有效识别发生周跳的卫星，并可以正确修复。在卫星数目较少时，基于 INS 辅助的方法依然能够进行周跳的有效探测与修复。

为了进一步分析本研究所提出的 INS 辅助的周跳探测与修复方法的性能，接下来将分析 GNSS 缺失不同时长后的周跳探测与修复性能。在卫星数目充足的情况下，以表 6-1 中第一组模拟的 1 周小周跳为例进行数据分析，分别模拟 GNSS 数据缺失 1s、5s、10s、15s、20s、25s 和 30s 情况。以 G27 卫星为例，图 6-14 表示 G27 卫星的周跳探测量。从图 6-14 可以看出，在 GNSS 缺失不同时长的情况下，G27 卫星的周跳探测量基本在 1 周附近，能够有效地探测出周跳。对于其他 5 颗模拟发生周跳的卫星也有相似的结论，这里不再列出。

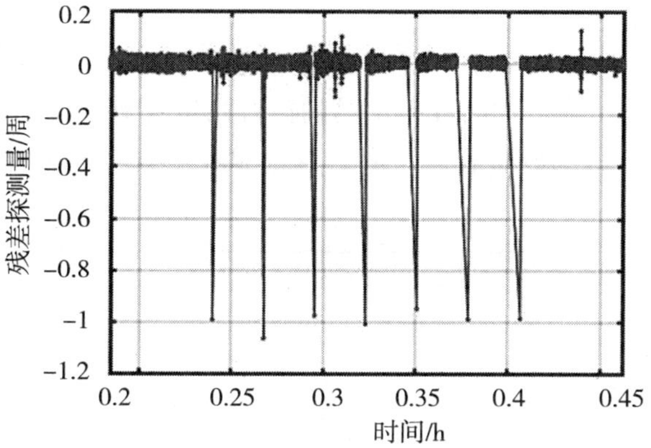

图 6-14　G27 卫星周跳探测量

表 6-5 表示 GNSS 数据缺失不同时长下模拟周跳的计算值。如表 6-5 所示，对于模拟的 1 周小周跳，在 GNSS 数据缺失不同时长的情况下，模拟周跳的计算值均在 1 周左右，具有比较高的解算精度。因此，对于在 GNSS 缺失不同时长下模拟的周跳均能够正确地修复。从表 6-5 还可以得出，当卫星充足时，INS 单独工作时长基本不会影响周跳的探测性能。这是因为随着 INS 单独工作时长的增加，尽管 INS 推算的位置误差逐渐积累，导致 INS 辅助方程可靠性降低，但是 INS 辅助方程在基于 INS 辅助方法构建的周跳探测方程中权重逐渐降低，从而对周跳探测方程的约束性能逐渐减小。在 INS 单独工作一定时长后，INS 辅助方程的权重足够小，对 INS 辅助方程对周跳探测方程的贡献几乎为零，此时可以认为只有 GNSS 数据用于周跳的探测。

表 6-5　**GNSS 数据缺失不同时长的模拟周跳的计算值**

PRN	周跳计算值/周						
	1s	5s	10s	15s	20s	25s	30s
G27	−0.9936	−1.0661	−0.9780	−1.0099	−0.9517	−0.9918	−0.9884

续表

PRN	周跳计算值/周						
	1s	5s	10s	15s	20s	25s	30s
G31	1.0093	0.9852	1.0355	1.0107	0.9967	0.9985	0.9469
R19	1.0121	0.9560	0.9624	0.9803	1.0561	1.0507	0.9999
R18	-0.9955	-1.0524	-1.0232	-1.0091	-0.9997	-0.9660	-1.0219
C03	1.0243	0.9709	0.9665	0.9854	1.0399	1.0249	1.0438
C09	-1.0292	-1.0101	-0.9879	-0.9726	-1.0703	-0.9923	-0.9768

图 6-15 表示某时段 GNSS 数据缺失 30s 时 INS 预测位置的误差及其方差。如图 6-15(a)所示，随着 INS 单独工作时间的增长，INS 预测的位置误差逐渐增大，此时基于 INS 预测位置作为周跳探测的约束方程已经不可靠。但是从图 6-15(b)可以看出，随着 INS 单独工作时间增长，基于式(6-12)预测的位置精度逐渐下降，则基于式(6-12)计算的 INS 辅助周跳探测方程的权重将会下降，这也验证了表 6-5 的结论。

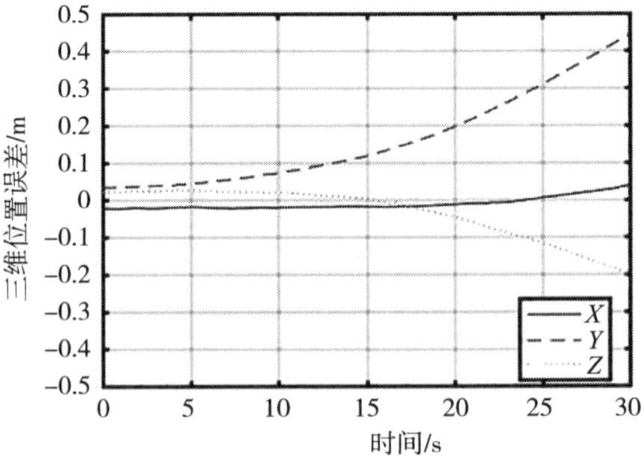

(a)位置误差

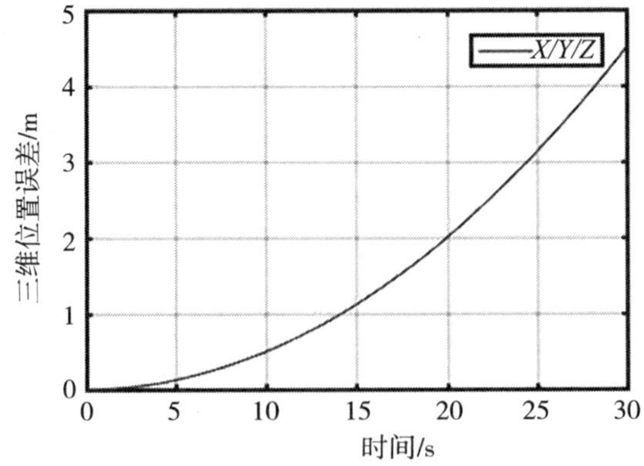

(b)位置方差

图 6-15　INS 预测的位置误差及其方差

接下来将分析当 GNSS 卫星缺失不同时长后仅且接收两颗或三颗卫星时，INS 辅助方法的周跳探测性能。卫星的选取原则与上文分析只有两颗或三颗卫星时的周跳探测性能相同。以 1 周周跳为例，分别模拟单卫星系统在某时刻只有两颗或三颗时周跳探测情况。模拟 GNSS 数据缺失时长分别为 1s、5s、7s、10s 和 15s。模拟发生周跳的卫星分别是 G27、R19 和 C09。以 G27 为例，图 6-16 展示 G27 卫星的周跳探测量结果，其中周跳探测量为正时表示的是卫星只有两颗的情况，负值表示的是卫星只有三颗时的情况。从图 6-15 中可以看出，当 GNSS 缺失 1s 时，周跳探测量有较高的精度；随着 GNSS 缺失时长的增加，周跳探测量精度有下降的趋势；而当 GNSS 缺失 15s 时，周跳探测量精度较差，已经不能有效识别周跳。

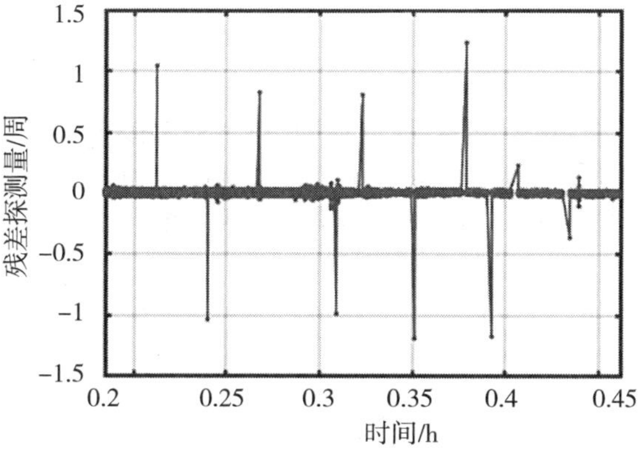

图 6-16　G27 卫星周跳探测量

表 6-6 表示 GNSS 数据缺失不同时长的模拟周跳计算值。分析表明表 6-6 可以得出，随着 GNSS 数据缺失时长的增加，模拟周跳计算值的精度呈逐渐下降的趋势。对于 GPS 只有两颗星的情况，当 GNSS 数据缺失 7s 时，模拟周跳的计算值的误差在 0.2 周之内；在 GNSS 数据缺失 10s 时，模拟周跳的计算值的误差大于 0.2 周；当 GNSS 数据缺失 15s 时，INS 辅助的方法不能有效地识别出周跳。对于 GPS 有三颗的情况，当 GNSS 数据缺失 10s 时，模拟周跳的计算值误差在 0.2 周之内；在 GNSS 数据缺失 15s 的情况下，INS 辅助的方法也不能有效地识别出周跳。对于 GLONASS 只有两颗的情况，在 GNSS 数据缺失 5s 时，模拟周跳的计算值误差在 0.2 周之内，能够有效地探测并修复周跳；当 GNSS 数据缺失 7s 时，INS 辅助的方法即不能有效地识别出周跳。对于 GLONASS 只有三颗的情况，当 GNSS 卫星缺失 7s 时，模拟周跳计算值具有较高的精度，误差在 0.15 周之内；在 GNSS 卫星缺失 10s 时，模拟周跳计算值的误差大于 0.2 周；当 GNSS 卫星缺失 15s 时，INS 辅助方法不能有效地识别出周跳。对于 BDS 只有两颗的情况，当 GNSS 卫星缺失 7s 时，模拟周跳计算值的误差在 0.1 周之内；在 GNSS 卫星缺失 10s 时，模拟周跳计算值的误差大于 0.25 周；当 GNSS 卫星缺失 15s 时，不能有效地识别周跳。对于 BDS 只有三颗的情况，当 GNSS 卫星缺失 7s 时，周跳计算值的误差在 0.2 周之内；当 GNSS 卫星缺失时长为 10s 和 15s 时，虽然仍然能够识别周跳，但是周跳计算值误差较大，不能可靠地用于周跳的修复。

表 6-6　**GNSS 数据缺失不同时长的模拟周跳计算值**

PRN	卫星数目/颗	周跳计算值/周				
		1s	5s	7s	10s	15s
G27	2	1. 0403	0. 8247	0. 8045	1. 2326	×
	3	−1. 0409	−0. 9914	−1. 1969	−1. 1817	×
R19	2	0. 9693	0. 8482	×	×	×
	3	−0. 9886	−1. 0125	−0. 8744	−0. 7835	×
C09	2	1. 0818	0. 9954	1. 0046	1. 2685	×
	3	−1. 0420	−0. 9705	−1. 1865	−1. 3212	−1. 3338

（注：×表示不能有效探测周跳）

综上所述，当可接收到的卫星数目充足时，GNSS 缺失时长基本不影响 INS 辅助的周跳探测性能；当卫星数目不足时，INS 辅助方法的周跳探测性能会受到 GNSS 缺失时长的影响，当 GNSS 信号缺失时长大于 5s 时，已经出现不能有效识别周跳的现象。

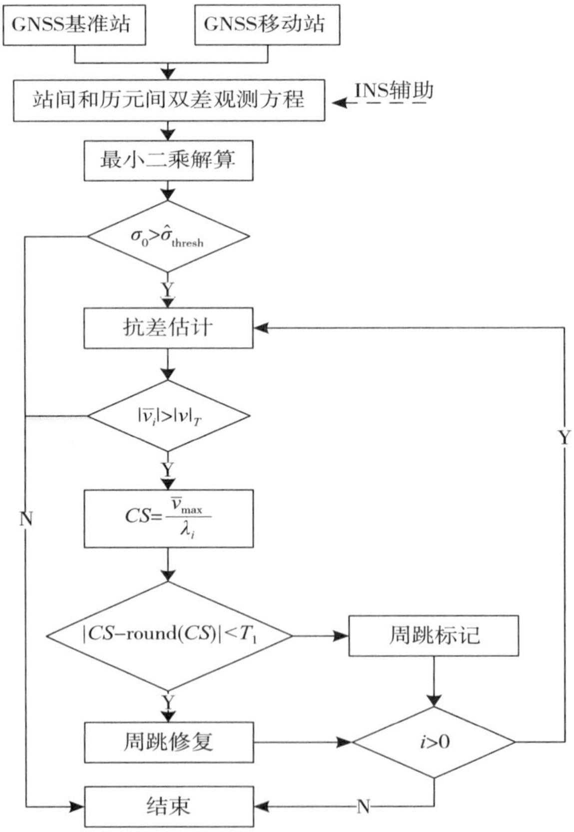

图 6-17　周跳探测与修复流程

6.2　INS 辅助多频周跳探测技术

三频组合比双频组合更具有优势，因为三频观测值经过线性组合可以消除或削弱某些误差，形成更多、更有效的虚拟观测量。常用的三频观测组合有伪距相位组合和无几何相位组合(geometry-free，GF)。

6.2.1　三频组合观测值

假设北斗 B1，B2，B3 载波对应的频率分别为 f_1、f_2、f_3，考虑信号观测受到的各种误差，定义观测历元 t 时刻，北斗三频载波相位组合观测方程和伪距观测方程分别为

$$\lambda_{ijk}\varphi_{ijk}=\rho(t)+T(t)+S(t)+c\delta t_r-c\delta t^s-\eta_{ijk}I_{B_1}-\lambda_{ijk}N_{ijk}+\varepsilon_{ijk}+M_{ijk}(t) \tag{6-14}$$

$$P_{\alpha\beta\gamma}(t)=\rho(t)+T(t)+S(t)+c\delta t_r-c\delta t^s+\eta_{\alpha\beta\gamma}I_{B_1}+\varepsilon_{\alpha\beta\gamma}+M_{\alpha\beta\gamma}(t) \tag{6-15}$$

式中，i，j，k 和 α，β，γ 表示相应组合系数；φ_{ijk}、$P_{\alpha\beta\gamma}$ 分别为组合频率上的载波相位观测值和伪距观测值；ρ、T、S、δt_r、δt^s 分别为卫地距、对流层延迟、轨道误差、接收机和卫星钟差；$\eta_{ijk}I_{B_1}$ 为 B_1 频点的相位电离层延迟误差；$\eta_{\alpha\beta\gamma}I_{B_1}$ 为 B_2 频点的伪距电离层延迟误差；N_{ijk} 为 B_{ijk} 频率的载波相位模糊度；ε_{ijk}、ε_{abc} 分别为组合频率上的载波和伪距白噪声；M_{ijk} 和 M_{abc} 为组合载波和伪距多路径效应误差。

由此可知，组合后的频率、波长、电离层延迟系数、噪声放大因子(单位，周)分别为[138-140]

$$\begin{cases}f_*=if_1+jf_2+kf_3\\ \lambda_*=\dfrac{c}{if_1+jf_2+kf_3}\\ \eta_{ijk}=i\lambda_1+j\lambda_2\dfrac{f_1}{f_2}+k\lambda_3\dfrac{f_1}{f_3}\\ \eta_{abc}=a+b\left(\dfrac{\lambda_2}{\lambda_1}\right)^2+c\left(\dfrac{\lambda_3}{\lambda_1}\right)^2\end{cases} \tag{6-16}$$

在周跳探测中，理想的载波观测值组合需要满足[134,136,180]：①组合系数应使模糊度的保持整周特性，即为整数；②组合观测值应在合适的频率前提下，尽量选择较长的波长组合；③为削弱电磁层误差的影响，电离层延迟系数的组合应尽量小；④组合观测值应具有较小的组合噪声。

虽然三频载波组合具有较好的组合特性，但单纯依赖三频载波相位组合无法实现可靠的周跳探测。通过一定的标准合理选择组合系数，实现伪距相位的最优组合是比单一载波相位组合更优的周跳探测模型。

对于伪距组合，同样有

$$\begin{cases}\eta_{\alpha\beta\gamma}=\alpha+\beta\dfrac{\lambda_2^2}{\lambda_1^2}+\gamma\dfrac{\lambda_3^2}{\lambda_1^2}\\ \varepsilon_{ijk}=\sqrt{\alpha^2\varepsilon_{P_1}^2+\beta^2\varepsilon_{P_2}^2+\gamma^2\varepsilon_{P_3}^2}\end{cases} \tag{6-17}$$

式中，ε_{P_i} 表示 P_i 伪距的伪距观测噪声。

理想的伪距相位观测值组合需要满足[215,216]：①组合系数应使模糊度保持整周特性；②组合伪距相位观测值应同时满足合适的频率和较优的波长组合；③为了不使电离层误差影响周跳估值，电离层延迟系数的组合应尽量小；④伪距相位观测值应具有较小的组合噪声。

将式(6-14)和式(6-15)之间作差，消除卫地距，可得到以 m 为单位的伪距相位组合观测值：

$$P_{\alpha\beta\gamma} - \varphi_{ijk} = \lambda_{ijk}N_{ijk} + (\eta_{\alpha\beta\gamma} + \eta_{ijk}\lambda_{ijk})I_1 + M_{\alpha\beta\gamma} - M_{ijk} + \varepsilon_{\alpha\beta\gamma} - \lambda_{ijk}\varepsilon_{ijk} \tag{6-18}$$

则周跳估值可通过历元间求差计算得到：

$$\Delta N_{\alpha\beta\gamma,\ ijk} = \frac{\Delta P_{\alpha\beta\gamma} - \Delta\varphi_{ijk}}{\lambda_{ijk}} - \left(\frac{\eta_{\alpha\beta\gamma}}{\lambda_{ijk}} + \eta_{ijk}\right)\Delta I_1 + \frac{\Delta M_{ijk} - \Delta M_{\alpha\beta\gamma}}{\lambda_{ijk}} - \frac{\Delta\varepsilon_{\alpha\beta\gamma}}{\lambda_{ijk}} + \Delta\varepsilon_{ijk} \tag{6-19}$$

基于周跳估值的周跳探测的成功率取决于周跳估值中各项误差的大小，应尽量选取较优的系数组合，使周跳估值中各项误差尽量达到最小。令电离层误差系数项为

$$\eta_{ijk,\ \alpha\beta\gamma} = \frac{\eta_{\alpha\beta\gamma}}{\lambda_{ijk}} + \eta_{ijk} \tag{6-20}$$

由于电离层误差无法准确求得，只能令其系数最小才能确保电离层对周跳估值的影响最小。假设 BDS 三个频率的载波相位观测噪声和伪距观测噪声是相等的，即

$$\begin{cases}\varepsilon_{\varphi_1} = \varepsilon_{\varphi_2} = \varepsilon_{\varphi_3} = \varepsilon_{\varphi} \\ \varepsilon_{P_1} = \varepsilon_{P_2} = \varepsilon_{P_3} = \varepsilon_{P}\end{cases} \tag{6-21}$$

则伪距相位组合的周跳估值的标准差(周)可按如下方式求得

$$\sigma_{\Delta N_{\alpha\beta\gamma,\ ijk}} = \sqrt{2}\sqrt{(i^2 + j^2 + k^2)\sigma_{\varphi}^2 + (\alpha^2 + \beta^2 + \gamma^2)\left(\frac{\sigma_P}{\lambda_{ijk}}\right)^2} \tag{6-22}$$

设无几何相位组合观测值系数分别为 a，b，c，则 GF 组合观测方程可表示为

$$\begin{aligned} L_{abc} &= a\lambda_1\varphi_1 + b\lambda_2\varphi_2 + c\lambda_3\varphi_3 \\ &= (a + b + c)\rho - N_{abc} - \eta_{abc}I_1 + M_{abc} + \varepsilon_{abc} \end{aligned} \tag{6-23}$$

式中：

$$\eta_{abc} = a + b\frac{\lambda_2^2}{\lambda_1^2} + c\frac{\lambda_3^2}{\lambda_1^2} \tag{6-24}$$

$$N_{abc} = (a\lambda_1N_1 + b\lambda_2N_2 + c\lambda_3N_3) \tag{6-25}$$

式(6-23)中，由于无几何相位组合消除了卫地距项，故 $a + b + c = 0$。将式(6-22)历元间做差可以求得周跳估值 ΔN_{abc} 为

$$\Delta N_{abc} = -(a\lambda_1\Delta\varphi_1 + b\lambda_2\Delta\varphi_2 + c\lambda_3\Delta\varphi_3) - \eta_{abc}\Delta I_1 + \Delta M_{abc} + \Delta\varepsilon_{abc} \tag{6-26}$$

无几何相位组合的周跳估值标准差为

$$\sigma_{\Delta N_{abc}} = \sqrt{2}\sqrt{(a\lambda_1)^2 + (b\lambda_2)^2 + (c\lambda_3)^2}\,\sigma_{\varphi} \tag{6-27}$$

进行历元间差值后得到的周跳估值可以不考虑未建模误差影响，仅选取观测噪声标

准差作为周跳发生的判断准则，由于周跳估值中包含了电离层误差，因此应选取较优的组合使电离层误差对周跳估值的影响达到最小。

6.2.2 惯性辅助周跳探测估值

在强多径环境中，忽略影响较小的载波多路径效应，仅考虑历元间变化剧烈的伪距多路径效应，将公式(6-14)和式(6-15)相减并在历元间作差，可得在强多径环境下伪距相位周跳估值为

$$\begin{aligned}\delta N_{ijk} = & \delta\varphi_{ijk} - \frac{\delta P_{abc}}{\lambda_{ijk}} + \frac{\eta_{ijk} + \eta_{abc}}{\lambda_{ijk}}\delta I_{B_1} \\ & - \frac{\delta\varepsilon_{ijk} - \delta\varepsilon_{abc}}{\lambda_{ijk}} + \frac{\delta M_{abc}}{\lambda_{ijk}}\end{aligned} \tag{6-28}$$

历元间伪距的多路径残差以及残余噪声被引入到周跳估值中。为此，以 BDS/INS 松组合估计的接收机天线相位中心与卫星位置的几何距离替代卫地距，一方面消除了载波距项，另一方面也极大地削弱了伪距多路径效应残差以及白噪声。此时[206]：

$$\rho = \rho_{\mathrm{INS}} + \varepsilon_{\mathrm{INS}} \tag{6-29}$$

$$\rho_{\mathrm{INS}} = \| r^s - r_{\mathrm{BDS}} \| = \sqrt{(X^s - X_{\mathrm{BDS}})^2 + (Y^s - Y_{\mathrm{BDS}})^2 + (Z^s - Z_{\mathrm{BDS}})^2} \tag{6-30}$$

式中，$r^s(X^s, Y^s, Z^s)$ 为卫星坐标；$r_{\mathrm{BDS}}(X_{\mathrm{BDS}}, Y_{\mathrm{BDS}}, Z_{\mathrm{BDS}})$ 为北斗天线相位中心位置。

由于 INS 估计的卫地距不受伪距多路径效应的影响，在高频率采样非差观测情况下，通过历元间差分得到的对流层残差可忽略不计。采用精密星历修正卫星轨道误差和卫星钟差，在顾及地球自转效应的基础上，选取卫星高度角较高的卫星作为基准星，通过星间单差以消除接收机钟差。因此，得到 INS 辅助的伪距相位组合周跳探测估值为

$$\delta N_{ijk,\ \mathrm{INS}} = \delta\varphi_{ijk} - \frac{\delta\rho}{\lambda_{ijk}} + \frac{\eta_{ijk}}{\lambda_{ijk}}\delta I_{B_1} - \frac{\delta\varepsilon_{ijk} - \delta\varepsilon_{\mathrm{INS}}}{\lambda_{ijk}} \tag{6-31}$$

假设载波相位各观测值之间互不相关，且精度相等。则 INS 辅助的伪距相位组合周跳估值的标准差为

$$\sigma_{\Delta N_{ijk},\ \mathrm{INS}} = \sqrt{2}\sqrt{(i^2 + j^2 + k^2)\sigma_{\varphi}^2 + \left(\frac{\sigma_{\mathrm{INS}}}{\lambda_{ijk}}\right)^2} \tag{6-32}$$

式中，σ_{φ} 为载波相位观测噪声误差；σ_{INS} 为 INS 预测的卫星到接收机几何距离误差。σ_{INS} 的大小取决于 INS 器件性能以及 BDS 信号失锁后的独立定位时间。

一般而言，在已知陀螺和加速度计零偏的情况下，可用如下经验公式来估算 INS 预测误差[207]：

$$\sigma_{\mathrm{INS}} = \sqrt{\left(gB_{\mathrm{gyro}}\frac{t^3}{6}\right)^2 + \left(B_{\mathrm{acc}}\frac{t^2}{2}\right)^2} \tag{6-33}$$

式中，g 为重力加速度；B_{gyro} 为陀螺零偏；B_{acc} 为加速度计零偏；t 为卫星信号失锁时间。

6.2.3 周跳检验量的选取

传统伪距相位组合要保持较高的探测灵敏度，其系数选取应使得载波相位具有较长

的波长且保持组合模糊度的整数特性，惯性辅助的伪距相位组合可不考虑伪距噪声影响，除此之外仅需满足① $i+j+k=0$；② $\eta_{ijk}\to 0$；③ $\min|\sigma_{\Delta N_{ijk},\ \mathrm{INS}}|$。表 6-7 给出了选取较优的伪距相位组合。

表 6-7　　**北斗三频伪距相位组合**

No.	i	j	k	λ_{ijk}/m	η_{ijk}	$\delta_{\Delta N_{abc}}$/cycle
1	0	−1	1	4.884	−0.040	0.054
2	−1	−5	6	20.932	−0.362	0.112
3	1	4	−5	6.371	0.321	0.099
4	1	3	−4	2.765	0.281	0.114
5	1	1	−2	1.297	0.201	0.192
6	1	2	−3	1.765	0.241	0.148

模拟 INS 器件的陀螺零偏 $B_{\mathrm{gyro}}=1.5°/\mathrm{h}$，加速度计零偏 $B_{\mathrm{acc}}=120\mu\mathrm{g}$，图 6-18 给出了北斗信号失锁后，INS 独立定位时间长短对各类伪距相位组合的周跳估值误差的影响。

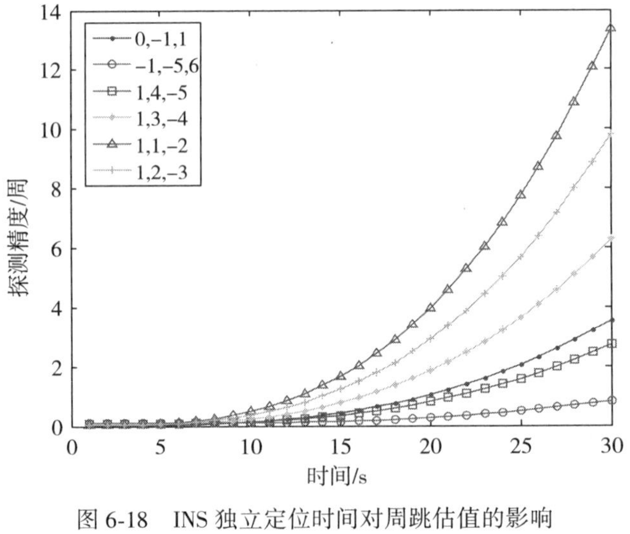

图 6-18　INS 独立定位时间对周跳估值的影响

分析表明，系数组合(−1，−5，6)在信号失锁 30s 内仍能保持 0.83 周的探测精度，且具有较长的探测波长，可作为首选的周跳探测量系数组合。其次，超宽巷组合(0，−1，1)和(1，4，−5)在信号失锁 15s 内分别能保持 0.45 周和 0.35 周的探测精度，但超宽巷组合(0，−1，1)具有优势明显的电离层延迟系数，仍是较优选择之一。当采样频率为 1s 时，INS 预测位置误差极小，对于惯性辅助的伪距相位组合，通过对周跳估值直接取整来进行周跳确定，成功率可达 99.99%以上[219]。

然而，从表 6-7 可知，最多能够选取两个线性无关的周跳探测量，为便于周跳修复和减少不敏感周跳，还需选取第三个线性无关的探测量。北斗 IGSO 和 GEO 卫星的运动速度比 GPS 的 MEO 卫星慢，导致历元间电离层变化量影响较小，无几何相位组合更适用于北斗系统，故本书采用无几何相位组合作为第三探测量，使观测噪声和电离层影响尽量最小。

较优的 GF 系数组合应满足以下条件：应在消除几何距离的前提下(即 $i+j+k=0$)具有较小周跳估值标准差和较小的电离层延迟系数。本书依据最优系数选取标准在[-5，5]范围内进行系数搜索。表 6-8 列出了较好的系数组合以及相关参数。强多路径环境下，电离层延迟已不是主要影响因素，应尽量选择周跳估值较小的探测量以避免漏探，故采用(1，0，-1)作为第三探测量。

表 6-8　**北斗三频无几何相位组合**

No.	i	j	k	η_{ijk}	$\delta_{\Delta N_{abc}}/m$
1	1	-2	1	-0.159	0.008
2	1	2	-3	-0.038	0.013
3	2	1	-3	-0.167	0.012
4	1	1	-2	-0.068	0.008
5	1	3	-4	-0.008	0.017
6	0	-1	1	0.030	0.005
7	1	0	-1	-0.099	0.004

无几何相位组合周跳探测阈值可定义为

$$|\delta N_{ijk}| > k\sigma_{\Delta N_{ijk}} \tag{6-34}$$

式中，取 $k=3$，4 分别以 99.73%、99.99%的置信水平进行周跳辨识。

根据本书选取的系数构成线性无关周跳探测组合，有

$$\boldsymbol{AN}=\boldsymbol{L} \tag{6-35}$$

式中，$\boldsymbol{A}=\begin{bmatrix} 0 & -1 & 1 \\ -1 & 5 & 6 \\ \lambda_1 & 0 & -\lambda_3 \end{bmatrix}$；$\boldsymbol{N}=\begin{bmatrix} \Delta N_1 \\ \Delta N_2 \\ \Delta N_3 \end{bmatrix}$；$\boldsymbol{L}=\begin{bmatrix} l_1 \\ l_2 \\ l_3 \end{bmatrix}$，分别表示组合系数、原始载波周跳值和周跳估值。原始载波周跳值由 $N=A^{-1}L$ 计算。

6.2.4 实验分析

为验证本书的惯性辅助的周跳探测模型，选取徐州市云龙湖水面作为强多路径效应影响的环境，试验数据采集日期为 2016 年 4 月 20 日，采样间隔为 1s，绕湖心一周采集共约 40min。采用的导航设备为中国矿业大学研制的高精度 GNSS/INS 组合导航平台，

基于 FPGA(field-programmable gate array)进行 1PPS 精确时间同步，试验区域和场景如图 6-19 所示。

图 6-19　试验区域与场景

试验设备如下：

(1)IMU：HZ325-1 型船用罗经，光纤陀螺(0. 02°/s，0. 5mg)，如图 6-20 所示；

图 6-20　HZ325-1 型 IMU

(2)试验板卡：和芯星通 UB380 三系统高精度板卡；

(3)航向辅助设备：南方灵锐 S86 接收机×3 台。

试验当天风浪较大，组合导航平台在岸上进行约 10min 初始对准后移至试验船，惯导系统载体 *Y* 轴与船体中线对齐，为防止水面晃动导致的惯导初始航向角解算异常，采用多天线法解算航向角初值。

图 6-21 给出试验中利用传统三频伪距相位组合法获取的水面北斗 GEO PRN02 卫星动态观测数据的周跳估值，所用组合为伪距相位组合(0，−1，1)、(−1，−5，6)和 GF 组合(1，0，−1)。结果显示，波长较短的超宽巷组合呈现了明显的受强多路径影响的趋势项，多个历元周跳估值超过 0. 5 周，导致严重误探；(−1，−5，6)组合由于波长较长，周跳估值较小，但估值可靠度也有所降低。无几何相位组合不受伪距多路径影响，依然保持良好的探测能力。试验表明，传统探测模型在强多路径环境下失效。

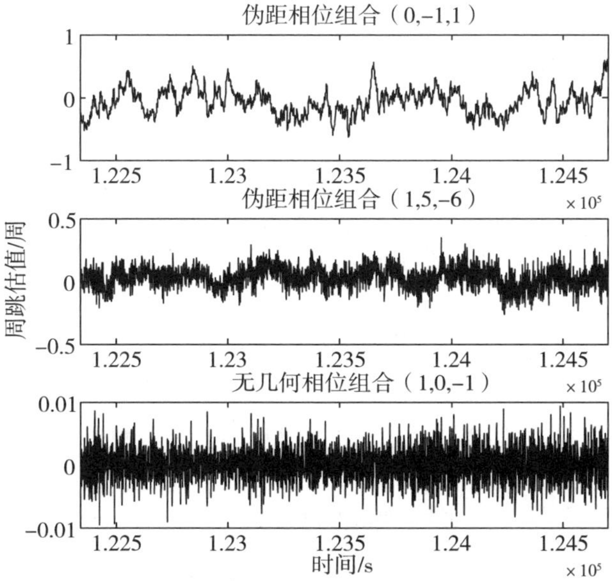

图 6-21　受多路径误差影响的 PRN02 周跳估值

对 7.5.1 节中相同数据采用惯性辅助的伪距相位组合法进行周跳探测与修复，以验证本书方法的有效性和可靠性。选择高度角最高的 GEO PRN01 卫星作为基准星，其惯性辅助的伪距相位组合(0, −1, 1)、(−1, −5, 6)和 GF 组合(1, 0, −1)的周跳探测估值如图 6-22 所示。对比图 6-21 可见，本研究所采用方法明显抑制和消除多路径效应历元间残差，探测估值明显减小，意味着探测精度明显提高。由于惯性辅助组合(0, −1, 1)、(−1, −5, 6)探测量的 $\sigma_{\Delta N_{ijk},\ \mathrm{INS}}$ 分别为 0.02 和 0.111，两个探测量的取整成功率可达到 99.99%。

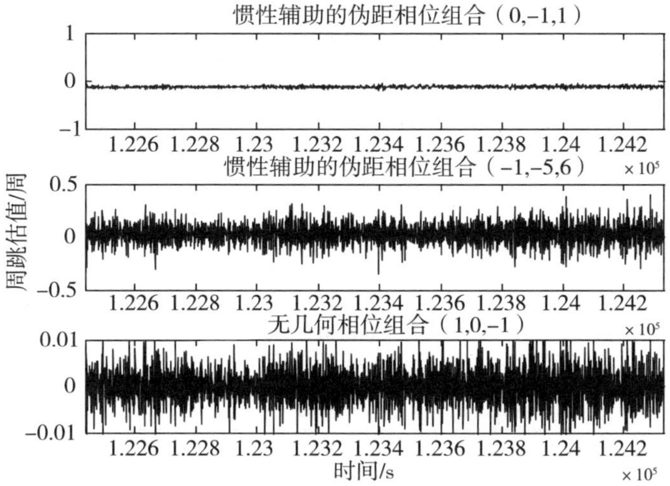

图 6-22　惯性辅助的 PRN02 周跳估值

由于卫星、系统硬件偏差的累加效应和接收机位置误差等可能的存在，波长较短的超宽巷组合周跳估值存在较小的系统性偏移，但因前期消除了绝大部分误差，故此类偏移不会对周跳的确认和修复产生影响。

多路径主要影响小周跳的探测，鉴于原数据中不存在周跳，为检验该方法对强多路径环境下的小周跳探测能力，对不同 GEO 卫星三个频点加入 1~5 周的分散小周跳，所加周跳组合如表 6-9 所示。其探测结果如图 6-23 所示，修复结果如表 6-10 所示。由于选取的伪距相位组合对周跳组合(1，1，1)不敏感，需联合其他探测量进行修复。结果表明，对于模拟的多个小周跳，模型修复成功率达到了 100%。

表 6-9　**模拟周跳大小及位置**

历元位置	200	500	800	1100	1400	1700
周跳数	+1 −1 +3	+2 +3 −1	+1 +1 +1	+5 −2 +1	+3 −4 +5	+1 0 −1

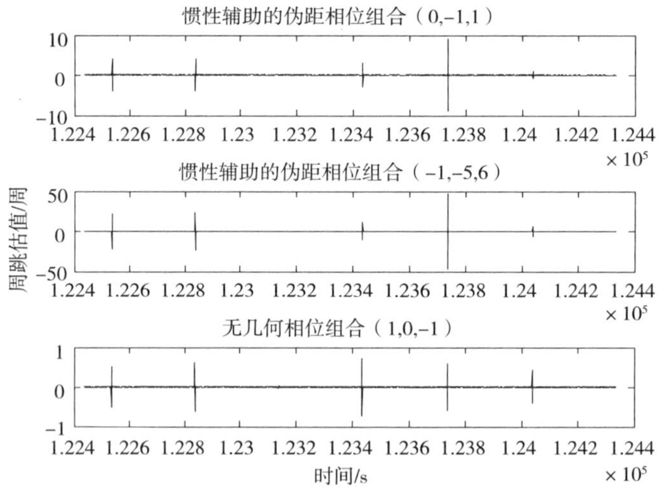

(a) PRN01 卫星

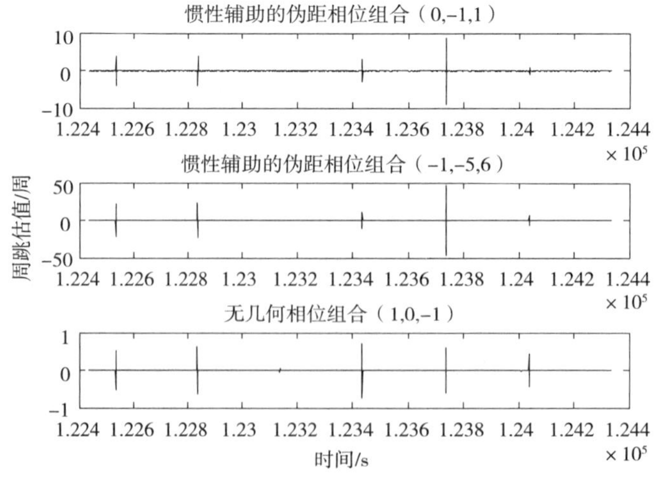

(b) PRN02 卫星

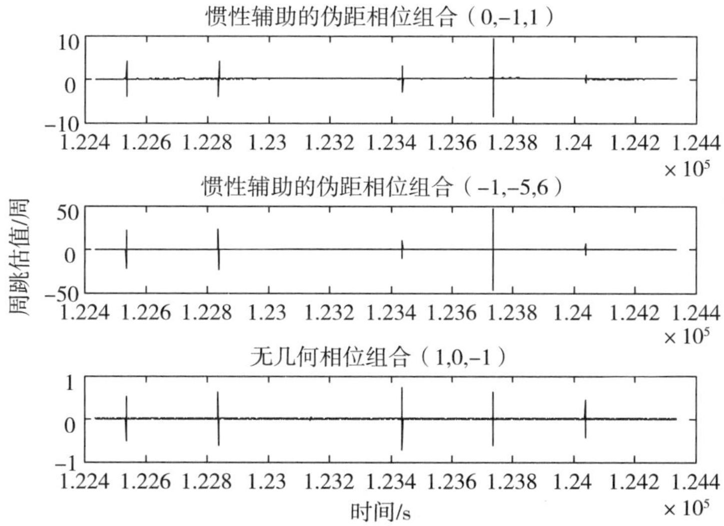

(c) PRN03 卫星

图 6-23 惯性辅助的 GEO 卫星周跳探测结果

BDS/INS 组合的性能直接影响周跳探测的能力。为了说明松组合结果对周跳探测结果的影响，实验选取 BDS 信号完整时 500s 左右的观测数据进行 BDS/INS 松组合处理，分别得到 X 轴、Y 轴、Z 轴三个方向组合误差，如图 6-24 所示。为了评估卫星信号失锁后，系统独立预测卫地距的能力，在观测值中模拟了 BDS 信号的完全失锁，得到了信号失锁后 30s 内系统预测卫地距误差随时间的变化情况，如图 6-25 所示。

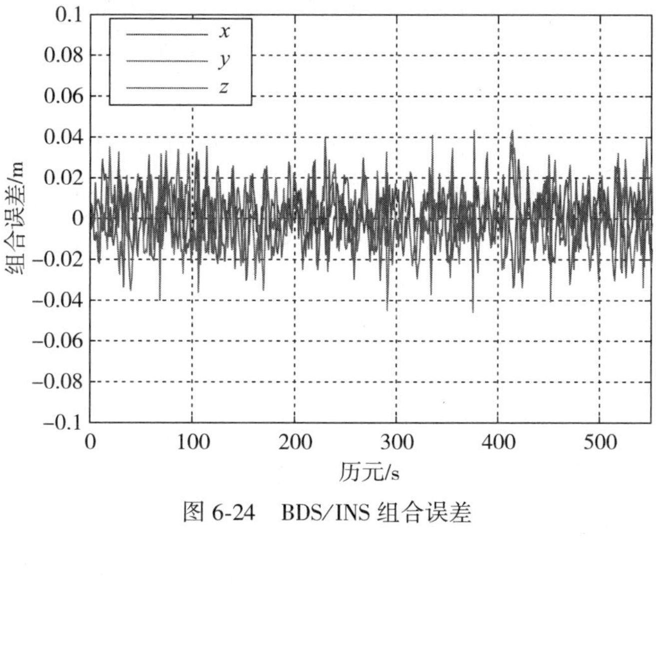

图 6-24 BDS/INS 组合误差

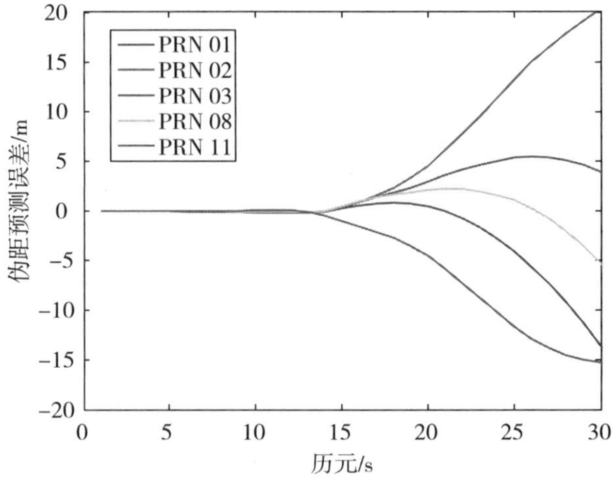

图 6-25　卫星信号失锁后模型星地距预测误差

表 6-10　**周跳修复结果**

PRN	历元	周跳	周跳计算值/周	周跳修复值/周
C01	200	(1, −1, 3)	(0.951, −1.049, 2.951)	(1, −1, 3)
C01	500	(2, 3, −1)	(1.935, 2.935, −1.065)	(2, 3, −1)
C01	800	(1, 1, 1)	(0.937, 0.937, 0.937)	(1, 1, 1)
C01	1100	(5, −2, 1)	(4.959, −2.041, 0.959)	(5, −2, 1)
C01	1400	(3, −4, 5)	(2.888, −4.112, 4.888)	(3, −4, 5)
C01	1700	(1, 0, 1)	(1.127, 0.127, −0.873)	(1, 0, 1)
C02	200	(1, −1, 3)	(0.951, −1.049, 2.951)	(1, −1, 3)
C02	500	(2, 3, −1)	(1.935, 2.935, −1.065)	(2, 3, −1)
C02	800	(1, 1, 1)	(0.937, 0.937, 0.937)	(1, 1, 1)
C02	1100	(5, −2, 1)	(4.959, −2.041, 0.959)	(5, −2, 1)
C02	1400	(3, −4, 5)	(2.888, −4.112, 4.888)	(3, −4, 5)
C02	1700	(1, 0, 1)	(1.127, 0.127, −0.873)	(1, 0, 1)
C03	200	(1, −1, 3)	(0.965, −1.035, 2.964)	(1, −1, 3)
C03	500	(2, 3, −1)	(1.952, 2.952, −1.048)	(2, 3, −1)
C03	800	(1, 1, 1)	(0.926, 0.926, 0.926)	(1, 1, 1)
C03	1100	(5, −2, 1)	(5.105, −1.900, 1.105)	(5, −2, 1)
C03	1400	(3, −4, 5)	(2.977, −4.023, 4.977)	(3, −4, 5)
C03	1700	(1, 0, 1)	(1.095, 0.095, −0.905)	(1, 0, 1)

试验期间，BDS/INS 松组合模型在信号卫星信号完整时段，三个方向的位置误差均在 2~3cm 范围内，经历元间差分处理后对周跳探测影响微弱。当卫星信号失锁后的 15s 内，对于各类型的北斗卫星，组合模型的伪距预测模型均能保持厘米级预测精度。试验证明该方法对 15s 内采样频率数据的周跳探测与修复同样适用。

6.3 INS 辅助部分模糊度固定技术

可靠固定载波相位模糊度是获得 GNSS 高精度定位结果的关键，首先通过某种方法获得模糊度浮点解，再按照一定的方法将其进一步固定为整数。目前采用比较广泛的模糊度解算方法是基于最小二乘的降相关方法[220]。

6.3.1 最小二乘模糊度估计方法

GNSS 高精度定位是基于载波相位观测值建立的，考虑模糊度的整周特性，GNSS 观测方程可以简化为

$$y = \boldsymbol{A}a + \boldsymbol{B}N + \varepsilon,\ \boldsymbol{Q}_y \tag{6-36}$$

式中，y 表示观测值；$\boldsymbol{Q}_y$ 表示观测值的方差-协方差矩阵；a 表示坐标等待估参数；N 表示模糊度参数；A 和 B 是相应待估计参数的系数矩阵；ε 表示观测噪声。

最小二乘估计准则为

$$\min \| y - Aa - BN \|^2_{Q_y} \quad a \in R^m,\ N \in Z^n \tag{6-37}$$

按照最小二乘原则进行参数估计的过程可以分为三步[4]：

第一步为不对模糊度参数加以整数约束，使用最小二乘方法估计位置参数 $\hat{a}$、模糊度浮点解 $\hat{N}$ 以及相应的方差-协方差矩阵。其中方差-协方差矩阵可以表示为

$$\begin{bmatrix} \boldsymbol{Q}_{\hat{a}\hat{a}} & \boldsymbol{Q}_{\hat{a}\hat{N}} \\ \boldsymbol{Q}_{\hat{N}\hat{a}} & \boldsymbol{Q}_{\hat{N}\hat{N}} \end{bmatrix} \tag{6-38}$$

第二步为考虑到模糊度参数的整数特性，在式(3.43)的条件下搜索确定最优的模糊度整数解 $\widehat{N}$。

$$\min \| \hat{N} - N \|^2_{Q_{\hat{N}}} \tag{6-39}$$

在采用 LAMBDA 算法解算整数模糊度问题时，首先需要进行搜索空间的降相关变换(即整数 Z 变换)，可以提高模糊度的搜索效率。得到新的经过降相关后的模糊度 $\hat{z}$ 以及其方差-协方差矩阵 $\boldsymbol{Q}_{\hat{z}}$ 可以表示为

$$\begin{aligned} \hat{z} &= \boldsymbol{Z}\hat{N} \\ \boldsymbol{Q}_{\hat{z}} &= \boldsymbol{Z}\boldsymbol{Q}_{\hat{a}}\boldsymbol{Z}^{\mathrm{T}} \end{aligned} \tag{6-40}$$

经过 Z 变换之后，模糊度的固定问题转变为对变换后的模糊度进行固定的问题，最小二乘估计准则变为

$$\min_{z \in Z} (\hat{z} - z)^{\mathrm{T}} \boldsymbol{Q}_{\hat{z}}^{-1} (\hat{z} - z) \tag{6-41}$$

当降相关后的模糊度被搜索固定后，即可根据整数变换的逆变换过程确定原始模糊

度的固定解。

$$\widehat{N} = \boldsymbol{Z}^{-1}\hat{z} \tag{6-42}$$

式中，$\hat{z}$ 表示降相关后确定的整周解。

第三步为根据已经固定的模糊度，对其他参数进行更新。根据式(6-42)，更新后的参数 $\widehat{a}$ 及其协方差矩阵 $Q_{\widehat{a}}$ 可以表示为

$$\begin{aligned} \widehat{a} &= \hat{a} - Q_{\hat{N}\hat{a}}\pi(\hat{N} - \widehat{N}) \\ Q_{\widehat{a}} &= Q_{\hat{a}} - Q_{\hat{a}\hat{N}}Q_{\hat{N}}^{-1}Q_{\hat{N}\hat{a}} \end{aligned} \tag{6-43}$$

6.3.2　模糊度检核

为了获得高精度的定位结果，当模糊度被固定后，首先需要进行正确性检核。目前应用比较广泛的检核方法有 Ratio 检验和模糊度固定成功率[126,127]。

1. Ratio 检验

Ratio 检验是一种“数据驱动”检验标准[62]，其是将获得的次优解残差的二次型与最优解残差二次型的比值：

$$\text{Ratio} = \frac{\boldsymbol{V}_{\hat{N}_2}^{\mathrm{T}}\boldsymbol{P}\boldsymbol{V}_{\hat{N}_2}}{\boldsymbol{V}_{\hat{N}_1}^{\mathrm{T}}\boldsymbol{P}\boldsymbol{V}_{\hat{N}_1}} \tag{6-44}$$

式中，$V_{\hat{N}_1}^{\mathrm{T}}$ 表示最优解对应的残差；$V_{\hat{N}_2}^{\mathrm{T}}$ 表示次优解对应的残差；P 为相应的权矩阵。当 Ratio 值大于设置的阈值(2 或 3)时，则认为模糊度固定正确。对于经验设置的阈值，当阈值较为松散时，将导致接收错误的模糊度；而当阈值较为严格时，可能导致正确的模糊度被拒绝。

2. Bootstrapping 成功率

模糊度成功率定义为模糊度浮点解的概率密度函数在其规整域内的积分，由于规整区域的构建是复杂的，因此模糊度成功率的计算较困难。Bootstrapping 成功率是一个精确的公式，易于计算。作为最小二乘算法成功率的下边界，与最小二乘算法模糊度成功率非常接近[210]。Bootstrapping 成功率可以表示为

$$P = \prod_{i=1}^{n}\left(2\Phi\left(\frac{1}{2\sigma_{\hat{z}_{i|1}}}\right) - 1\right) \tag{6-45}$$

式中，$\Phi(x) = \frac{1}{\sqrt{2\pi}}\int_{-\infty}^{x} \mathrm{e}^{-\frac{1}{2}t^2}\mathrm{d}t$；$\sigma_{\hat{z}_{i|I}}$ 表示为条件方差。当 Bootstrapping 成功率大于设置的阈值时，则认为模糊度被正确地固定。模糊度成功率表示了模型的强度，不直接依赖于外部观测值信息，当模型中存在未被探测的偏差时，可能导致计算的成功率虚高。因此，仅仅依赖于模糊度成功率不能够保证模糊度固定正确，在实际应用中常常结合其他方法使用。

在实际外业观测中，GNSS 接收机接收到的不同传播路径的卫星信号，在传播过程

中受到的大气误差、多路径延迟等误差的影响存在差异，导致卫星信号质量不同。观测值质量较低卫星信号的模糊度较难以可靠固定，如果将所有观测值的模糊度同时一起固定，则观测值质量较低的模糊度将会影响其他模糊度的有效固定。为提升模糊度的固定性能，可以优先选择观测质量较高的模糊度子集进行固定，然后再通过约束方法固定其他较低质量的模糊度。

与窄巷模糊度相比，宽巷模糊度因波长较长更加容易固定，但组合之后的观测方程放大了观测噪声，影响最终定位解算结果的性能，故通常仅作为获得最终定位解算结果的中间过程。对于双频数据，可以选择首先固定宽巷模糊度，然后再约束固定基础模糊度的分步固定策略。

6.3.3　INS 辅助部分模糊度固定技术

要想获得单频 GNSS/INS 紧组合算法的高精度、可靠的导航参数信息，关键在于准确、可靠获取模糊度的整周解。而观测值的质量(尤其是伪距观测值的质量)是影响模糊度有效固定的主要因素，在动态观测环境下，GNSS 信号易受到干扰导致观测值的精度下降，进而影响模糊度的有效固定。INS 能够提供短时高精度的参数先验信息及获得稳定状态的方差矩阵，能够有效降低模糊度的搜索空间[82]。因此，基于 INS 辅助的模糊度解算策略能够有效改善模糊度固定的性能。

根据双差观测方程式(5-13)和式(5-14)，对各个系统不进行区分，基于 INS 辅助的模糊度解算的观测方程可以表示为

$$\begin{bmatrix} \nabla\Delta P - \nabla\Delta P_{\mathrm{INS}}^{0} \\ \lambda\ \nabla\Delta\varphi - \nabla\Delta P_{\mathrm{INS}}^{0} \\ 0_{3\times1} \end{bmatrix} = \begin{bmatrix} B_{n\times3} & 0_{n\times n} \\ B_{n\times3} & \lambda I_{n\times n} \\ I_{3\times3} & 0_{3\times n} \end{bmatrix} \begin{bmatrix} X \\ \nabla\Delta N \end{bmatrix} + \begin{bmatrix} \varepsilon_{\rho} \\ \varepsilon_{\varphi} \\ \varepsilon_{\mathrm{INS}} \end{bmatrix} \tag{6-46}$$

式中，$\nabla\Delta\rho_{\mathrm{INS}}^{0}$ 表示使用 INS 预测信息计算的双差伪距；$\varepsilon_{\mathrm{INS}}$ 表示 INS 预测误差；n 表示模糊度数目；其他符号含义如其他章节所述。

与仅使用 GNSS 观测值进行模糊度解算相比，式(6-46)增加了 INS 预测的位置信息作为约束方程，模型强度得到增强。根据最小二乘方法解算式(6-46)可以得到法方程的系数矩阵以及浮点解为

$$\boldsymbol{N}_{BB} = \boldsymbol{H}_{BB}^{\mathrm{T}}\boldsymbol{P}_{k}\boldsymbol{H}_{BB} = \begin{pmatrix} \boldsymbol{B}^{\mathrm{T}}\boldsymbol{P}_{\rho}\boldsymbol{B} + \boldsymbol{B}^{\mathrm{T}}\boldsymbol{P}_{\varphi}\boldsymbol{B} + P_{\mathrm{INS}} & \lambda\boldsymbol{B}^{\mathrm{T}}\boldsymbol{P}_{\varphi} \\ \lambda\boldsymbol{P}_{\varphi}\boldsymbol{B} & \lambda^{2}\boldsymbol{P}_{\varphi} \end{pmatrix} \tag{6-47}$$

$$[X \quad \nabla\Delta\boldsymbol{N}]^{\mathrm{T}} = \boldsymbol{N}_{BB}^{-1}(\boldsymbol{H}_{BB}^{\mathrm{T}}\boldsymbol{P}_{k}\boldsymbol{L}_{B}) \tag{6-48}$$

式中，$\boldsymbol{H}_{BB}$ 表示式(6-46)的系数矩阵；$\boldsymbol{P}_{\rho}$、$\boldsymbol{P}_{\varphi}$ 和 $\boldsymbol{P}_{\mathrm{INS}}$ 分别表示双差伪距、双差载波相位和 INS 预测虚拟观测值的权矩阵；L_{B} 表示观测值与近似理论值的差值。与仅使用 GNSS 观测信息解算结果相比，式(6-47)左上角增加了一项与系数矩阵 $\boldsymbol{B}$ 无关的 P_{INS}，有效地改善了法方程的强度，能够提高浮点解模糊度的准确度。

尽管基于 INS 辅助的模糊度解算方法能够有效改善模糊度的固定性能，但对观测值较差的信号仍然难以有效固定模糊度。在实际动态数据采集过程中，卫星信号经

常会受到遮挡，导致信号频繁失锁以及受到多路径误差的影响，致使有些卫星信号的观测值质量较低，影响模糊度的有效固定。因此，在实际观测环境下，有时不能够完全固定所有的模糊度。近年来逐渐有学者对部分模糊度固定方法展开研究，其核心在于模糊度最优子集的合理选择。目前比较常用的模糊度子集选择方法主要包括：基于高度角方法、基于信噪比方法、基于最小方差方法、基于成功率方法和基于降相关最优线性组合的方法[64,221]。本书选择基于高度角的部分模糊度固定策略，同时顾及观测方程的验后残差大小，当残差大于某一阈值时优先剔除该卫星对。

本节介绍的基于 INS 辅助的部分模糊度固定方法如图 6-26 所示。具体解算流程可以描述为：①基于基准站和移动站的观测信息以及 INS 预测信息构造双差观测方程，根据 Kalman 滤波解算获得模糊度浮点解以及相应的协方差矩阵。②根据 LAMBDA 算法搜索固定模糊度。③根据 Ratio 值以及固定成功率判断模糊度是否固定正确，如果固定正确则解算流程结束；如果未通过检验，将基于卫星高度角进行排序以及顾及后验残差大小，剔除高度角最低或者残差绝对值较大的卫星。④判断剩余模糊度数目，当剩余模糊度数目大于 3 个，返回第①步。⑤当剩余模糊度不足 4 颗时，说明外界观测环境较差，模糊度难以有效固定，此时不再固定模糊度。

为抵抗粗差或错误固定模糊度对定位性能的影响，可按照第 3 章的方法进行质量控制。当模糊度被有效固定后，即可将模糊度参数传递到 GNSS/INS 紧组合滤波器中进行组合导航滤波解算。

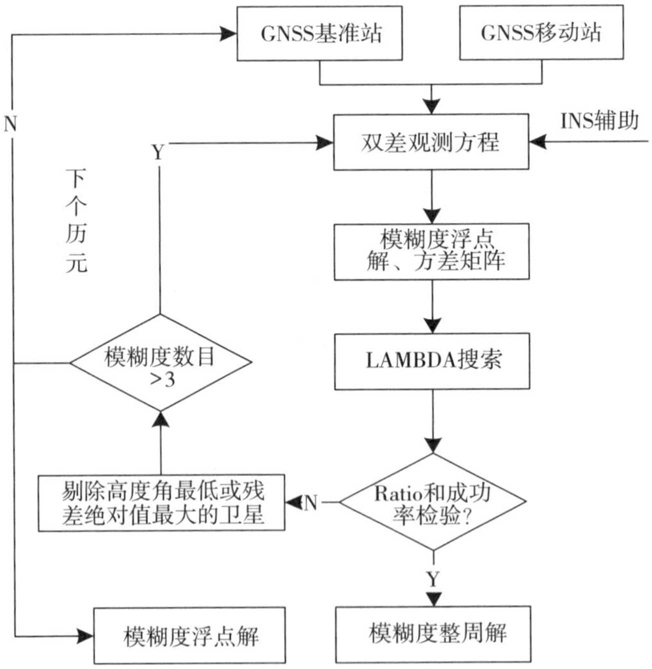

图 6-26　INS 辅助的部分模糊度解算策略

6.4 实验与分析

为了对本书所述的多系统 GNSS/INS 紧组合算法进行验证以及性能进行分析，采用两组动态数据进行测试：一组为动态双系统(GPS/BDS)短基线数据；另一组为动态三系统(GPS/GLONASS/BDS)中短基线数据。数据采集设备的杆臂已在实验室环境下精确测量，并在数据处理中进行改正。

6.4.1 动态短基线算例

基于车载系统采集一组动态短基线 GPS/BDS 双系统数据。基准站和移动站均使用 Novatel ProPak6 接收机进行数据采集。数据采集频率为 5Hz，数据采集时长约 1.6h。基准站架设在实验室楼顶，周围环境开阔基本无遮挡，移动站搭载在测量车顶。整个测区部分时刻存在建筑物以及树木遮挡，部分时刻存在穿过建筑物导致卫星信号完全丢失情况，图 6-27 给出了移动站的运动轨迹。从图 6-27 中可以看出，整个测区包含多处茂密的树木以及高大、密集的建筑物环境。

图 6-27 动态测区环境与轨迹

图 6-28 展示数据采集时段各单系统以及双系统卫星数目的变化。从图 6-28 可以看出，整个数据采集时段卫星数目变化剧烈，频繁地出现卫星升降的情况，这主要是因为整个测区树木茂密、高大建筑物较多，对卫星信号产生影响。对于单 GPS，整个数据采集时段卫星数目绝大多数时间都能保持在 5 颗以上，但也存在部分时段卫星数目较少的情况。对于单 BDS，整个数据采集时段卫星数目变化明显，部分时间出现了少于 5 颗的情况。相比于单系统，双系统能改善整个时段可视卫星数目，使整个数据采集时段卫星数目在大多数时间保持在 10 颗以上。

使用本章节介绍的 GNSS/INS 紧组合滤波算法，解算本组短基线 GPS/BDS 数据(实验环境如图 6-27 所示)，使用商业软件 IE 解算本组短基线数据，并将其紧组合联合平滑结果作为参考值。图 6-29 表示整个测试时段载体 N、E 和 U 方向的运动速度。由图 6-29 可以看出，由于受到测区环境的限制，实验阶段载体速度基本在 30km/h 以内。并且在实际运动过程中，载体较大频率地出现加速和减速运动。图 6-30 表示整个测试时段载体的姿态角变化，为了直观地表达，将航向角转化为 0°～360°范围。从图 6-30 可以看出，本组数据航向角变化较为频繁，并且多次出现急转的大转角变化。对比图 6-29 和图 6-30 可以看出，载体在数据采集过程中频繁出现急转的大转角运动，导致载体姿态角和速度变化剧烈。

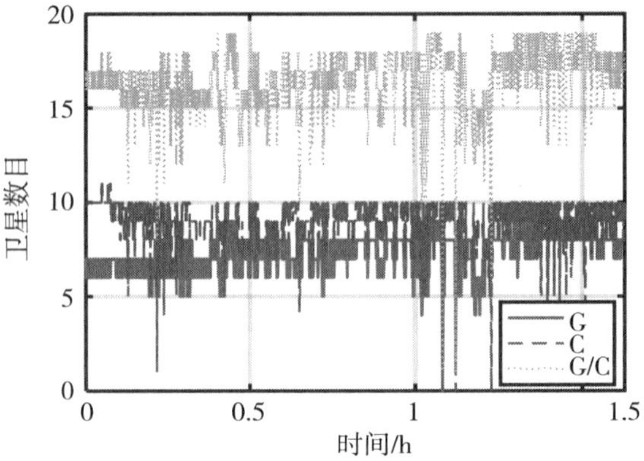

图 6-28　卫星数目

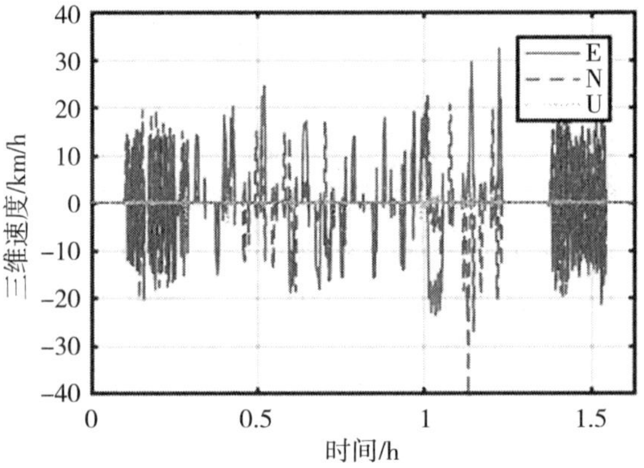

图 6-29　载体三维速度

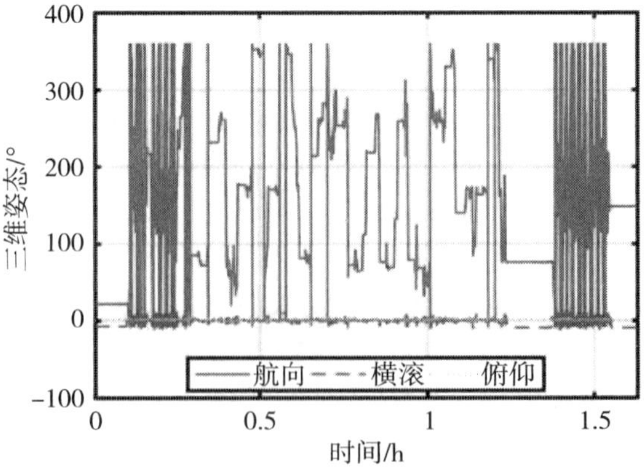

图 6-30　载体姿态

1. 模糊度固定性能

为了验证 INS 辅助方法的模糊度固定性能，本节使用两种方案解算本组数据：第一种方案为不使用 INS 辅助模糊度解算的单频 GNSS(SF)定位方法，第二种方案为使用 INS 辅助模糊度解算的单频 GNSS(INSSF)定位方法。为了合理地表达模糊度的固定性能，这两种方法在进行卫星定位时只使用固定模糊度的卫星，当某时刻某颗卫星未能固定模糊度时则不使用该卫星数据参与定位解算。图 6-31 表示两种方案解算时使用的卫星数目。图 6-32 表示相应的 PDOP 值。图 6-31(a)表示整个时段两种方法使用的卫星数目，在矩形标记之外，两种方法每个历元使用的卫星数目基本相同。图 6-31(b)表示图 6-31(a)矩形区域内两种方法的卫星数目。从图 6-31(b)可以看出，使用 INS 辅助的方法，在该区域内的卫星数目明显多于常规 GNSS 方法的卫星数目。从图 6-32(a)可以看出，除了矩形标记之外，两种方法的 PDOP 值基本相同。分析图 6-32(b)可以得出，在标记区域内，INS 辅助方法的 PDOP 值要明显优于传统 GNSS 方法的 PDOP 值。

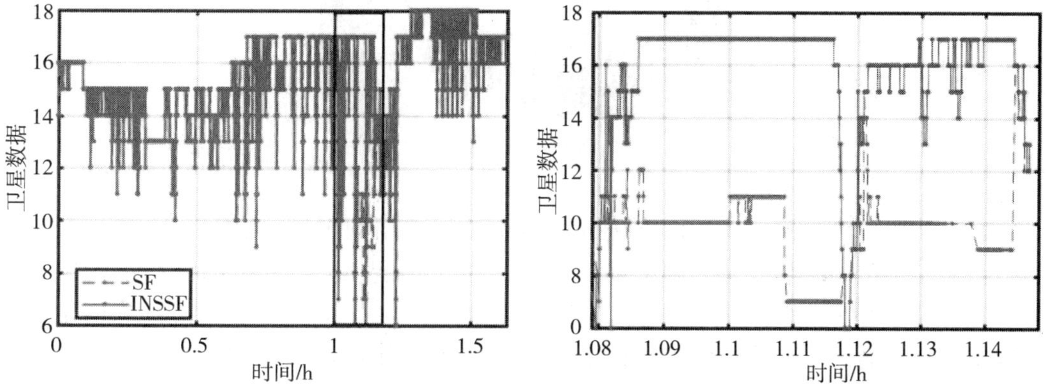

(a)整体卫星数目　　(b)局部卫星数目

图 6-31　不同方案使用的卫星数目

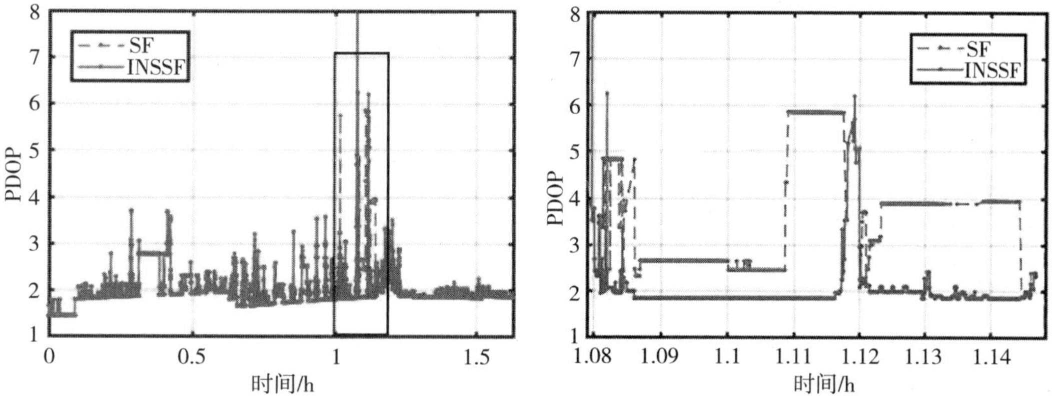

(a)整体 PDOP　　(b)局部 PDOP

图 6-32　不同方案的 PDOP

图 6-33 表示图 6-31(a)和图 6-32(a)标记区域的实际外界环境。从图 6-33 可以看出，在该区域载体首先穿过连廊，然后进入高大建筑物以及茂密树木遮挡的区域，最后再反向穿过连廊。该数段卫星信号受到遮挡导致卫星信号质量下降，甚至在某些时段卫星信号完全失锁。因此，在该遮挡区域内，由于 GNSS 信号质量降低，仅仅使用 GNSS 信号进行定位，导致可用的卫星数目降低；基于 INS 辅助的方法，由于高精度的位置估计信息，能够在一定程度上改善单一 GNSS 系统的定位性能。

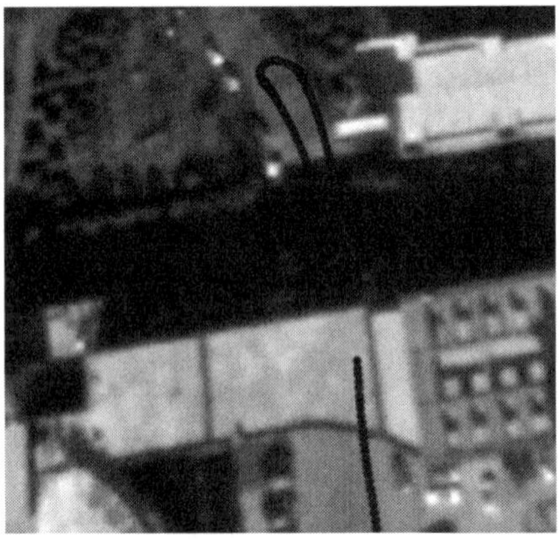

图 6-33　GNSS 衰减区域外界环境

表 6-11 表示对两种方案的性能统计。本组数据使用固定历元数目与总历元数目的比值作为经验模糊度固定率。对于本组数据，基于传统 GNSS 方案的模糊度固定率为 99.27%，基于 INS 辅助的 GNSS 定位方案的模糊度固定率得到改善，模糊度固定率为 99.84%。整个测试时段的单纯 GNSS 系统方案的平均使用卫星数目为 15.31 颗，平均 PDOP 为 1.99。基于 INS 辅助方法的平均使用卫星数目和平均 PDOP 得到改善，分别为 15.51 颗和 1.94。因此，与单纯 GNSS 方案相比，基于 INS 辅助方法能够改善模糊度的固定性能。

表 6-11　**不同方案性能统计**

	固定率	平均卫星数目/颗	PDOP
SF	99.27%	15.31	1.99
INSSF	99.84%	15.51	1.94

图 6-34 和图 6-35 分别表示两种方法解算的 N、E 和 U 方向的位置结果和商业软件 IE 紧组合联合平滑结果的差值。从图 6-34 可以看出，对应图 6-33 的 GNSS 衰减区域，仅仅使用 GNSS 系统的单频信号在整个时段无法保证模糊度固定的可靠性，在该区域出现了米级的定位误差。从图 6-35 可以看出，在 GNSS 信号衰减区域，使用 INS 辅助的方法，模糊度固定性能得到有效改善，在穿过 GNSS 信号遮挡较为严重的连廊区域后，基

于 INS 辅助的方法能够比较快速、可靠地固定模糊度，从而使得 GNSS 定位结果获得厘米级的精度。

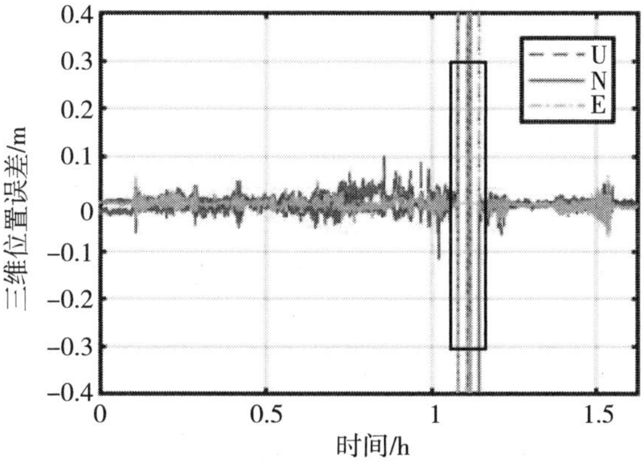

图 6-34 SF 方案位置误差

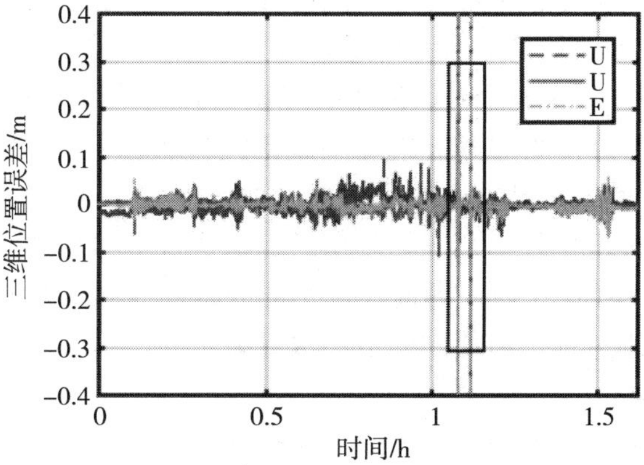

图 6-35 INSSF 方案位置误差

图 6-36 表示两种方法定位结果的位置误差累积分布。从图中可以看出，基于 INS 辅助的 GNSS 定位方法能够改善传统 GNSS 定位方法的定位性能，三维位置误差在 0.05m 内的概率达到了 98.63%，要优于传统 GNSS 方法的 95.65%。除了穿过遮挡较为严重的连廊区域，三维位置误差基本在 0.1m 之内，概率达到了 99.78%，而传统 GNSS 方法三维位置误差在 0.1m 的概率仅为 96.76%。

综上所述，基于 INS 辅助方法能够有效改善传统 GNSS 方法的模糊度固定性能，提高模糊度的固定率，尤其在 GNSS 信号遮挡的环境下，INS 辅助方法的模糊度固定性能更加可靠。因而在卫星信号遮挡环境下，相比于传统的单 GNSS 方案的定位方法，基于 INS 辅助的 GNSS 定位方法的定位性能得到了有效改善。

2. INS 辅助的部分模糊度固定方法

为了分析本书所提出的基于 INS 辅助的部分模糊度固定方法的性能，本小节使用如

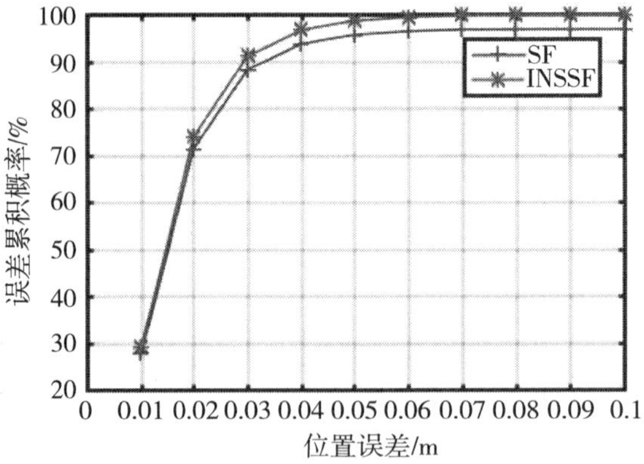

图 6-36　不同方案的位置误差累积分布

下方案进行性能评估。方案一为 INS 辅助的全模糊度固定方法(FAR)；方案二为 INS 辅助的基于高度角信息的部分模糊度固定方法(PAR1)；方案三为 INS 辅助的基于高度角信息和验后残差信息的部分模糊度固定方法(PAR2)。使用上述三种方案分别解算本组数据，将解算结果和 IE 紧组合联合平滑结果进行求差。

图 6-37 表示三种方案在整个时段使用的卫星数目。从图 6-37 可以看出，在某些时段本书提出的 PAR2 方法使用的卫星数目要明显小于其他两种方法。FAR 在整个时段所使用的平均卫星数目为 15.64 颗，PAR1 在整个时段所使用的平均卫星数目为 15.62 颗，两种方法在卫星观测环境良好的情况下使用的卫星数目基本相同，而 PAR2 在整个时段使用的平均卫星数目为 15.51 颗。因此，基于部分模糊度固定的方法，相比于全模糊度固定方法，在数据处理过程中所使用的卫星数目减少。

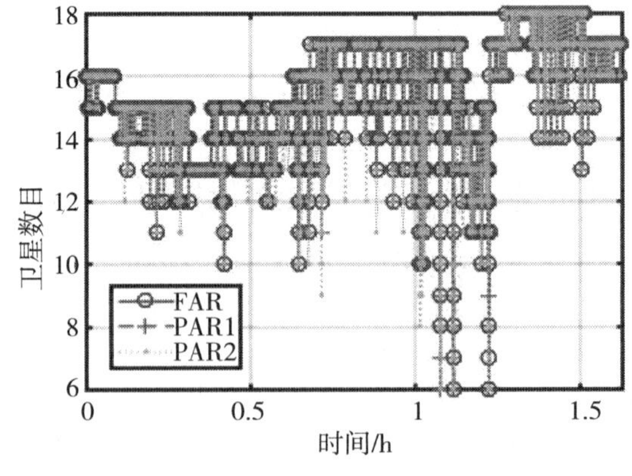

图 6-37　不同方案使用卫星数目

对于本组数据这里同样以模糊度固定的历元数目与总历元数目的比值作为经验模糊度固定率。对于本组数据，FAR 方法的模糊度固定率仅仅为 98.98%，PAR1 方法将模糊度固定率提高到了 99.81%，PAR2 方法的模糊度固定概率达到了 99.84%。因此，基于部分模糊度固定的方法能够有效改善全模糊度固定方法的性能，相比于基于高度角信息的部分模糊度固定方法，本书所提出方法的模糊度固定性能得到进一步提升。

图 6-38 和图 6-39 分别表示 FAR 方法和 PAR1 方法在 N、E 和 U 方向的位置误差，PAR2 方法的位置误差如图 6-35 所示。从图 6-38 可以看出，FAR 方法的三维位置有四处时段出现了较大的误差，在图中分别以 A、B、C 和 D 标记，说明在这几处时段模糊度固定错误。由图 6-39 可以看出，与全模糊度固定方法相比，通过使用基于高度角信息的部分模糊度固定方法，图 6-38 中 A、B 和 D 标记处的模糊度固定性能得到了有效改善，GNSS 位置结果的精度达到了厘米级。这主要是因为根据高度角信息，能够有效剔除低质量的观测卫星，改善模糊度的解算精度。以标记 A 处为例，在 GPS 时为 95164.4s 时刻出现了观测值质量较差的 C09 卫星，基于全模糊度固定的方法不能有效固定该时刻的模糊度，而基于部分模糊度固定的方法可以有效剔除该颗卫星，使得该时刻的剩余模糊度依然能够被有效地固定。从图 6-39 可以看出，在标记 C 处依然存在着较大的 GNSS 定位误差。比较图 6-35 和图 6-39 可以发现，与 PAR1 方法相比，在出现较大 GNSS 定位误差的 C 处，PAR2 方法的定位性能得到有效改善。这间接说明 PAR2 方法的部分模糊度固定性能要优于 PAR1 方法的部分模糊度固定性能。由图 6-33 可知，标记 C 处所对应的实际环境遮挡较为严重，该处 GNSS 信号观测值受到外界复杂环境的影响，可能产生较为严重的多路径误差以及发生衍射，其观测信号的质量不一定符合高度角越高，卫星信号质量越高的规律。因此，基于卫星高度角信息剔除低质量的卫星，并不能很好地将低质量的卫星有效剔除，从而无法有效改善模糊度的固定性能。基于本书提出的结合高度角信息以及后验残差信息剔除低质量卫星的方法，能够在复杂外界环境下改善基于高度角信息的部分模糊度固定性能，提高模糊度固定的可靠性。

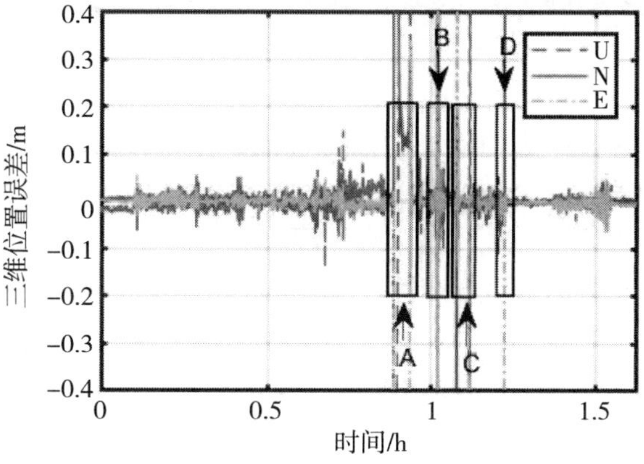

图 6-38　FAR 方案位置误差

6.4.2　动态中短基线算例

为了进一步验证本章所提出的单频 GNSS/INS 紧组合方法的性能，本小节使用一组 GPS/GLONASS/BDS 动态中短基线数据进行分析，使用 IE 紧组合联合平滑结果作为参考值。本组数据的实验环境如图 6-40 所示。

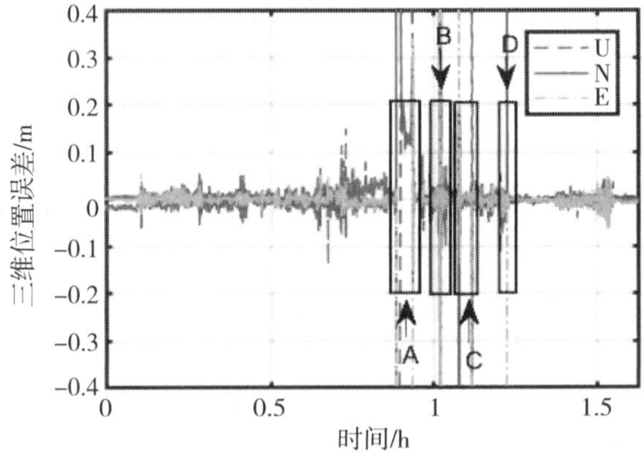

图 6-39　PAR1 方案位置误差

图 6-40　动态测区环境与轨迹

为了进一步分析本书算法的模糊度固定性能，本节使用一组基线长约在 20km 范围内的动态基线进行数据解算分析。将 Novatel ProPak6 接收机搭载在移动测量车上进行 GPS/GLONASS/BDS 三系统数据采集，测区环境相对开阔，但测区也存在高大建筑物以及高架桥等场景，使卫星信号受到干扰。基准站同样使用 Novatel ProPak6 接收机进行数据采集，基准站架设在楼顶，观测环境相对开阔无遮挡。数据采样频率为 20Hz，数据采集时长约 2. 8h。图 6-40 显示测区环境以及运动轨迹。

图 6-41 表示数据采集时段各个系统以及三系统的卫星数目。从图 6-41 可以看出，整个数据采集时段大部分时间三系统的卫星数目充足，能够保持在 15 颗以上，但也出现了部分时刻卫星数目较少的情况，主要是由于存在高大建筑物遮挡以及穿过高架桥等情况。对于单 GPS，整个数据采集时段绝大多数时间卫星数目大于 5 颗，对于单 GLONASS，在整个测区可视卫星较少，出现较长时间卫星数目小于 5 颗的情况。相比于其他两个系统，BDS 卫星数目较多，大部分时间卫星数目多于 7 颗。

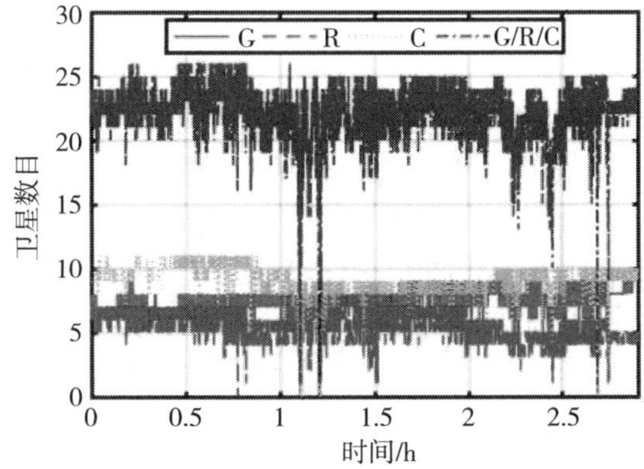

图 6-41 可视卫星数目

图 6-42 表示整个测试时段载体 N、E 和 U 方向的速度。由于本组数据采集环境是城市，整个测试时段载体很少出现像载体速度剧烈变化的情况。图 6-43 表示整个测试时段载体的横滚角、俯仰角和航向角变化，为了直观表达，将航向角转换为 0°~360°范围。分析图 6-43 可以得出，整个测试时段载体基本没有大转角变化。

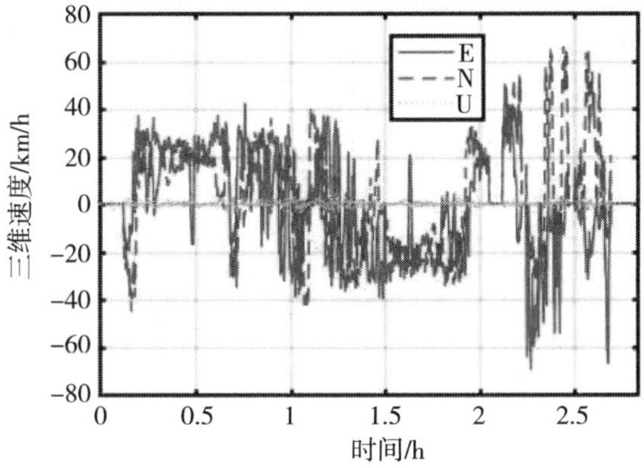

图 6-42 载体三维速度

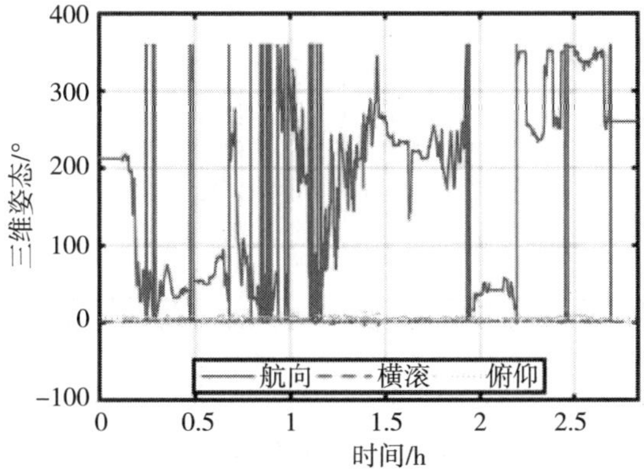

图 6-43 载体姿态

1. 模糊度固定性能

使用本书提出的单频 GNSS(SF)以及 INS 辅助的单频 GNSS(INSSF)方法解算本组数据，以 IE 软件解算的紧组合联合平滑结果作为参考值。图 6-44 表示两种方案解算时使用的卫星数目。图 6-44(a)表示整个数据采集时段两种方法使用的卫星数目，INSSF 方案使用的卫星数目要轻微多于 SF 方案；图 6-44(b)表示图 6-44(a)矩形区域内两种方法的卫星数目，从图 6-44(b)可以看出，使用 INS 辅助的方法，在该区域内的卫星数目要多于常规 GNSS 方法的卫星数目。图 6-45 表示相应方案的 PDOP。图 6-45(a)表示整个数据采集时段的 PDOP 值，图 6-45(b)表示图 6-45(a)矩形区域内的 PDOP 值。从图 6-45(a)可以看出，除了在卫星信号质量较差的区域之外，两种方法的 PDOP 值基本相同。从图 6-45(b)可以看出，在标记区域内，INS 辅助方法的 PDOP 值要优于传统 SF 方法的 PDOP 值。

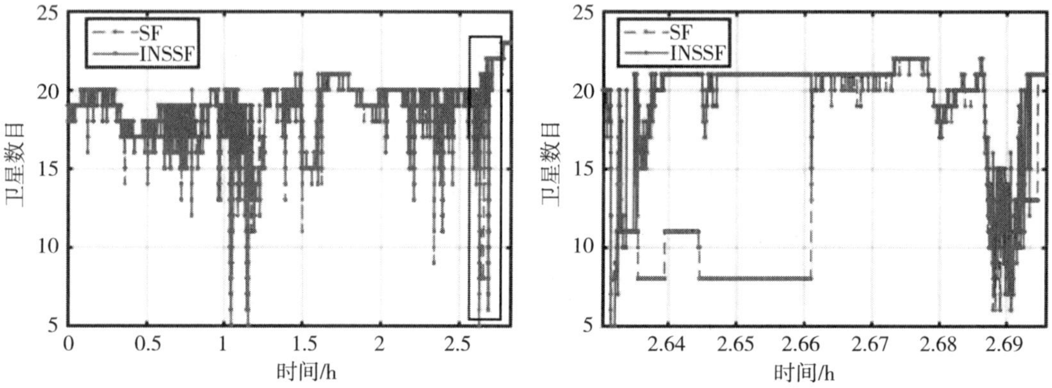

(a)整体卫星数目　　(b)局部卫星数目

图 6-44　不同方案使用的卫星数目

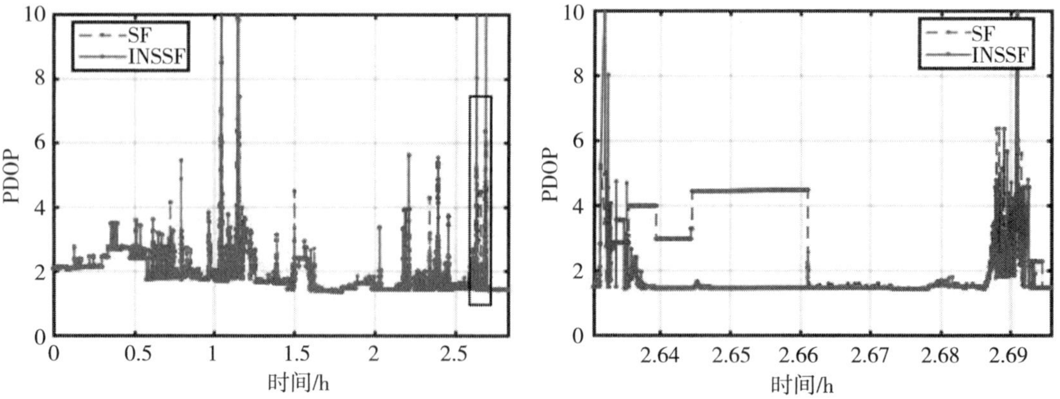

(a)整体 PDOP　　(b)局部 PDOP

图 6-45　不同方案的 PDOP

图 6-46 表示图 6-44(a)和图 6-45(a)标记区域的实际外界环境。从图 6-46 可以看出，该区域存在高架桥以及高大的门廊等遮挡环境。在该时段卫星信号受到遮挡较为严重，导致卫星信号质量下降，甚至在某些时段卫星信号完全失锁。因此，在该遮挡区域内，由于 GNSS 信号质量降低，仅仅使用 GNSS 信号导致模糊度无法有效固定，从而导致可用的卫星数目降低。基于 INS 辅助的方法，由于高精度的估计信息，能够增强法方程系数矩阵的强度，一定程度地改善 GNSS 模糊度的固定性能。

(a)高架桥

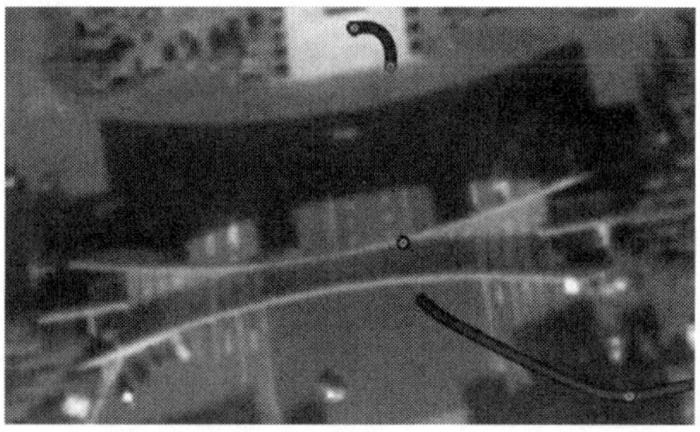

(b)门廊

图 6-46　GNSS 衰减区域外界环境

表 6-12 表示 SF 和 INSSF 方案的性能统计。使用固定的历元数目与总的历元数目的比值作为经验模糊度固定率。从表 6-12 中可以看出，本组数据 SF 方案的模糊度固定率为 99.59%，而基于 INS 辅助的 INSSF 方案能够改善模糊度的固定性能，模糊度固定率提高到了 99.70%。整个时段的 SF 方案的平均使用卫星数目为 18.73 颗，平均 PDOP 值为 1.91。整个时段 INSSF 方案的平均卫星数目和平均 PDOP 值分别为 18.85 颗和 1.88。因此，基于 INS 辅助的方案能够一定程度地改善单一 GNSS 方案的模糊度固定性能。

表 6-12　**不同方案性能统计**

	固定率	平均卫星数目/颗	PDOP
SF	99.59%	18.73	1.91
INSSF	99.70%	18.85	1.88

图 6-47 和图 6-48 分别表示 SF 方案和 INSSF 方案 N、E 和 U 方向的位置误差。从图中可以看出，两种方案的水平方向的位置误差绝大多数时间能够保持在 5cm 以内，垂直方向位置稍差。图中存在两处定位误差较差的时段，以矩形框 A 和 B 表示。A 时段由于人为进行信号干扰，导致卫星信号质量降低，两种方法都不能可靠地固定模糊度，使得定位结果出现较大误差。B 时段为图 6-46 表示的 GNSS 衰减区域，在该时段由于载体连续、长时间处于卫星信号遮挡环境下，导致仅仅使用 GNSS 信号无法可靠地固定模糊度，而基于 INS 的辅助方法能够在一定程度上改善模糊度的固定性能，从而提高定位精度。

图 6-49 表示两种方案解算的位置的误差累积分布。从图 6-49 可以看出，INSSF 方案的定位性能要稍优于 SF。SF 方案三维位置误差在 0.05m 之内的累积概率为 71.89%，

INSSF 方案将其提高到 72.49%，SF 方案三维位置误差在 0.1m 之内的累积概率为 95.57%，INSSF 方案将其提高到了 95.90%。INSSF 方案三维位置误差在 0.2m 之内的概率达到了 99.51%，而 SF 方案仅为 98.59%。因此，基于 INS 辅助方案能够改善仅仅使用 GNSS 系统方案的定位性能，提高位置精度。

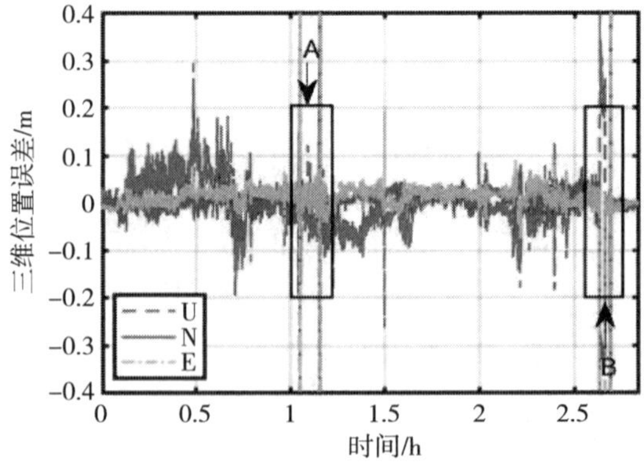

图 6-47　SF 方案位置误差

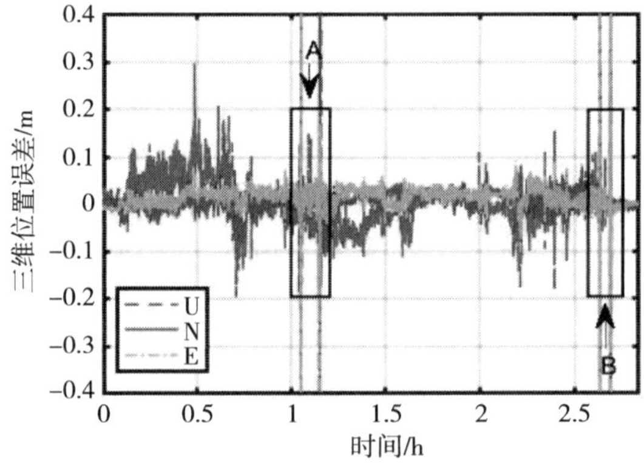

图 6-48　INSSF 方案位置误差

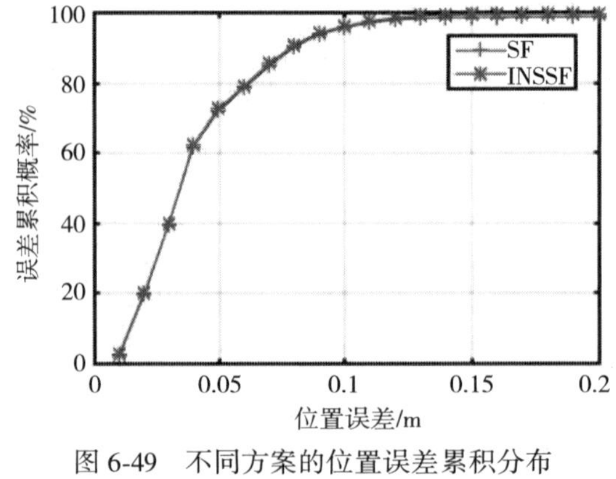

图 6-49　不同方案的位置误差累积分布

2. 单频 GNSS/INS 紧组合性能

基于前文的 SF 方案计算的位置信息结合多普勒测速信息，可以进行单频 GNSS/INS 松组合导航滤波解算。使用前文的 INSSF 方案计算的模糊度信息，可以进行单频 GNSS/INS 紧组合滤波解算。使用 IE 软件解算的紧组合联合平滑结果作为参考值，对 GNSS/INS 松组合和紧组合滤波结果的性能进行分析。

图 6-50 和图 6-51 分别表示单频 GNSS/INS 松组合和单频 GNSS/INS 紧组合结果在首次收敛之后的位置误差。从两图中可以看出，单频 GNSS/INS 松组合与紧组合方法水平方向的位置误差基本在 0.05m 之内，垂直方向位置误差稍大，绝大多数时间也能够保持在 0.1m 之内。本组数据的松组合和紧组合位置结果均存在部分时刻误差较大的情况，在图 6-50 和图 6-51 中以矩形框 A 和 B 标记。标记 A 处为人为的信号干扰环境，由于观测值质量较低，两种方法都存在较大的位置误差。标记 B 处为图 6-50 所示的遮挡环境，由于在该段时间卫星信号受到遮挡，导致观测值质量较低，有时卫星信号完全失锁，导致在该时段 GNSS/INS 松组合方法估计的位置参数性能受到较大的影响。

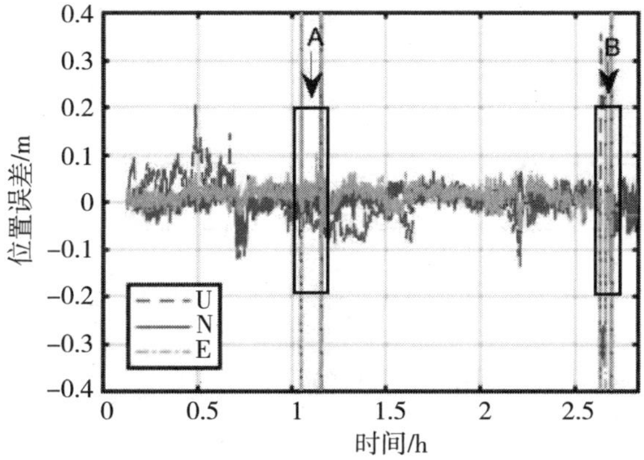

图 6-50　单频 GNSS/INS 松组合位置误差

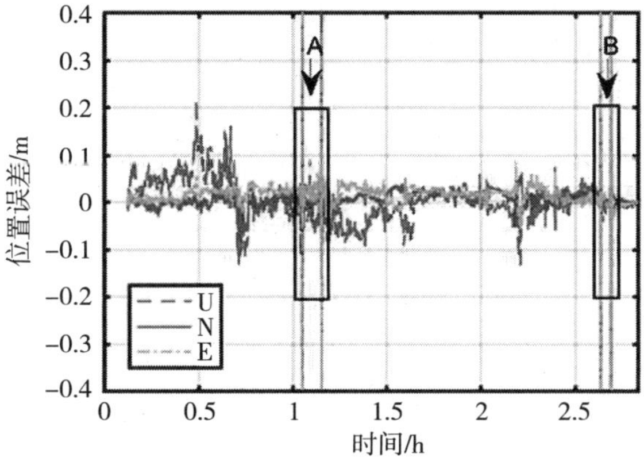

图 6-51　单频 GNSS/INS 紧组合位置误差

图 6-52 表示遮挡区域 B 附近单频 GNSS/INS 松组合和紧组合滤波方法的三维位置误差。从图 6-52 中可以看出，在遮挡较为严重的 B 处，虽然 GNSS/INS 紧组合滤波方法的位置参数精度也受到影响，但与松组合滤波方法相比，紧组合滤波方法能够比较快速地获得厘米级的位置精度，极大地改善了位置估计性能。

图 6-53 表示单频 GNSS/INS 松组合和紧组合三维位置误差的累积分布。从图 6-53 中可以看出，GNSS/INS 松组合三维位置误差在 0. 05m 之内的概率仅为 66. 39%，GNSS/INS 紧组合三维位置误差在 0. 05m 之内的概率提高为 71. 38%；GNSS/INS 松组合位置误差在 0. 1m 之内的概率为 94. 66%，GNSS/INS 紧组合位置误差在 0. 1m 的概率改善为 95. 21%；GNSS/INS 松组合三维位置误差在 0. 15m 的概率仅为 97. 86%，紧组合三维位置误差在 0. 15m 之内的概率达到了 99. 08%；GNSS/INS 松组合和紧组合三维位置误差在 0. 2m 之内的概率分别达到了 98. 03%和 99. 2%。因此，相比于 GNSS/INS 松组合方法，紧组合方法能够有效改善位置参数的估计精度。

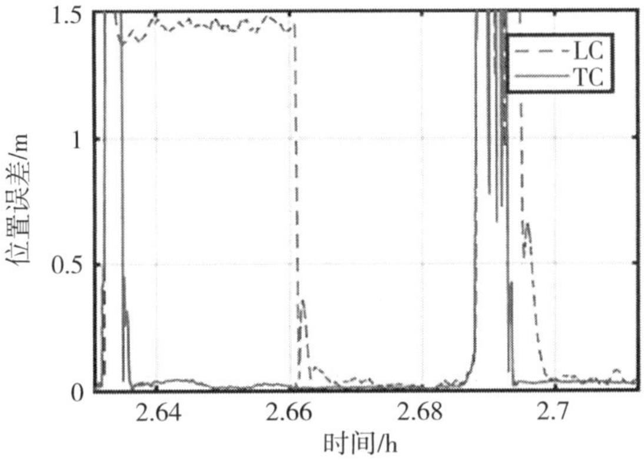

图 6-52　区域 B 的单频 GNSS/INS 松组合和紧组合位置误差

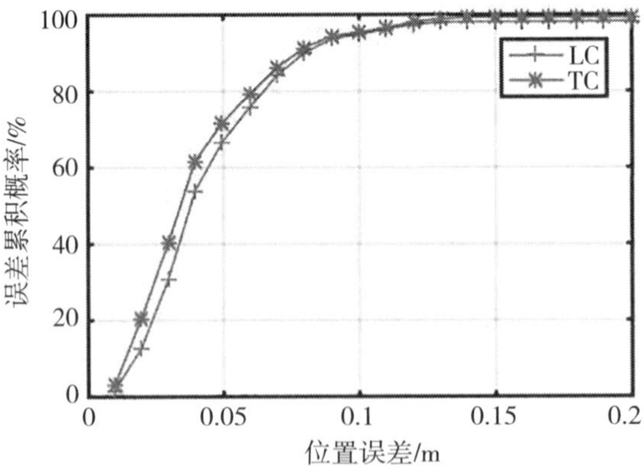

图 6-53　单频 GNSS/INS 松组合和紧组合位置误差累积分布

表 6-13 表示的是单频 GNSS/INS 松组合和紧组合三个方向位置参数的 RMS 和 STD 统计。表 6-13 统计结果使用的是首次收敛后三维位置误差小于 0. 2m 的数据。从表 6-13

可以看出，GNSS/INS 松组合方法 N、E 和 U 方向位置误差的 RMS 分别为 0.0196m、0.0217m 和 0.0408m，GNSS/INS 紧组合方法三个方向位置误差的 RMS 分别为 0.0152m、0.0199m 和 0.0412m。与 GNSS/INS 松组合方法相比，紧组合方法三个方向的位置误差分别改善了 22.45%、8.29%和-0.98%。GNSS/INS 松组合三个方向位置误差的 STD 分别为 0.0192m、0.0186m 和 0.0407m，紧组合三个方向位置误差的 STD 分别为 0.0144m、0.0147m 和 0.0412m。相比于 GNSS/INS 松组合方法，紧组合方法三个方向位置误差的 STD 分别改善了 25.00%、20.97%和-1.23%。相比于 GNSS/INS 松组合方法，紧组合方法在水平方向位置误差得到了有效改善，在垂直方向位置精度轻微变差。这主要是因为在遮挡环境的 A 和 B 的部分区域，虽然紧组合方法依然能够输出位置信息，但是受到外界环境的干扰，观测值的质量受到影响，部分时刻位置估计结果精度不高。

表 6-13 **单频 GNSS/INS 松组合和紧组合位置误差 RMS 和 STD 统计**

组合方式	RMS/m			STD/m		
	N	E	U	N	E	U
LC	0.0196	0.0217	0.0408	0.0192	0.0186	0.0407
TC	0.0152	0.0199	0.0412	0.0144	0.0147	0.0412

图 6-54 和图 6-55 分别表示单频 GNSS/INS 松组合和 GNSS/INS 紧组合首次收敛后，在 N、E 和 U 方向与参考值之间的速度差值。从图 6-54 和图 6-55 中可以看出，两种组合方法三个方向的速度误差基本在 0.05m/s 之内，但是也存在部分时刻出现较大的速度误差，在图中以矩形框 A 和 B 表示。发生较大速度误差的时刻与图 6-50 和图 6-51 出现较大位置误差的时间基本一致。

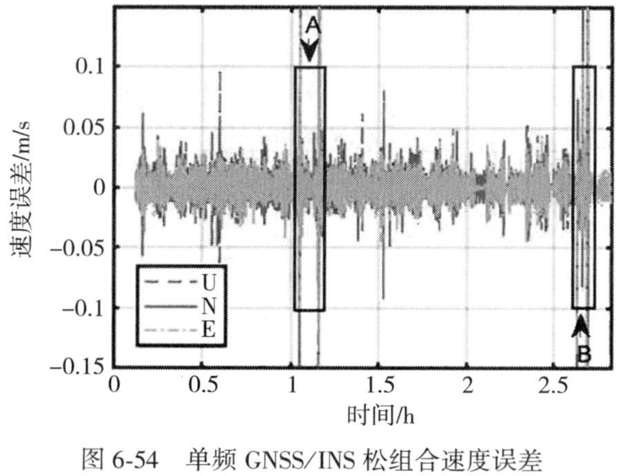

图 6-54 单频 GNSS/INS 松组合速度误差

图 6-56 表示遮挡环境 B 附近，单频 GNSS/INS 松组合和紧组合三维速度误差。从

图 6-56 中可以看出，在遮挡较为严重的 B 时段，GNSS/INS 紧组合方法能够在一定程度上改善松组合方法速度估计的精度。

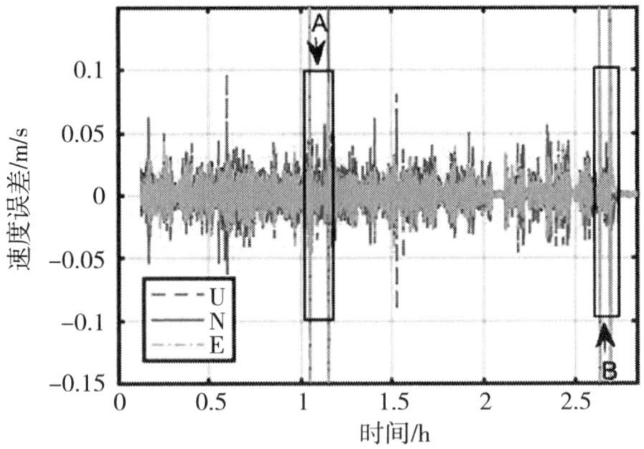

图 6-55　单频 GNSS/INS 紧组合速度误差

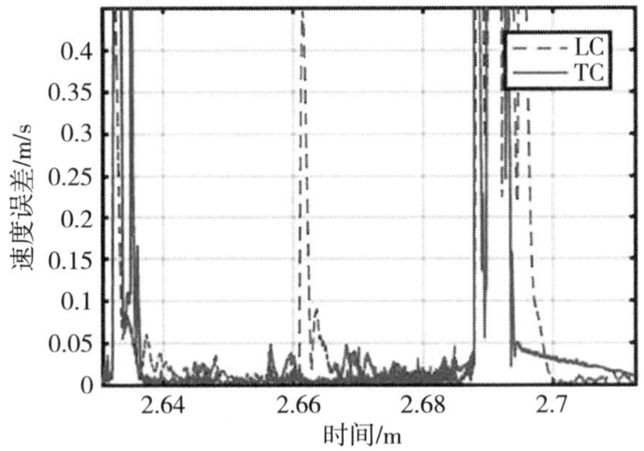

图 6-56　区域 B 的单频 GNSS/INS 松组合和紧组合速度误差

图 6-57 表示单频 GNSS/INS 松组合方法和紧组合方法估计结果的三维速度误差的累积分布。从图 6-57 中可以看出，GNSS/INS 松组合方法三维速度误差在 0. 05m/s 的概率仅仅达到了 98. 86%，而 GNSS/INS 紧组合方法将三维速度误差在 0. 05m/s 的概率提高到了 99. 26%；GNSS/INS 松组合方法三维速度误差在 0. 1m/s 之内的概率仅为 99. 27%，而 GNSS/INS 紧组合方法将三维速度误差在 0. 1m/s 之内的概率提高到了 99. 43%。因此，相比于 GNSS/INS 松组合方法，紧组合方法能够在一定程度上改善速度估计的精度。

表 6-14 表示单频 GNSS/INS 松组合和紧组合速度误差的 RMS 和 STD 性能统计。表 6-14 统计结果使用的是首次收敛后三维速度误差小于 0. 1m/s 的数据。从表 6-14 可以看出，GNSS/INS 松组合方法速度误差的 RMS 在 N、E 和 U 方向分别为 0. 0063m/s、0. 0058m/s 和 0. 0048m/s，GNSS/INS 紧组合方法相应速度误差的 RMS 分别为 0. 0047m/s、0. 0044m/s

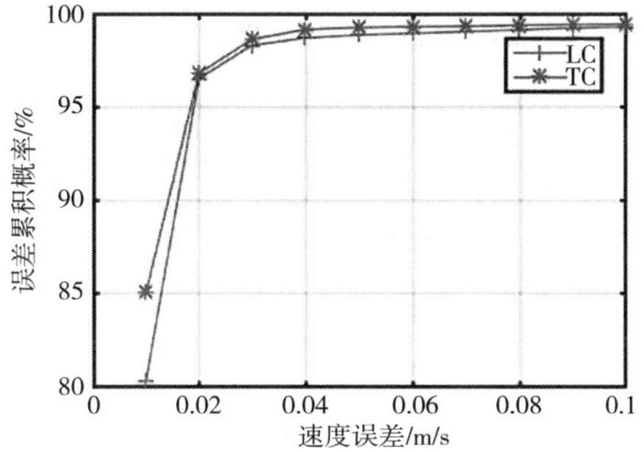

图 6-57 单频 GNSS/INS 松组合和紧组合速度误差累积分布

和 0.0056m/s。速度误差的 STD 与 RMS 基本一致。与 GNSS/INS 松组合方法相比，紧组合方法速度误差的 RMS 在三个方向分别改善了 25.40%、24.14%和−16.67%。从分析结果可以看出，GNSS/INS 紧组合方法与松组合方法相比，在水平方向得到了极大改善，但是在垂直方向精度稍差。这也主要是因为在遮挡环境下，GNSS/INS 虽然仍然能输出速度信息，但是由于观测值质量较低，速度估计结果将受到影响。

表 6-14 **单频 GNSS/INS 松组合和紧组合速度误差 RMS 和 STD 统计**

组合方式	RMS(m/s)			STD(m/s)		
	N	E	U	N	E	U
LC	0.0063	0.0058	0.0048	0.0063	0.0057	0.0048
TC	0.0047	0.0044	0.0056	0.0047	0.0044	0.0056

图 6-58 和图 6-59 分别表示单频 GNSS/INS 松组合和紧组合结果在首次收敛后的姿态误差。如图 6-58 和图 6-59 可以看出，松组合和紧组合方法的横滚角和俯仰角误差基本在 0.2°之内，而航向角精度稍差。对应位置和速度误差可以看出，在位置和速度出现较大误差的矩形框 A 区域，姿态角并没有出现较大误差，而对应矩形框 B 区域，姿态角依然出现了较大误差。

图 6-60 表示遮挡环境 B 附近单频 GNSS/INS 松组合和紧组合三个方向姿态角的和误差。从图 6-60 可以看出，在出现较大误差的矩形框 B 区域，GNSS/INS 紧组合方法相比于松组合方法能够在一定程度上改善姿态估计的精度，并且能够比较快速地收敛到理想精度。由于最后一段较长时间处在高大门廊的遮挡环境下，姿态精度受到影响，航向角没有充分时间收敛到理想精度。

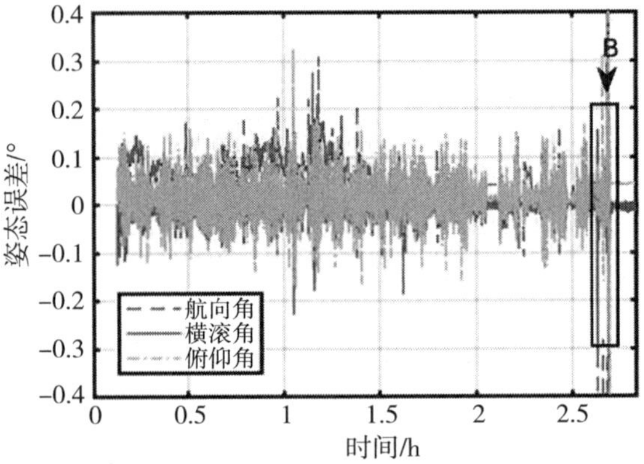

图 6-58　单频 GNSS/INS 松组合姿态误差

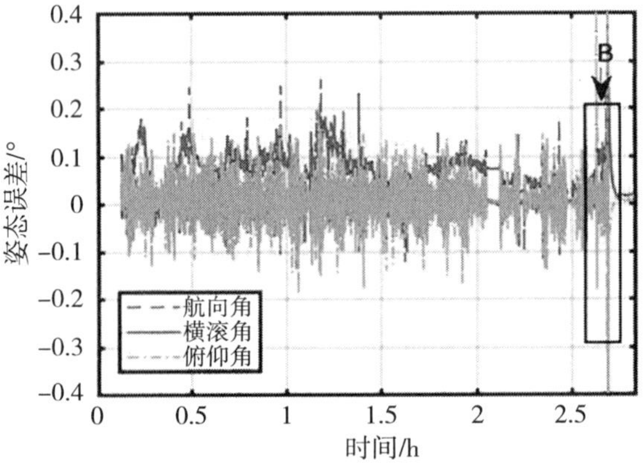

图 6-59　单频 GNSS/INS 紧组合姿态误差

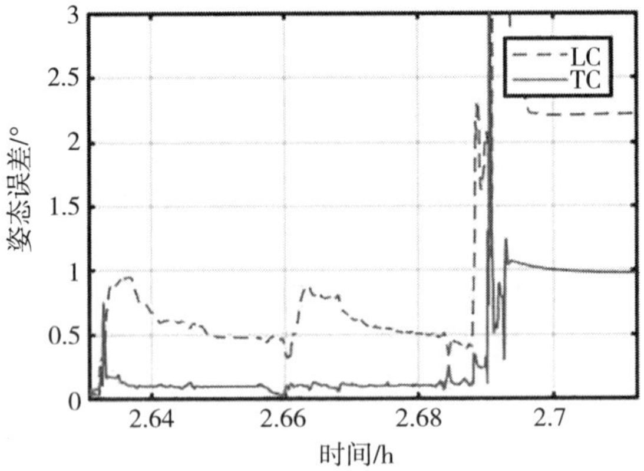

图 6-60　区域 B 的单频 GNSS/INS 紧组合姿态误差

图 6-61 表示单频 GNSS/INS 松组合和紧组合姿态误差的累积分布。从图 6-61 中可以看出，对于姿态误差在 0. 1°之内的分布，松组合方法要优于紧组合方法。GNSS/INS 松组合方法姿态误差在 0. 1°之内的概率为 80. 85%，而相应 GNSS/INS 紧组合方法估计

结果的概率仅为77.7%。当姿态累积误差达到0.14°时，紧组合方法估计结果的累积概率要优于松组合方法估计结果的累积概率，误差累积概率分别为90.80%和90.18%；当姿态误差累积分布达到0.2°时，GNSS/INS松组合和紧组合方法估计姿态误差概率分别为92.23%和94.46%。通过后续章节的分析可以得出，由于GNSS/INS紧组合方法估计的航向角误差与参考值之间存在着较大的系统偏差，从而导致姿态误差累积分布初期概率较低。

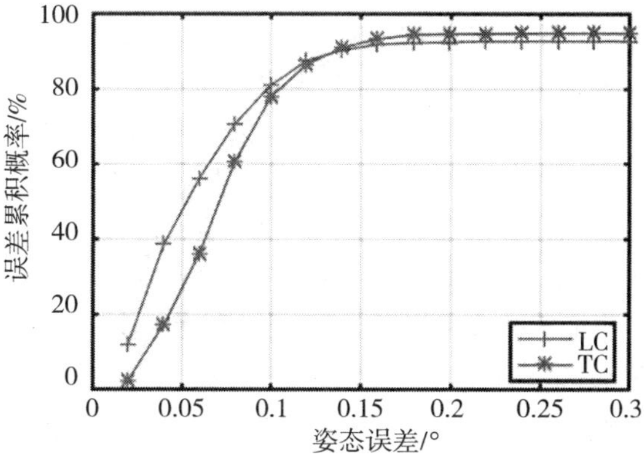

图6-61 单频GNSS/INS松组合和紧组合姿态误差累积分布

表6-15表示单频GNSS/INS松组合和紧组合姿态误差的RMS和STD性能统计。表6-15统计结果使用的是首次收敛后姿态误差小于0.3°的数据。从表6-15中可以看出，GNSS/INS松组合方法的横滚角、俯仰角和航向角误差的RMS分别为0.0139°、0.0209°和0.0620°，紧组合方法相应姿态误差的RMS分别为0.0114°、0.0170°和0.0771°。相比于GNSS/INS松组合结果，GNSS/INS紧组合姿态误差的RMS分别提高了17.99%、18.66%和-24.35%。GNSS/INS松组合方法的横滚角、俯仰角和航向角误差的STD分别为0.0133°、0.0167°和0.0414°，紧组合方法相应姿态误差的STD分别为0.0113°、0.0162°和0.0378°。相比于GNSS/INS松组合结果，紧组合方法姿态误差的STD分别提高了15.04%、2.99%和8.70%。从分析结果可以看出，相比于GNSS/INS松组合结果，紧组合方法横滚角和俯仰角的RMS得到了有效改善，但是航向角估计精度降低。分析STD结果可以看出，这主要是因为紧组合方法航向角估计结果与参考值间存在着较大的系统偏差。

表6-15 **单频GNSS/INS松组合和紧组合姿态误差RMS和STD统计**

组合方式	RMS/°			STD/°		
	横滚角	俯仰角	航向角	横滚角	俯仰角	航向角
LC	0.0139	0.0209	0.0620	0.0133	0.0167	0.0414
TC	0.0114	0.0170	0.0771	0.0113	0.0162	0.0378

6.5 本章小结

本章重点解决了复杂城市环境中的卫星高精度观测值质量控制的问题，包括周跳的精确探测和模糊度的可靠固定。基于前文构造的 GNSS/INS 组合定位模型，引入惯性信息辅助周跳探测与修复，并提出了 INS 辅助部分模糊度固定技术，解决城市复杂环境中的卫星精密定位难题，工作总结如下：

(1)针对动态环境下单频信号，研究了基于 INS 辅助的两步周跳探测与修复方法。使用实例数据进行周跳模拟分析，实验结果显示：本章提出的基于 INS 辅助的周跳探测与修复方法能够有效地识别并修复周跳，在卫星数目较少的情况依然适用，且当接收到充足的卫星数目时，GNSS 数据缺失时长基本不会对 INS 辅助的周跳探测与修复性能产生影响。

(2)针对动态环境下北斗多频信号，对组合观测值进行优选，提出基于两个惯性辅助的伪距相位组合和一个 GF 组合进行周跳探测与修复方法，推导了惯性辅助周跳探测的估值和标准差。采集强多径环境中的北斗三频数据，实验结果表明：周跳估值得到明显改善，周跳误探概率显著降低，对连续小周跳的探测与修复不受多路径效应残差影响，能够准确探测观测值中仅 1 周的小周跳。

(3)针对动态环境下单频模糊度较难以固定的问题，提出一种 INS 辅助的基于卫星高度角和验后残差相结合的部分模糊度固定方法。使用两组实例数据分析本章节的 INS 辅助部分模糊度固定方法以及单频 GNSS/INS 紧组合方法的参数估计性能，实验结果显示：基于 INS 辅助的模糊度固定方法能够比较有效地改善单纯 GNSS 方法的模糊度固定性能；基于部分模糊固定的方法能够有效改善全模糊度固定方法的性能，尤其是在卫星信号遮挡环境下的改善效果尤为显著；在观测环境良好的情况下，单频 GNSS/INS 组合导航方法可以获得较理想的参数估计精度；在遮挡环境下，单频 GNSS/INS 紧组合方法估计的导航参数精度要稍微优于单频 GNSS/INS 松组合方法估计的导航参数精度。

第 7 章　神经网络辅助 GNSS/INS 系统故障识别与修复

GNSS/INS 组合导航系统存在两类故障：观测值故障和动力学模型故障。复杂城市环境中，车载/机载组合系统穿过隧道、高架桥以及城市峡谷区域时，会导致 GNSS 观测值出现粗差或中断，INS 将很快发散并偏离导航路线。此外，低精度 IMU 自身存在零偏以及随机游走的不稳定性和不确定性，在动态环境下传感器会出现粗差。不同于 GNSS 观测值，这种传感器误差会引发动力学模型误差，导致状态预测值不稳定。

针对这两类故障，合理的滤波故障检测与隔离技术(fault detection and isolation，FDI)是确保系统可靠性的重要手段。组合系统的故障检测一般分为状态残差检测和观测残差检测两种方式，继而发展了自适应 KF 和抗差 KF。然而，松组合导航系统难以区分观测值故障和动力学模型故障，因残差受观测误差和动力学模型误差双重影响，大多数自适应和抗差手段仅能抑制其中一类。因此，有必要对组合导航系统的故障进行识别，并根据故障特性分别进行处理。

本章首先详细阐述了 GNSS/INS 组合方式和模型算法，然后针对复杂环境下 GNSS/MEMS IMU 系统的 FDI 技术的可行性进行了详细讨论。提出了基于马氏距离决策量的导航故障整体检测法，并引入最优径向基函数(Radial Basis Function，RBF)辅助故障识别，有效分离动力学模型误差和观测值粗差，降低故障误警率。通过神经网络的识别，自动选择抗差和自适应因子调节滤波，有效提高系统的导航解精度。此外，当 GNSS 信号完全失锁时，最优 RBF 神经网络还能够约束 INS 的快速发散，短时间内继续输出高精度导航解。

GNSS/INS 组合导航系统的完好性监测(integrity monitoring)是提供高精度导航解的重要保障。组合导航系统的完好性监测方法可采取类似 GNSS 完好性监测 RAIM 方法，其本质是利用假设检验理论对故障进行定位与识别。针对组合导航系统动力学模型故障和观测故障，需先进行检测定位，再判断故障类型。

7.1　导航故障检测与抑制

7.1.1　导航定位故障检测

可靠的 GNSS 观测值是获得 GNSS/INS 组合系统高精度导航解的前提。理想情况下，滤波观测值应该满足高斯分布，其概率密度函数为

$$\rho(y_k)=N(y_k;\ \hat{y}_k^-,\ \boldsymbol{P}_{\hat{y}_k^-})$$
$$=\frac{\exp\left(-\frac{1}{2}(\boldsymbol{y}_k-\hat{\boldsymbol{y}}_k^-)(\boldsymbol{P}_{\hat{y}_k^-})^{-1}(y_k-\hat{y}_k^-)\right)}{\sqrt{(2\pi)^m|\boldsymbol{P}_{\hat{y}_k^-}|}} \tag{7-1}$$

当出现观测值粗差或模型误差时，观测值不再满足上式的高斯分布。因此，可采用假设性检验的方法对其进行判定。χ^2 检测是导航中最常用的故障检测方法，具体分为状态 χ^2 检测和残差 χ^2 检测[128]。

假设动力学模型误差 $\boldsymbol{w}_{k-1}$ 和观测噪声 $\boldsymbol{V}_k$ 均满足高斯分布时，状态 χ^2 检测的故障检验统计量可定义为

$$\gamma_k^a(m)=(\hat{\boldsymbol{x}}_k-\hat{\boldsymbol{x}}_{k,\ k+1})^{\mathrm{T}}(\hat{\boldsymbol{P}}_k^- - \hat{\boldsymbol{P}}_k^+)^{-1}(\hat{\boldsymbol{x}}_k-\hat{\boldsymbol{x}}_{k,\ k+1})\sim\chi_\alpha^2(m) \tag{7-2}$$

式中，m 表示统计量的自由度；χ_α^2 表示检验水平 α 下的阈值。其余变量与第三章中离散卡尔曼滤波中的定义相同。

残差 χ^2 检测的故障检验统计量可定义为

$$\gamma_k^b(m)=\boldsymbol{v}_k^{\mathrm{T}}\boldsymbol{P}_{v_k}^{-1}\boldsymbol{v}_k\sim\chi_\alpha^2(m) \tag{7-3}$$

式中，V_k 表示 k 时刻预测残差；P_{v_k} 表示预测残差的协方差，具体形式为

$$\boldsymbol{v}_k=\boldsymbol{H}\hat{\boldsymbol{x}}_k^- - \boldsymbol{z}_k \tag{7-4}$$

$$\boldsymbol{P}_{v_k}=\boldsymbol{H}_k\hat{\boldsymbol{P}}_k^- H_k^{\mathrm{T}}+\boldsymbol{R}_k \tag{7-5}$$

系统故障的判别准则为

观测信息故障：$\gamma_k^a(m)\geqslant\chi_\alpha^2(\mathrm{m})\quad\gamma_k^b(m)\geqslant\chi_\alpha^2(m)$

观测信息正常：$\gamma_k^a(m)<\chi_\alpha^2(m)\quad\gamma_k^b(m)<\chi_\alpha^2(m)$

状态 χ^2 检测和残差 χ^2 检测均建立在系统状态预测模型可靠的前提下，因此两种检测的有效性取决于状态预测信息的质量。当状态预测信息可靠时，两种检测方法的检测阈值超限时，均能说明该时刻的观测值存在异常；当状态预测信息可靠性不确定时，或者系统预测模型存在较大误差时，检测阈值的超限并不能反映故障来源于动力学模型还是观测量，会造成故障检测的误警告。

马氏距离(mahalanobis distance)是由印度统计学家 P. C. Mahalanobis 提出的，用两组服从同一分布的随机变量之间的协方差距离表示随机变量之间的差异程度。马氏距离不受量纲影响，与原始数据测量单位无关，并且灵敏度高，可以有效排除变量之间的相关性干扰。本书利用马氏距离作为滤波残差的检验统计量来判定组合系统是否发生观测故障。标准 Kalman 滤波中，基于马氏距离的检验统计量可定义为[207]

$$\begin{aligned}\gamma_k=M_k^2&=\left(\sqrt{(\boldsymbol{z}_k-\hat{\boldsymbol{z}}_k^-)^{\mathrm{T}}(\hat{\boldsymbol{P}}_{\hat{z}_k^-})^{-1}(\boldsymbol{z}_k-\hat{\boldsymbol{z}}_k^-)}\right)^2\\&=(\boldsymbol{z}_k-\hat{\boldsymbol{z}}_k^-)^{\mathrm{T}}(\hat{\boldsymbol{P}}_{\hat{z}_k^-})^{-1}(\boldsymbol{z}_k-\hat{\boldsymbol{z}}_k^-)\end{aligned} \tag{7-6}$$

式中，M_k 表示马氏距离；$\hat{z}_k^-$ 表示一步观测预测值向量；$\hat{P}_{\hat{z}_k^-}$ 表示 $\hat{z}_k^-$ 的协方差矩阵，因此有

$$\hat{\boldsymbol{z}}_k^-=\boldsymbol{H}_k\hat{\boldsymbol{x}}_k^- \tag{7-7}$$

$$\hat{\boldsymbol{P}}_{\hat{z}_k^-}^- = \boldsymbol{H}_k \hat{\boldsymbol{P}}_k^- \boldsymbol{H}_k^{\mathrm{T}} + \boldsymbol{R}_k \tag{7-8}$$

当动力学模型误差和观测噪声均满足高斯分布时：

$$\gamma_k \sim \chi_\alpha^2(m) \tag{7-9}$$

在本书中，α 取 1%。当检测量 $\widetilde{\gamma}_k$ 大于$\chi_\alpha^2(m)$ 的时候，可以认为组合系统发生故障。

7.1.2 双调节抗差因子

针对观测粗差，引入抗差因子 λ_k 对观测噪声协方差矩阵 R_k 进行调节，则调整后的观测噪声协方差矩阵可表示为

$$\overline{\boldsymbol{R}}_k = \lambda_k \boldsymbol{R}_k \tag{7-10}$$

统计检验量则变为

$$\overline{\gamma} = \boldsymbol{n}_k^{\mathrm{T}} (\overline{\boldsymbol{P}}_k^-)^{-1} \boldsymbol{n}_k = \boldsymbol{n}_k^{\mathrm{T}} (\boldsymbol{H}_k \boldsymbol{P}_k^- \boldsymbol{H}_k^{\mathrm{T}} + \overline{\boldsymbol{R}}_k)^{-1} \boldsymbol{n}_k = \chi_\alpha \tag{7-11}$$

因此，λ_k 满足：

$$f(\lambda_k) = \boldsymbol{n}_k^{\mathrm{T}} (\boldsymbol{H}_k \boldsymbol{P}_k^- \boldsymbol{H}_k^{\mathrm{T}} + \overline{\boldsymbol{R}}_k)^{-1} \boldsymbol{n}_k - \chi_\alpha = 0 \tag{7-12}$$

上式是关于 λ_k 的非线性方程，因此可采用牛顿法进行迭代求解，省去推导过程，直接给出求解结果[207]：

$$\lambda_k(i+1) = \lambda_k(i) - \frac{f(\lambda_k(i))}{f'(\lambda_k(i))} \tag{7-13}$$

$$\begin{cases} \lambda_k(i) = 1 & i = 0 \\ \lambda_k(i+1) = \lambda_k(i) - \dfrac{\overline{\gamma}_k(i) - \chi_\alpha}{\boldsymbol{n}_k^{\mathrm{T}} (\overline{\boldsymbol{P}}_{\hat{z}_k^-}^-(i))^{-1} \boldsymbol{R}_k (\overline{\boldsymbol{P}}_{\hat{z}_k^-}^-(i))^{-1} \boldsymbol{n}_k} & i \geqslant 1 \end{cases} \tag{7-14}$$

在本章中，α- 分位点的卡方分布是预先给定的。对于 6 个自由度的 5%显著性水平的卡方分布，χ_α 为 7.81。从公式(7-8)可以看出，受影响的观测协方差矩阵会牵连一步预测观测协方差矩阵，因此，为了确保滤波的鲁棒性，可以引入一步预测观测协方差矩阵调节因子：

$$\overline{\boldsymbol{P}}_{\hat{z}_k^-}^- = \kappa_k \boldsymbol{P}_{\hat{z}_k^-} \tag{7-15}$$

κ_k 的取值可以根据检测量大小直接计算：

$$\kappa_k = \begin{cases} 1 & \text{if} \quad \widetilde{\gamma}_k \leqslant \chi_\alpha \\ \dfrac{\widetilde{\gamma}_k}{\chi_\alpha} & \text{else} \end{cases} \tag{7-16}$$

因此，Kalman 滤波增益可改写为

$$\boldsymbol{K}_k = \kappa_k \hat{\boldsymbol{P}}_k^- \boldsymbol{H}_k^{\mathrm{T}} (\boldsymbol{\kappa}_k \boldsymbol{H}_k \hat{P}_k^- \boldsymbol{H}_k^{\mathrm{T}} + \lambda_k \boldsymbol{R}_k)^{-1} \tag{7-17}$$

通过以上两个抗差因子，实际的观测值权重被削弱，动力学模型预测信息的权重被增强，因此，实现了观测粗差的有效抑制。

7.1.3　自适应遗忘因子

复杂环境中，即使 GNSS 观测值可靠且连续，仍需确保动力学模型的可靠性才能保证组合导航解的准确性。然而，建立适用于任何环境中都精确的动力学模型难以实现，尤其对低精度 MEMS IMU 而言，不可测的外部干扰和载体的瞬时高动态将导致随机模型失效，进而影响状态预测值和协方差。因此，本节引入协方差自适应 Kalman 滤波，以调整动力学模型故障时的预测状态协方差。

常见的自适应 Kalman 滤波可表示为

$$\boldsymbol{P}_k^- = (\boldsymbol{\Phi}_{k,\ k-1}\boldsymbol{P}_{k-1}^+\boldsymbol{\Phi}_{k,\ k-1}^{\mathrm{T}} + \boldsymbol{Q}_{k-1})/\alpha_k \tag{7-18}$$

式中，α_k 是 k 历元的自适应调节因子，当动力学模型故障时，α_k 的取值应该小于 1，以减少预测值在滤波中的贡献。

采用类似遗忘因子的自适应滤波方法[208]，在顾及滤波器的最佳性前提下，当发生模型误差时，可以确保滤波的收敛性。自适应遗忘因子可表示为

$$\alpha_k = \frac{1}{\lambda_k} = \frac{1}{\max\left\{1,\ \dfrac{\mathrm{tr}[\boldsymbol{N}_k]}{\mathrm{tr}[\boldsymbol{M}_k]}\right\}} \tag{7-19}$$

式中，tr 表示矩阵的迹。$\boldsymbol{M}_k$ 和 $\boldsymbol{N}_k$ 可由以下方式求出：

$$\boldsymbol{M}_k = \boldsymbol{H}_k\boldsymbol{\Phi}_{\mathrm{k.\,k-1}}\hat{\boldsymbol{P}}_k^-\boldsymbol{\Phi}_{\mathrm{k.\,k-1}}^{\mathrm{T}}\boldsymbol{H}_k^{\mathrm{T}} \tag{7-20}$$

$$\boldsymbol{N}_k = \boldsymbol{C}_{0k} - \boldsymbol{R} - \boldsymbol{H}_k\boldsymbol{Q}_k\boldsymbol{H}_k^{\mathrm{T}} \tag{7-21}$$

$$\boldsymbol{C}_{0k} = \begin{cases} \dfrac{\boldsymbol{\lambda}_k\bar{\boldsymbol{v}}_k\bar{\boldsymbol{v}}_k^{\mathrm{T}}}{1+\boldsymbol{\lambda}_k},\ k > 1 \\[2ex] \dfrac{1}{2}\bar{\boldsymbol{v}}_0\bar{\boldsymbol{v}}_0^{\mathrm{T}},\ k = 1 \end{cases} \tag{7-22}$$

式中，$\bar{\boldsymbol{v}}_k = \boldsymbol{Z}_k - \boldsymbol{H}_k\hat{\boldsymbol{X}}_k^-$ 表示观测残差向量。

通过这种方式降低了历史状态信息的利用率，同时增大该时刻量测信息的权重，进而减少了动力学模型故障带来的影响。

7.2　最优 RBF 辅助故障识别

RBF 神经网络属于前向神经网络类型，相比其他类型的神经网络，具有较快的收敛速度和优秀的非线性函数逼近能力，多用于非线性函数逼近、模式识别、时序分析和故障诊断等方面。

RBF 神经网络与多层前向网络类似，分为三层结构：第一层为输入层，由输入数据集合组成；第二层为隐藏层，隐藏层中包含神经元，即对中心点径向对称且衰减的非负非线性径向基函数，隐藏层的节点个数(神经元个数)视具体问题而定；第三层为输出层，它由隐藏层进行具有权值的线性变换得到[209,210]。RBF 神经网络反映了两个集合 $\mathbb{R}^r \rightarrow \mathbb{R}^s$ 的映射关系，如图 7-1 所示，描述了 RBF 神经网络的基本结构。

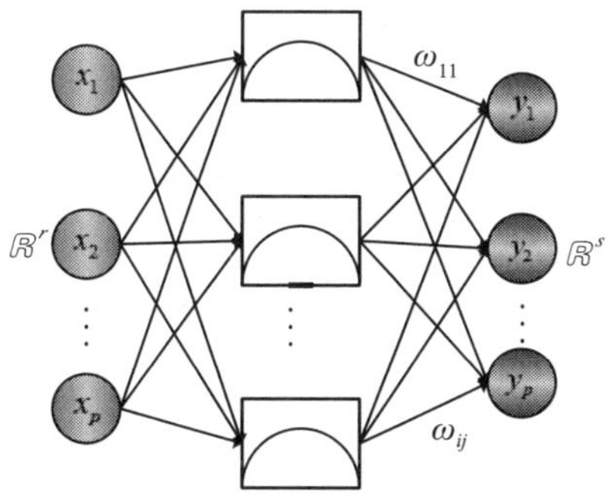

图 7-1 RBF 神经网络结构

7.2.1 径向基函数

RBF 神经网络的每一个输入均链接到每个隐藏层的神经元。隐藏层的径向基函数一般采用高斯函数作为激活函数，采用输入模式与中心向量的欧式距离作为函数的自变量。神经元的输入离径向基函数中心越远，神经元的激活程度就越低。径向基函数可定义为如下形式[211]：

$$R(x_p - c_i) = \exp\left(-\frac{1}{2\sigma^2}\| x_p - c_i \|^2\right) \tag{7-23}$$

式中，$\| x_p - c_i \|$ 为欧氏距离的范数；c_i 为高斯函数的中心；σ 为高斯函数的方差。设隐藏层到输出层的连接权值为 ω_{ij}，则由图 7-1 所示的径向神经网络结构的网络输出为

$$y_i = \sum_{i=1}^{h} \omega_{ij}\exp\left(-\frac{1}{2\sigma^2}\| x_p - c_i \|^2\right) \quad j = 1, 2, \cdots, n \tag{7-24}$$

式中，P 为样本总数，$x_p = (x_1^p, x_2^p, \cdots, x_m^p)^{\mathrm{T}}$ 为第 p 个输入样本；c_i 为网络隐藏层节点的中心；ω_{ij} 为隐藏层到输出层的连接权值；$i = 1, 2, \cdots, h$ 为隐藏层节点数；y_i 为与输入样本对应的网络的第 j 个输出节点的实际输出。

设 d 是样本的期望输出值，那么奇函数的方差可表示为

$$\sigma = \frac{1}{P}\sum_{j}^{m} \| d_j - y_i c_i \|^2 \tag{7-25}$$

7.2.2 RBF 学习步骤

RBF 学习算法的具体步骤如下[212]：

第一步：基于 K-均值聚类方法求取基函数中心 c。

(1)网络样本初始化：随机选取 h 个训练样本作为 K-均值聚类方法的聚类中心 $c_i(i = 1, 2, \cdots, h)$。

(2)将选取的训练样本集合按照最近邻法分组：以训练样本均值作为聚类中心 c_i，按照 x_p 与中心为 c_i 之间的欧氏距离将 x_p 分组，分别放入样本的各个聚类集合 $\vartheta_p(p=1,$

2，…，P）中。

(3)重新调整聚类中心：计算各个聚类集合 ϑ_p 中训练样本的平均值，即新的聚类中心 c_i，如果新的聚类中心不再发生变化，则所得到的 c_i 即为 RBF 神经网络最终的基函数中心，否则返回步骤(2)，进行下一轮的中心求解。

第二步：求解方差 σ_i。

以高斯函数为径向基函数的方差 σ_i 可按如下方式求解：

$$\sigma_i = \frac{c_{\max}}{\sqrt{2h}} \quad i = 1, 2, \cdots, h \tag{7-26}$$

式中，$c_{\max}$ 是所选取中心之间的最大距离。

第三步：计算隐藏层和输出层之间的连接权值。

隐藏层至输出层之间的神经元的连接权值可以用最小二乘法直接计算得到，计算方法如下：

$$\omega = \exp\left(\frac{h}{c_{\max}^2} \| x_p - c_i \|^2\right) \quad i = 1, 2, \cdots, h;\ p = 1, 2, \cdots, P \tag{7-27}$$

7.2.3 最优 RBF 辅助故障识别

RBF 神经网络的输入取 k 时刻之前的 N 个历元的陀螺仪输出的三轴旋转角速度观测值和加速度计输出的比力观测值，目标输出取相应的 GPS/BDS 位置差，即

$$\underset{n=1}{\overset{k}{FN_{\text{RBF}}}}\left(\text{str}, \int_{t-1}^{t} f_{ib}^{b}, \int_{t-1}^{t} \omega_{ib}^{b}\right) = \Delta\overline{P} = [\Delta B \quad \Delta L \quad \Delta H]^{\text{T}} \begin{bmatrix} R_M \\ \cos(B) R_N \\ -1 \end{bmatrix} \tag{7-28}$$

式中，str 代表网络结构；f_{ib}^{b} 表示加速度计比力输出；ω_{ib}^{b} 表示陀螺输出的角速率；$\Delta\overline{P}$ 表示导航系下 IMU 位置增量；ΔB，ΔL 和 ΔH 分别表示大地坐标在 k 时间内的坐标差，可以通过差分固定解代替。R_M 表示子午圈曲率半径，R_N 表示卯酉圈曲率半径[36]。

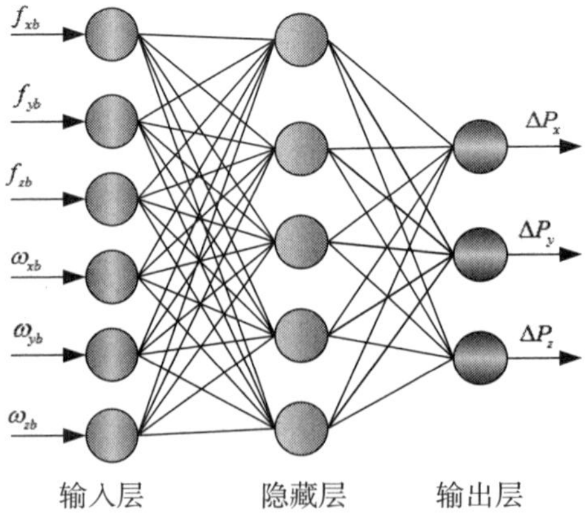

图 7-2 RBF 神经网络输入和输出

图 7-2 描述了 RBF 神经网络训练输入量与预测输出量的关系。在训练阶段，需同时满足差分导航解的可靠性与网络学习设计合理性，神经网络方可实现动力学模型状态的最优估计。因此，预测阶段导航解的可靠性是神经网络获得最优估计的前提。为了实现最优 RBF(optimal RBF)训练结果，本研究提出了提高观测值质量的最优方法。

(1)首先消除 GNSS 观测异常。

残差序列的标准差可由如下公式计算：

$$\delta_{V_{k_i}}^0 = \mathrm{median}\{|\boldsymbol{V}_{ki}|\}/0.6745 \tag{7-29}$$

如果

$$|\boldsymbol{V}_{ki}| > c\delta_{V_{k_i}}^0 \tag{7-30}$$

则需要移除相应的 GNSS 观测值及其残差向量，c 是常值，一般可以设置为 2.0~5.0[213]。

(2)在线调整计算 RBF 神经网络的最优扩展因子。

最优 RBF 预测结果的均方根误差可以写为

$$\mathrm{RMS}_{\mathrm{pre}} = \sqrt{\frac{1}{N}\sum_{k=1}^{N}(\boldsymbol{Z}_{\mathrm{GNSS}} - \boldsymbol{Z}_{\mathrm{pre}})^2} \tag{7-31}$$

式中，Z_{GNSS} 是训练阶段的 GNSS 双差观测值；Z_{pre} 神经网络预测值；N 为历元数。RBF 神经网络按以下方式进行训练：

$$\mathrm{str} = \mathrm{newrbe}\left(\int f_{ib}^b,\ \int \boldsymbol{\omega}_{ib}^b,\ \boldsymbol{Z}_{\mathrm{GNSS}},\ \ \mathrm{s}\right) \tag{7-32}$$

式中，newrbe 代表 RBF 神经网络函数；s 表示网络拓展因子。神经网络的结构一旦确定，RBF 网络的输出预测值可以用公式(6-50)进行描述：

$$Z_{\mathrm{pre}} = F\mathop{N_{\mathrm{RBF}}}_{n=1}^{k}\left(\mathrm{str},\ \int_{t-1}^{t} f_{ib}^b,\ \int_{t-1}^{t}\omega_{ib}^b\right) \tag{7-33}$$

利用最优网络拓展因子可以获得最优的 RBF 预测输出，可以通过式(7-31)~式(7-33)迭代计算获得，令

$$\mathrm{RMS}_{\mathrm{pre}} = \min \tag{7-34}$$

通过对 GNSS 数据和 IMU 数据反复试验尝试，s 的初值可以设置为 0.5，最大值可以设置为 10。

(3)在组合导航过程中，基于滑动窗口法利用消除异常的 GNSS 观测数据和最优扩展因子对 IMU 数据进行在线训练。考虑低成本 IMU 的稳定性随时间变化较大，窗口长度设置为 50s。

通过以上方法对数据和网络的预处理，实现了最优 RBF(ORBF)对 IMU 输入数据的高效、稳健预测。最优 RBF 利用滑动窗口预测得到的位置增量，可以避免粗差或动力学模型误差的影响，因此可用来探测和识别当前故障类型，使组合导航滤波器按照以下阈值自主选择自适应滤波或者抗差滤波：

$|\boldsymbol{Z}_{\mathrm{pre}} - \boldsymbol{Z}_{\mathrm{GNSS}}| \geqslant 3\,\mathrm{RMS}_{\mathrm{pre}}$ →GNSS 观测值故障→双调节抗差因子滤波

$|\boldsymbol{Z}_{\mathrm{pre}} - \boldsymbol{Z}_{\mathrm{GNSS}}| < 3\,\mathrm{RMS}_{\mathrm{pre}}$ →动力学模型故障→自适应遗忘因子滤波

此外，在 GNSS 卫星失锁期间，ORBF 辅助的智能导航系统可以提供位置预测值，

替代 Kalman 滤波提供导航解信息。本章最优 RBF 神经网络辅助 GNSS/INS 故障识别与修复技术路线如图 7-3 所示。

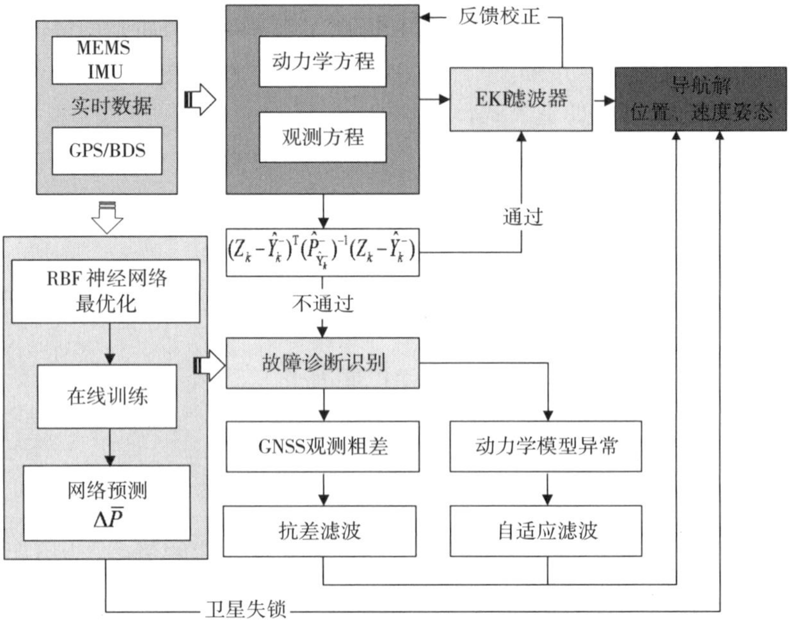

图 7-3　最优 RBF 神经网络辅助 GNSS/INS 故障识别与修复

7.3　实验与分析

7.3.1　实验配置与分析

为了验证本章提出的最优 RBF 辅助 GNSS/INS 组合导航故障诊断技术，利用团队自主研发的 GNSS RTK/MIMU 组合导航系统进行了车载数据采集实验。图 7-4 给出了组合导航系统硬件图，表 7-1 给出了 SCC2230-E02 型 MIMU 的器件参数。

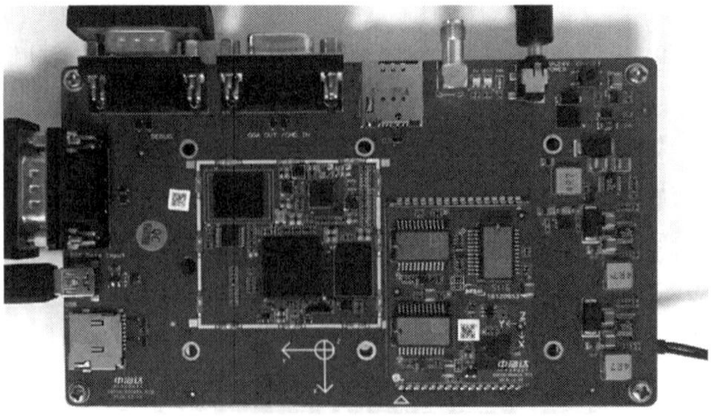

图 7-4　GPS/BDS RTK/MEMS-IMU 组合导航系统

表 7-1 **MEMS 级 IMU 标称参数**

参数	陀螺仪	加速度计
零偏	1deg/s	±16mg
尺度因子	5000ppm	500ppm
随机游走	0.4deg/sqrt(h)	6mg/sqrt(Hz)

基站设置在中国矿业大学环境与测绘学院 6 楼楼顶，视野开阔，无信号遮挡。GNSS RTK/MIMU 组合导航系统和一台诺瓦泰天线作为移动站架安装与实验用车上。实验采集了 GPS/BDS 双频载波相位观测数据，数据采样率为 1s，IMU 数据采样率为 100Hz，利用一台笔记本作为数据采集系统和后处理平台。本车载实验的硬件系统配置如图 7-5 所示。

图 7-5 车载实验硬件系统配置

利用组合导航系统内置磁力计进行姿态初始化，计算得到的 IMU 初始姿态如表 7-2 所示。

表 7-2 **IMU 初始姿态**

姿　态	角　度
航向角	-169.003°
俯仰角	8.278°
横滚角	0.739°

利用 RTK 获得的导航路线如图 7-6 所示。车载系统正式出发之前，先在出发点进行了动态“绕 8 字”对准，不仅增强可观测性，还能确保滤波器快速收敛。

图 7-6　车载实验路线

实验采集了 2017 年 10 月 11 日，GPS 时 290633～293638s 共 3005 s 的 GPS/BDS 双系统观测数据。实验期间，流动站的卫星可见性如图 7-7 所示。期间，共观测到 8 颗 GPS 卫星，6 颗可用的 BDS 卫星。

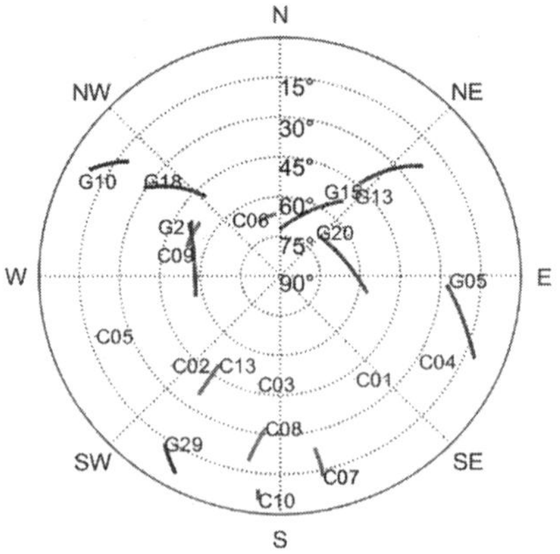

图 7-7　流动站卫星可见性

图 7-8 给出了数据采集期间解算的 GPS/BDS 卫星位置精度因子（Position Dilution of Precision，PDOP）。GPS/BDS 双系统的在实验期间，可用卫星总数超过 15 颗，平均 PDOP 值小于 1.5，证明双系统的可观测性非常好，并无明显卫星遮挡发生，双系

统的 POD 值明显优于单个系统，体现了双系统的融合优势。由于北斗系统的卫星星座配置原因，虽然 BDS 可观测卫星数量不如 GPS 多，但 PDOP 值在某些时段要高于 GPS。

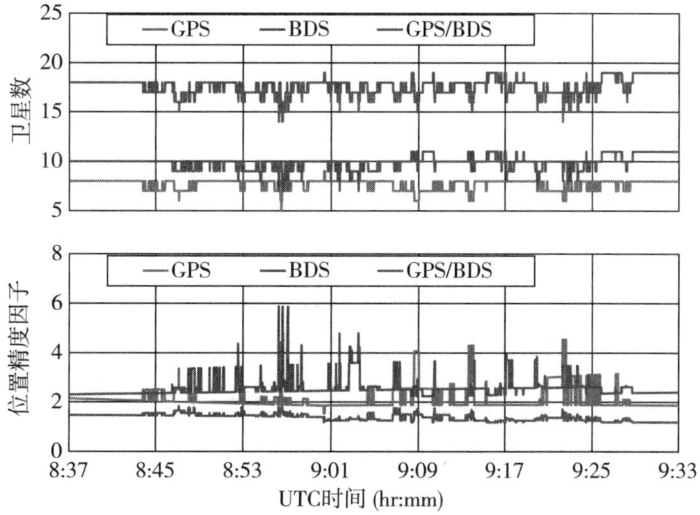

图 7-8 卫星数和位置精度因子

基于扩展卡尔曼滤波建立了 GPS/BDS/INS 松组合导航模型，对实验数据进行滤波解算。图 7-9 给出了解算得到的三轴加速度计和陀螺仪的零偏误差。由图中可以看出，加速度计和陀螺仪的零偏经过初始阶段的动态对准，很快达到稳定收敛，对于低精度 MEMS 而言，估计结果基本符合器件标称值。

7.3.2 最优神经网络训练分析

在 GPS/BDS 信号完全可用的情况下，采用标准 EKF 策略计算 GPS/BDS/INS 组合系统的导航解。同时，将相应的 INS 测量加速度和角速率增量输入 ORBF 神经网络训练进行训练，获得 GPS/BDS 相应的位置增量。

为了验证 ORBF 神经网络的预测能力，在实验路线中选取了两段具有代表性的路段作为两个测试方案进行分析。如图 7-10 所示，图(a)为方案一选取的直线路段，图(b)为方案二选取的弯道路段。由高精度双差载波相位测量得到的两个路段的 GPS/BDS 位置增量图 7-11 所示，以此作为真值与神经网络预测结果进行对比。

方案一：当测量车沿直线路线行驶时，选取 1481~1580s 的导航解结果作为已知真值的实验段，选取 1430~1480s 共 50s 的导航解结果作为神经网络的预测输入，在 1481~1580s 内进行预测输出进行对比。

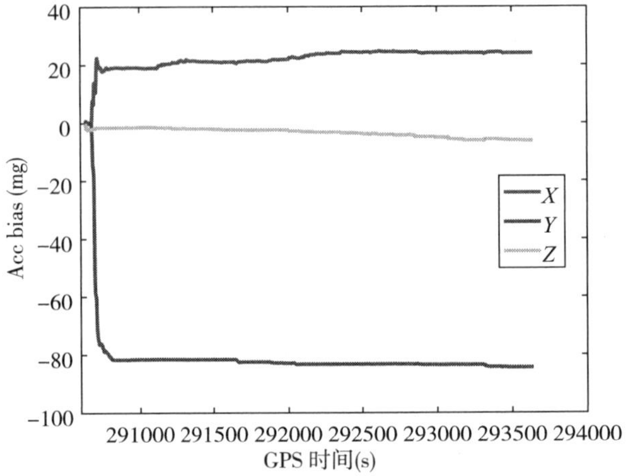

(a)加速度计零偏

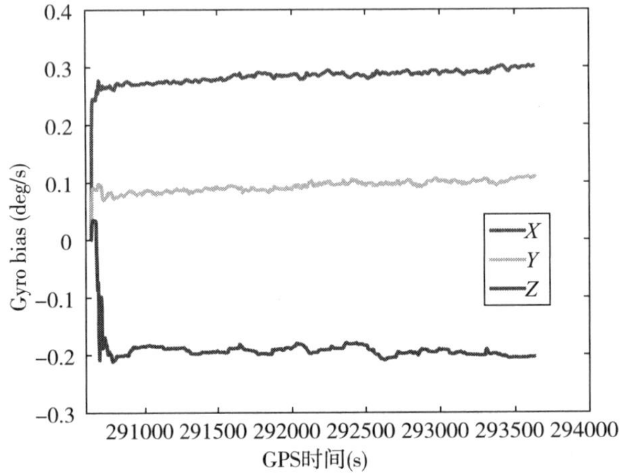

(b)陀螺仪零偏

图 7-9　加速度计零偏和陀螺仪零偏

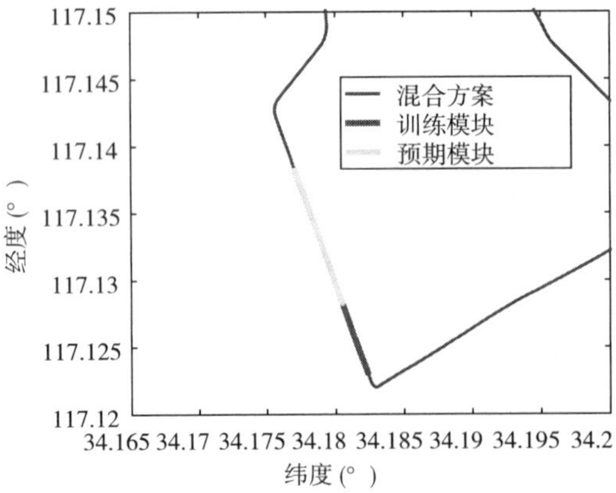

(a)方案一对应的路线

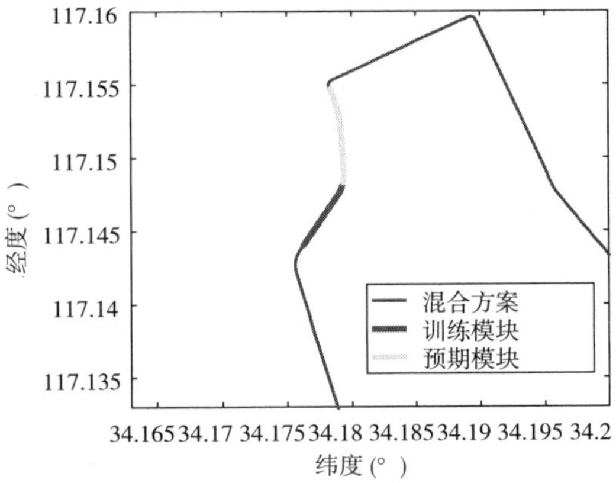

(b)方案二对应的路线

图 7-10　方案一和方案二对应的路线

方案二：当测量车沿弯道路线行驶时，选取 1701～1780s 的导航解结果作为已知真值的实验段，选取 1650～1700s 共 50s 的导航解结果作为神经网络的预测输入，在 1481～1580s 内进行预测输出进行对比。

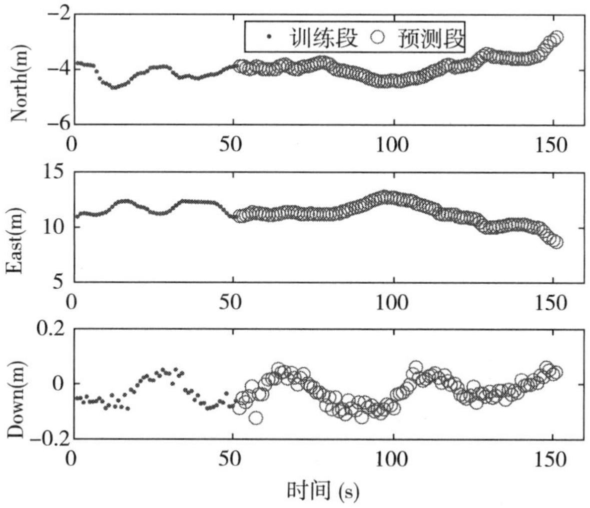

(a)方案一

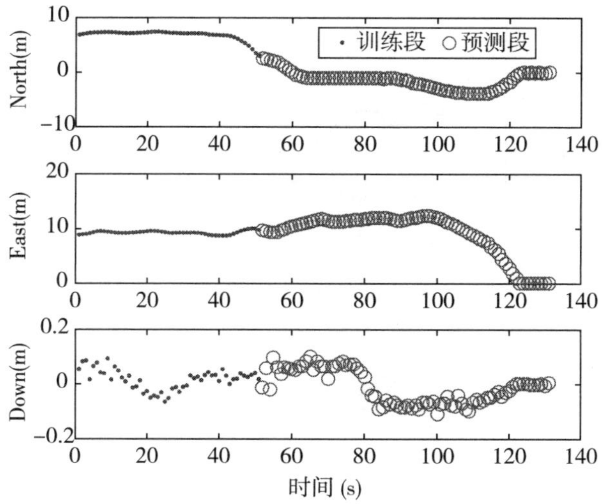

(b)方案二

图 7-11　方案一和方案二的 GPS/BDS 位置增量

实验采用 7.2 节提出的最优策略对 GPS/BDS 观测值进行了预处理，为了节省篇幅，省略这一步的讨论，直接给出解算的适用于本次实验的最优 RBF 神经网络拓展因子为 0.75。最优 RBF 神经网络算法的预测性能如图 7-12 所示。为了进一步说明算法的预测性能，图 7-13 给出了两种方案下的预测误差。表 7-3 给出了两种方案的预测均方根误差和成功率(≤2RMS)。

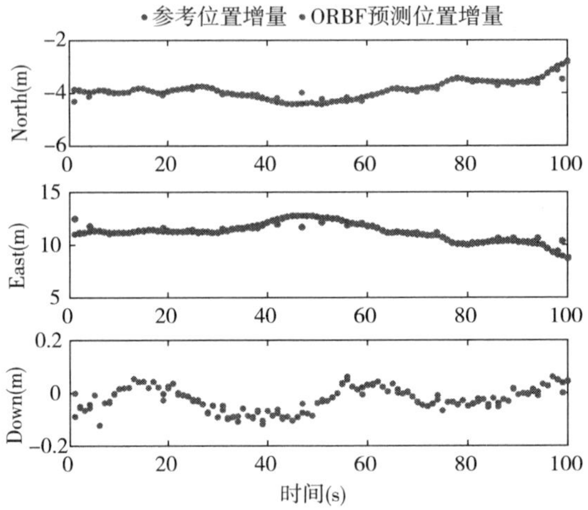

(a)方案一

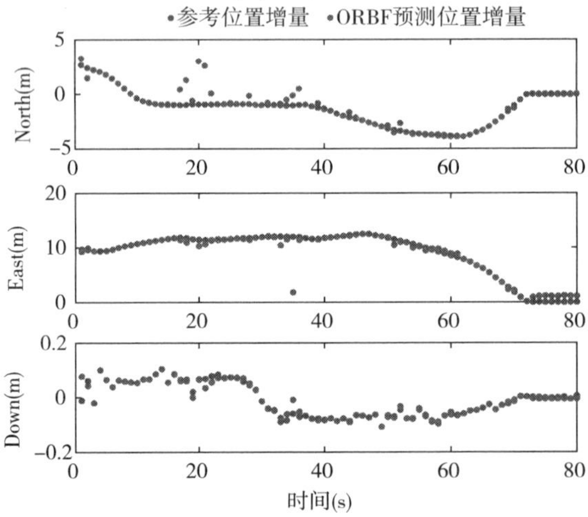

(b)方案二

图 7-12　方案一和方案二的 ORBF 算法预测结果

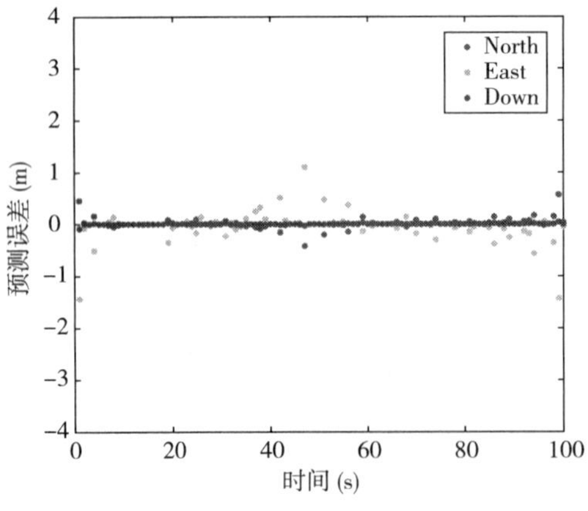

(a)方案一

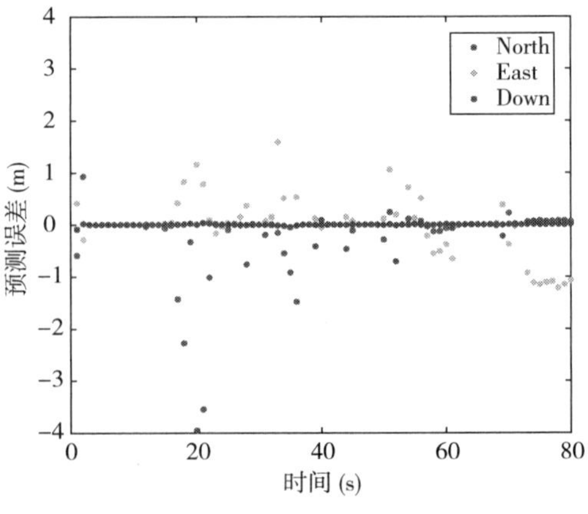

(b)方案二

图 7-13　方案一和方案二的预测误差

表 7-3 方案一和方案二的预测的 RMS 和成功率

	RMS(北)	RMS(东)	RMS(地)	成功率
方案一	0.099m	0.257m	0.012m	97%
方案二	0.733m	0.590m	0.013m	92.5%

由以上结果可以看出，如果剔除个别预测粗差，方案一的预测误差均小于 0.5m，方案二的预测误差均小于 1m。由于路段特征和 IMU 的数据的平滑性，方案一的预测精度要明显高于方案二。方案一中，北方向 RMS 为 0.099m，东方向为 0.257m，地方向为 0.012m；方案二中，北方向 RMS 为 0.733m，东方向为 0.590m，地方向为 0.013m。由此可见，由于 IMU 的 *Z* 轴垂直在车载环境下输出比较稳定，因此地方向的预测精度最高，达到 1cm 左右。

以上结果表明，本书提出的最优 RBF 神经网络算法能够较好地预测 GNSS 位置增量，精度可达亚米级。但由于低成本 IMU 传感器存在的零偏误差不稳定、随机游走误差较大和随机噪声等问题，影响了高动态位置增量预测。利用高精度的 IMU 会获得更好的预测性能。

7.3.3 算法效果分析

以双差载波相位测量值作为真值，得到了基于标准 EKF 的 GPS/BDS/INS 组合导航系统的位置误差，如图 7-14 所示。在完成动态初始对准后，组合导航系统的位置误差在 3cm 以内，理想情况下，可以实现高精度的组合定位。

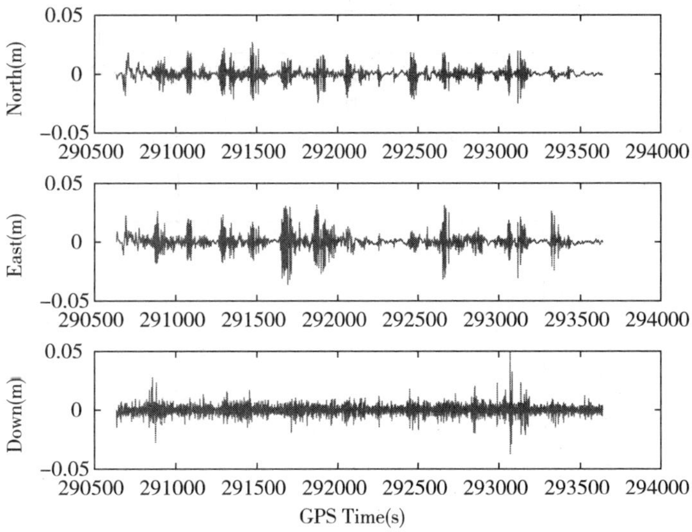

图 7-14 组合导航系统解算的位置误差

为了测试本章提出算法的有效性，模拟了复杂环境下 GNSS 和低精度 IMU 的故障情况：

(1)在实验数据的 600 历元至 1600 历元中，每隔 200 历元分别模拟了 GPS/INS 的 1m，2m，3m，4m，5m，10m 的观测粗差，共 6 个历元。

(2)在实验数据的 1800 历元至 3000 历元中，每隔 200 历元分别模拟了 IMU 的 Z 轴 2. 8g，2. 4g，2g，1. 6g，1. 2g，0. 8g，0. 4g 的粗差，用来仿真动力学模型故障。

利用以下方法分别进行实验对比，验证算法的有效性。

算法一：标准扩展卡尔率滤波(EKF)；

算法二：抗差卡尔率滤波(RKF)；

算法三：自适应卡尔率滤波(AKF)；

算法四：抗差自适应卡尔率滤波(ARKF)；

算法五：最优 RBF 神经网络辅助的抗差自适应卡尔率滤波(RRKF)。

选取高程方向的误差作为对比结果，实验中，神经网络的滑动预测窗口为 50s。图 7-15~图 7-19 给出了 5 种算法解算的高程方向位置误差。

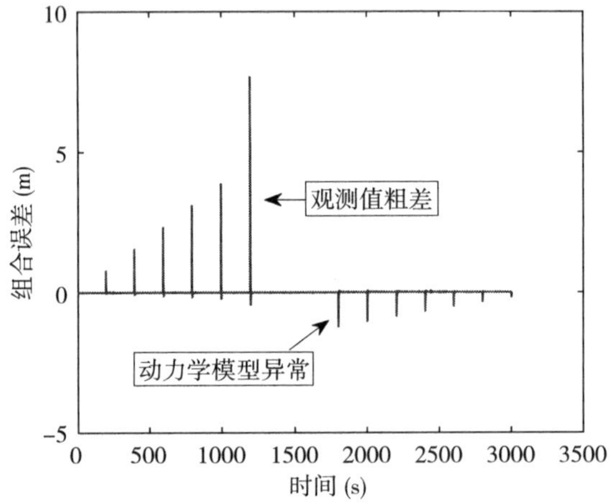

图 7-15　EKF 解算的高程方向位置误差

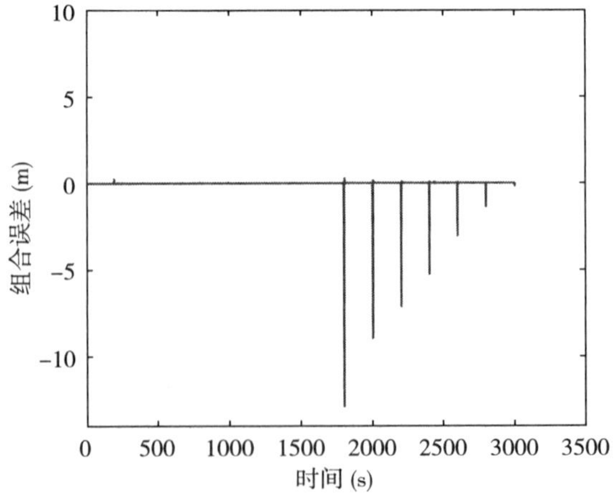

图 7-16　RKF 解算的高程方向位置误差

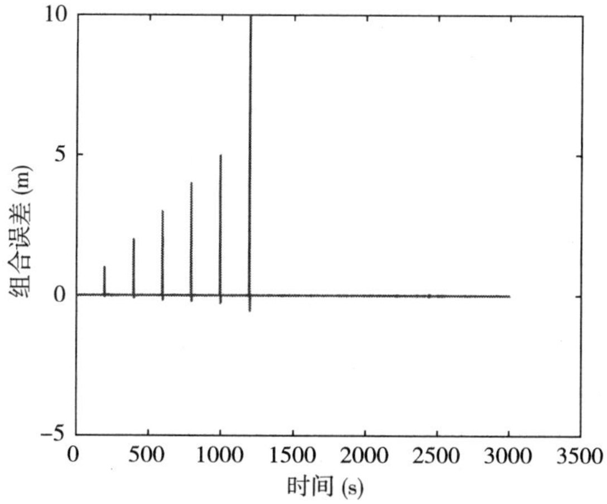

图 7-17 AKF 解算的高程方向位置误差

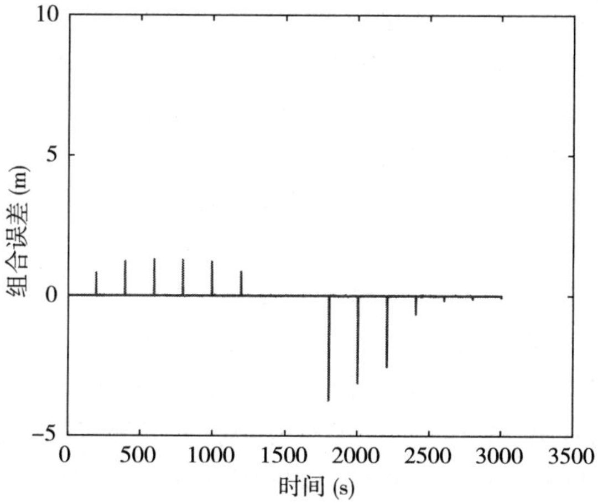

图 7-18 ARKF 解算的高程方向位置误差

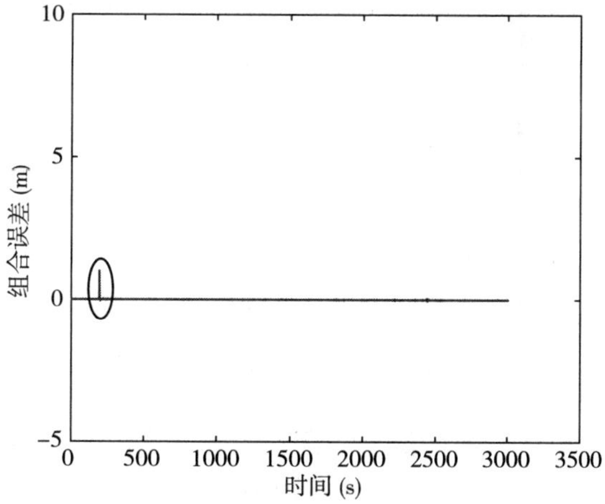

图 7-19 RRKF 解算的高程方向位置误差

通过对比上述算法的高程方向位置误差，可以得出以下结论：

(1)在 EKF 算法(方案一，图 7-15)中，模拟的两种类型故障均能明显反映出来。EKF 算法无法有效处理两种类型的故障。由 GPS/BDS 观测值粗差引起的最大位置误差可达 7.681m，而由动力学模型异常引起的位置误差最大可达-1.247m。

(2)RKF 算法(方案二，图 7-16)能有效抑制 GPS/BDS 观测值粗差，但是无法有效处理动力学模型异常问题。动力学模型异常时，RKF 的算法得到位置误差甚至比 EKF 更大，最大误差到达了 13.762m。相反，AKF 算法(方案三，图 7-17)虽然能够平衡状态预测值与观测值之间的权重，但仍需要以可靠的 GPS/BDS 观测值为前提，因此，AKF 算法仅对动力学模型异常引起的误差起到了很好的削弱作用，但无法处理 GPS/BDS 观测值异常。

(3)对比 ARKF 算法(方案四，图 7-18)与 RKF 和 AKF 结果可知，当同时存在两种类型的故障时，ARKF 算法无法获得可靠的导航结果。因 ARKF 算法在滤波中忽略了两种类型故障的特性差异，将它们统一处理。

(4)以上 5 种算法中，RRKF 算法(方案五，图 7-19)表现出了最好的故障抑制效果，不仅能有效抑制 GPS/BDS 观测值粗差对导航解的影响，而且对于动力学模型故障，也有很好的抑制效果。这表明基于最优 RBF 神经网络辅助的 GPS/BDS/INS 自适应抗差组合导航方法比传统方法更有效。然后，从图 7-19 的标记可以看到，RRKF 的组合导航结果仍然存在异常点。实际上，这是由于神经网络预测能力有限导致的。当观测值中存在较小的故障时，RRKF 算法的故障诊断会由于对小的观测值故障不敏感而产生误判。故需进一步分析 RRKF 算法的“故障判定成功率”。

在原始观测数据中每隔 50 历元模拟 1m 的密集观测值异常(共 25 处)，来分析 RRKF 算法的观测值故障判定成功率。图 7-20 给出了 RRKF 和 EKF 分别处理的高程方向组合误差结果，从结果中可以看出，RRKF出现了2处误判，对于小观测值粗差，最优 RBF 神经网络辅助故障识别算法的有效率约为 92%。观测值粗差越大，成功率则越高。

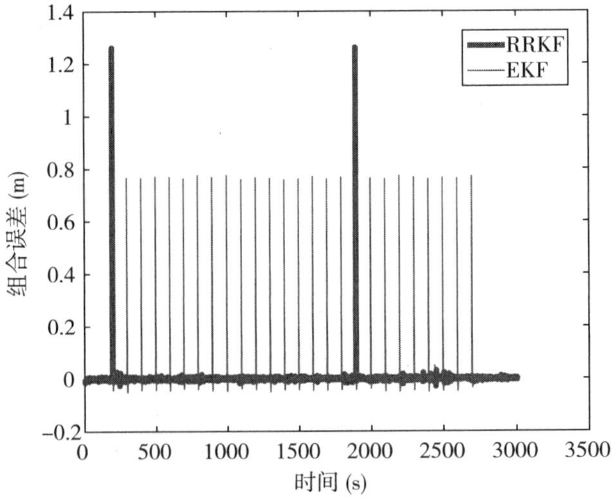

图 7-20　ORBF 辅助探测密集观测值异常

此外，在导航路线中模拟了50s的卫星完全失锁故障，来验证ORBF辅助卫星失锁情况下的定位维持能力。图7-21给出了分别由双差固定解、失锁情况下惯导独立定位和ORBF神经网络辅助惯导定位的三种方案解算的位置结果对比。图7-22给出了失锁后上述三种方案水平位置误差的结果。

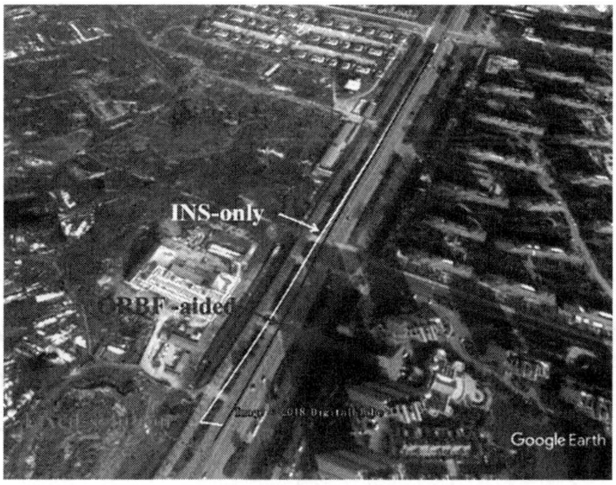

图7-21 GPS/BDS失锁期间三种方案解算的位置结果

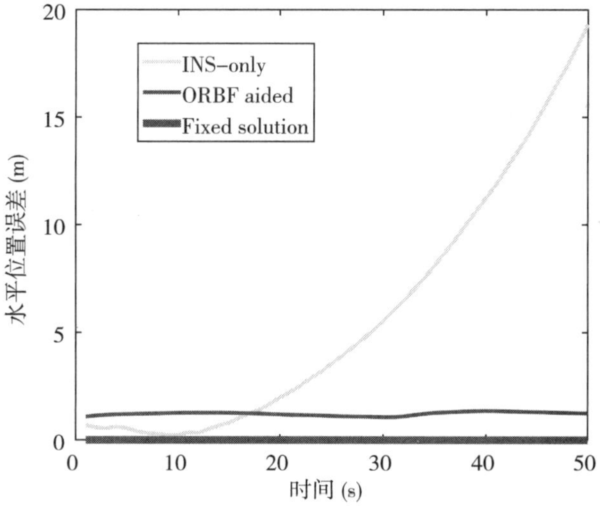

图7-22 GPS/BDS失锁期间三种方法的水平位置误差

ORBF神经网络辅助惯导定位方法能够在卫星失锁情况下获得较为精确的导航解。没有ORBF神经网络辅助的情况下，低精度IMU递推的导航解快速发散，在失锁50s的时候，水平位置误差达到了19.32m。在卫星失锁期间，ORBF神经网络辅助惯导定位方法能够维持1m左右的定位精度。

7.4 本章小结

本章旨在研究卫星惯导组合系统的稳健滤波问题，通过滤波手段消除不同类型的传感器故障。针对组合导航系统存在的两类故障，提出了最优 RBF 神经网络辅助 GNSS/INS 组合导航故障探测与识别技术的方法。工作总结如下：

(1)针对观测粗差和动力学模型异常，在分析当前导航故障检测算法的基础上，引入马氏距离作为组合导航系统整体故障检测量，提出了观测噪声协方差和进一步预测观测协方差双调节抗差因子，解决观测值故障引起的导航解异常，引入了预测状态协方差的自适应遗忘因子，削弱了由动力学模型故障引起的滤波异常。

(2)针对组合系统两类故障难以区分的问题，提出了利用 RBF 神经网络辅助故障识别技术，制定最优 RBF 网络训练模式和学习步骤。通过车载低精度 GPS/BDS/MIMU 组合导航对最优 RBF 神经网络辅助 GNSS/INS 组合导航故障探测与识别技术进行验证。结果表明，该模型能有效分离观测故障和动力学模型故障，减弱观测值粗差和动力学模型误差影响，算法优于目前常用的抗差和自适应算法，能保证导航解精度，提高导航解的可靠性。针对较小的密集 GNSS 观测值粗差，ORBF 识别成功率可达 92%。此外，当 GNSS 信号完全失锁时，最优 RBF 神经网络还能根据 INS 输出预测导航解，短时间内继续提供高精度位置信息。

第 8 章　典型场景应用

8.1　智能车辆精准交通应用

8.1.1　应用场景需求

高精度持续定位是实现智能导航的重要前提，也是保障自动驾驶行车安全的关键技术。在特定环境中 L3 级自动驾驶的实现需依靠车道级定位技术的支持。然而在城市导航中，全球定位系统(global navigation satellite system，GNSS)面临异形建筑群(连体结构、立体枢纽、铁路隧道等)和城市峡谷的综合影响，信号脆弱难以实现全局环境的持续定位。因此，在复杂导航环境中实现高可靠、高精度的持续定位仍然面临着巨大挑战，发展高精度、低成本、高可靠性的定位技术已成为当前车载导航应用的迫切需求。当前，无人机、物联网、自动驾驶等正推动 PNT 应用领域的拓展，小型化的 PNT 集成终端已成必然趋势。某城市路线复杂环境如图 8-1 所示。

图 8-1　某城市路线复杂环境

当前，自动驾驶主流定位技术包含 3 类：以卫星定位 GNSS 为代表的信号定位、惯性导航定位、以摄像头和激光雷达定位为代表的环境特征匹配定位。单一技术方案均无法满足 L3+自动驾驶对定位系统的高精度、高可靠性、高可用性的要求。于是将深度融合摄像头、激光雷达、IMU、GNSS 信号，尤其强化 GNSS 和 IMU 信号的融合，有望构成较为完美的 L3+自动驾驶定位解决方案，有望成为行业发展趋势。

国内自动驾驶领域，小鹏 P7、蔚来 ET7 等多款智能网联车型均搭载了车载组合导航系统，初步实现了 L2+等级的自动驾驶，凭借精度高+多场景适用+可靠性高的优点，成为国内智能网联汽车重要的定位技术。

8.1.2　解决方案

模块化封装的“盒子”式组合导航模组已成为智能车辆精准导航应用的主要形式，可在城市复杂环境中为智能车辆提供高连续、高可靠和高精度的定位信息(一般为车道级或亚米级)，国内厂商目前都以此形式作为研发样板。笔者作为技术骨干联合山东天星北斗信息科技有限公司研发的车载差分 GNSS/INS 松组合定位模块(天枢 P302)已在青岛港、宁波港港区车辆定位改造中成功应用。研发的实时紧耦合、高性价比组合模块天枢 P406M 已进入量产阶段(图 8-2)，满足智慧交通、车路监管、精准农业等行业对北斗精准时空信息的需求。

图 8-2　天枢 P406M 模块

P406M 主要功能有：

(1)集成 GNSS 双频板卡和高精度 MEMS 惯性器件；

(2)配备 4G 通信模块以及高性能的导航定位解算引擎；

(3)内嵌 GNSS/MINS 紧组合的组合算法；

(4)支持北斗三号全球卫星信号；

(5)兼容主流模块，方便用户快速集成标准协议；

(6)满足 NEMA0183 和 RTCM3.2 标准协议多用途；

(7)可实现严重遮挡环境下连续定位，精度可达亚米级。

依托此研究成果申报的《舒行盒子-北斗组合导航高精度定位模块》获得第五届中国“互联网+”大学生创新创业大赛银奖。

8.2　工程机械监管应用

8.2.1　应用场景需求

2020 年，住建部、发改委、科技部等 13 部门联合印发了《关于推动智能建造与建筑工业化协同发展的指导意见》，指出要以大力发展建筑工业化为载体，以数字化、智能化升级为动力，创新突破相关核心技术，加大智能建造在工程建设各环节应用，形成涵盖科研、设计、生产加工、施工装配、运营等全产业链融合一体的智能建造产业体系。

近年来，我国建筑业持续快速发展，产业规模不断扩大。但长期以来，建筑业主要依赖要素投入、大规模投资拉动发展，粗放式、碎片化建设，带来了一系列的问题，如建筑能耗明显高于发达国家，建造返工、窝工比例高达57%，超预算项目比例达72%，超工期项目比例达70%，且安全问题非常突出。究其原因，工业化、信息化程度较低，企业科技研发投入比重不高，建筑业与先进制造技术、信息技术、节能技术融合不够，智能化施工装备能力不强。因此，迫切需要利用北斗、5G、人工智能、物联网等新技术，升级传统建造方式，实现智能数字建造。

施工机械是施工建设中的核心生产力，机械维修保养、租赁费、燃油费管控是降低成本的重要手段。针对上述工程建设施工中存在的问题，迫切需要融合北斗/GNSS、物联网、大数据等前沿技术，通过辅助施工以提升施工机械的工作效率、强化管控和工程数据的精细监测，实现工程机械施工大数据的信息采集、诊断与融合，建立施工机械效能综合评判、状态监测、能耗监测、污染监测等，实现作业过程的客观工时管理、过程管理、提质增效、节能减排，引导项目质量管理由粗放式向规范化、标准化、精细化转变，实现集成管控，从而提升工程质量管理效率和信息化水平。

8.2.2 解决方案

作者团队研发的“工程卫士”是一款针对建筑施工单位和工程机械租赁企业使用的机械管理终端(图8-3)，该终端可以全程判断工程机械状态，进行效率分析，油耗管控，自动生成日、周、月报等功能，使作业透明化、管理信息化，实现降本增效，为工地集群车辆的动态管理提供完整有效的解决方案。

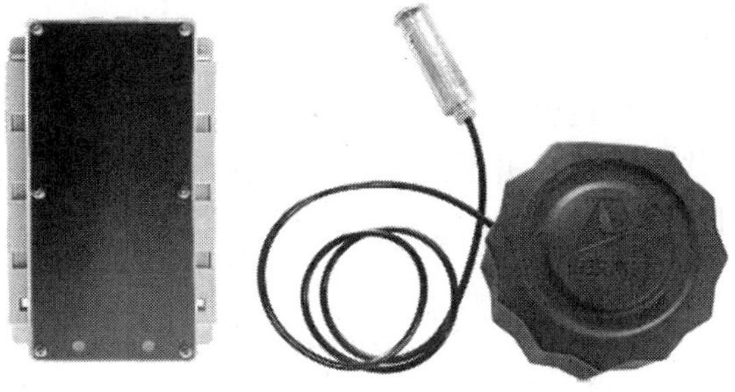

图8-3 “工程卫士”终端

“工程卫士”产品特点：

(1)功耗降低20%~50%，续航能力提升2~5倍。基于4G网络，兼容2G/3G数据，传输更快、功耗更低、覆盖更广。

(2)四系统卫星定位，定位精度高。遭遇暴力拆除，系统会实时发送拆除报警，设备丢失可通过卫星定位和蓝牙准确定位。

(3)IP68防尘防水，品质过硬，安全可靠。包裹式结构设计，进一步提升防水防尘性能，更加适应各种恶劣的工作环境。

(4)支持太阳能供电，无须外接供电。内置防爆电池，容量大，安全系数高，待机时间长，同时支持太阳能供电。

(5)更先进的处理器可以连接更多的传感器。内置 RAM 使存储空间提升了 8 倍，可存储海量数据，固件可升级，同时可扩展性更强。

(6)支持基于惯导实现多项数据精准采集，支持海量数据存储。实时油量监测、油箱盖状态、车辆工作状态、机械车辆姿态等数据精准采集，数据分析。

8.3　农业机械自动化应用

8.3.1　应用场景需求

早在农业部“十二五”规划中已明确提出支持北斗在农业中的应用，要求“积极推动全球卫星定位系统等现代信息技术在现代农业生产的应用，提高现代农业生产设施装备的数字化、智能化水平、发展精准农业”。2021 年，农业农村部、财政部联合印发的农机购置补贴政策中明确指出“推广使用智能终端和应用智能作业模式，深化北斗系统在农业生产中的推广应用”。2021 年 5 月，两部又联合印发了《关于做好 2021 年农业生产发展等项目实施工作的通知》，也明确提出“加大对高端、复式、智能农机产品补贴力度，推广应用北斗导航智能终端”“深化北斗系统在农业系统中的推广应用”“支持安装使用机械作业监测传感器和北斗导航终端的服务主体，集中连片开展农业生产社会化服务”。

北斗在精准农业领域主要有三类规模化应用场景：一是农机自动驾驶应用，提高农机作业精度，实现节本节能增效；二是农机远程运维应用，提升企业服务能力，改进农机产品质量；三是农机大数据应用，掌握农机作业效率，优化农机发展政策。

8.3.2　解决方案

农机自动化属于北斗应用的慢速导航与控制场景。因此，北斗农机自动驾驶系统通常需要融合多源传感器共同完成，并且更关注农机的精准姿态、精准方向数据。其系统组成和各部分功能如图 8-4 所示。

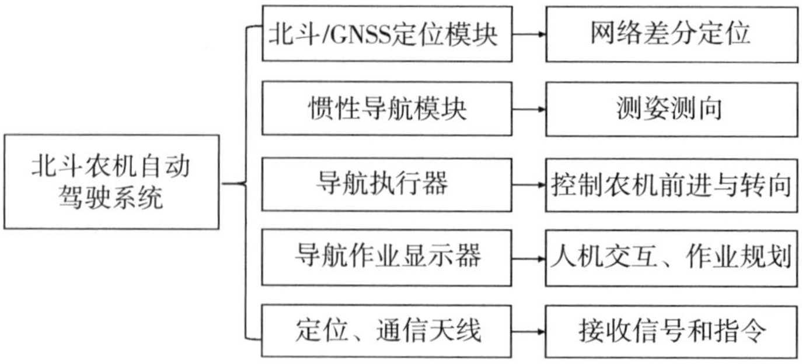

图 8-4　系统组成和各部分功能图

基于北斗精密定位的农机作业系统(图 8-5)应具备的功能有：

(1)农机精准姿态、精准方向数据融合解算与采集功能；

(2)具备发动机启停控制、纵向速度控制、制动控制和传动比控制的自动驾驶和辅助驾驶关键技术；

(3)作业过程规划和精细化管理；

(4)农业数据采集与上传。

图 8-5　农机图

8.4　精准场面监视应用

8.4.1　应用场景需求

近年来，随着我国民用航空、航海产业的快速发展，机场、港口等大型工作区域内飞机、特种作业车辆的数量日益增多，导致了大量的机场、港口满负荷运行(图 8-6)。地面车辆与飞机、车辆与车辆的碰撞冲突时有发生，跑道和作业禁止区入侵事件不断增长，在大雾等恶劣天气情况下更为严重，机场、港口场面安全受到了严重的威胁。

为了保障机场、港口场面的交通安全，提高吞吐率以及改善服务质量，综合运用北斗/GNSS、通信、智能控制、网络平台等多种技术，可以实现如下功能：

(1)采用北斗/GNSS 差分技术实现机场区域厘米级或亚米级高级精确定位。

(2)融合北斗/GNSS/INS 技术可以实现复杂作业区域中车辆的连续精准定位。

(3)基于高精度地图实现车辆在空间内的可视化监控管理。

(4)通过监控场面内车辆的实时运行情况，及时预警，防患于未然；通过车辆轨迹回放，查找风险点；设置电子围栏，超出安全范围主动触发报警。

(5)通过对车辆数据的实时采集和分析，针对性地制定有效措施，促进机场、港口安全管理系统的改善，提高生产运营的有效性和安全性。

图 8-6　某港车辆作业现场

8.4.2 解决方案

以港口作业区为监视区域，以保障作业安全为中心任务的，在作业车辆上安装监视平台系统(图 8-7)。图 8-8 和图 8-9 展示了搭载在车辆上的伪距差分北斗/GNSS/INS/OD 组合定位终端在某港口定位效果，实现了复杂环境中的作业车辆连续精准定位。

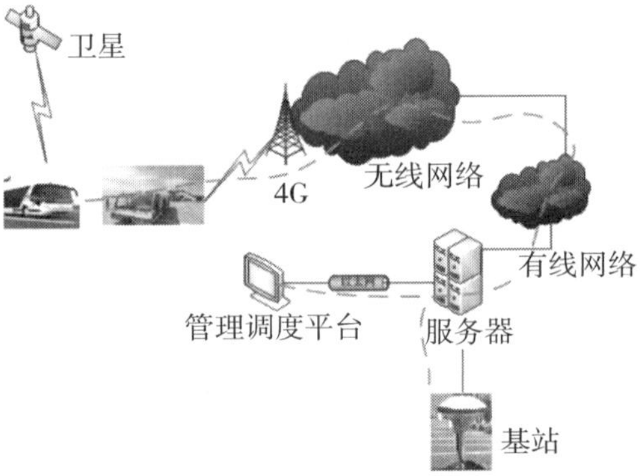

图 8-7　北斗场面监视技术路线

图 8-8　港口作业车辆定位系统安装

图 8-9 港口车辆 GNSS/INS/OD 组合定位效果

该监视系统的优点包括：

(1)全天候工作，不受雨雪风天气的影响，不受多路径效应影响，稳定性更强。

(2)定位精度高，载波相位差分技术(RTK)动态定位精度高，实现车道级管理；实现作业车辆与设备的高精细化管理。

(3)测速精度高，测速精度可达 0.03m/s。

(4)作业车辆与设备，实时展示，实时可控，使调度更加精准完善。

图 8-10 展示了某港口作业车辆定位与视频管控平台，通过北斗高精度位置服务设备对港口内特种车辆、设备实时监控、精准调度，有效提高港口生产经营效率，提高作业设备的运行安全，更好地适应港口业务发展的需要，为港口安全、高效生产的经营提供必要的保障。

图 8-10 港口作业车辆定位与视频管控平台

第9章 总　结

9.1 结　论

本书围绕车载卫星惯导组合系统的关键技术、模型、方法展开了详细的系统性研究，主要包括：捷联惯性导航系统基本原理、高精度SINS快速自对准技术、低成本航姿参考系统快速融合稳健对准、车载GNSS/MIMU组合系统约束定位模型、惯导辅助GNSS高精度定位技术、神经网络辅助GNSS/INS系统故障识别与修复等内容，并结合作者相关的产学研成果论述了典型场景应用，主要工作和结论归纳如下：

(1)系统阐述了SINS的基本原理和数学理论，对INS器件的系统误差和随机误差进行建模和分析。

(2)详细阐述了SINS解析式粗对准技术和基于ZUPT的似静态精对准技术，提出了多位置对准方案，设计了利用比例最小偏度的单行采样简化UKF算法解决大失准角问题。

(3)提出了基于改进的LM算法的磁力计现场快速校正的简化方法，建立了磁力计/IMU抗差快速融合定姿模型来提高AHRS系统的姿态融合精度。

(4)建立了基于位置/速度松耦合和基于载波相位紧耦合的GNSS/INS组合模型，构建了静态/动态零速约束算法、里程计约束模型等多模态车载动力学约束模型，显著提高城市环境下组合系统定位精度。

(5)提出了惯导辅助单频、多频周跳探测技术，建立了惯导辅助部分模糊度固定技术，提高GNSS观测值可用性。

(6)提出了针对组合系统的最优RBF神经网络辅助故障识别技术，有效识别、分离并削弱组合系统中的两类故障，提高组合系统的抗干扰能力

(7)探讨了技术成果在智能车辆精准交通、工程机械监管、农机自动化、精准场面监视四个领域的应用，并给出了代表性的解决方案。

9.2 展　望

惯导/卫星组合导航是大地测量学中研究和应用最广泛的组合导航技术，也是多学科交叉融合的领域。本书虽然针对GNSS/INS组合导航系统初始对准和故障修复等问题做了大量的研究工作，取得了许多研究成果，形成了一些算法模型，并获得了有益的效果，但针对高精度GNSS/INS组合导航技术领域，仍然有许多问题有待进一步研究，具

体包括：

(1)随着在消费领域中低精度、超低成本 MEMS IMU 的迅速普及，其误差特性与传播机制、误差模型与组合算法均与中高精度惯导存在显著差异。书中虽然诸多算例采用了 MEMS IMU，但尚未对适用于超低成本 MEMS IMU 的力学编排和组合滤波方法进行研究。

(2)本书研究主要聚焦于 RTK/INS 组合。随着 PPP-RTK 技术的发展为不依赖于差分基站或网络的高精度定位、车道级导航带来了希望。未来重点研究城市环境下实现 PPP-RTK 技术与 INS 的融合方法，实现高精度、抗干扰、不依赖于差分网络的高精度定位。

参考文献

[1]胡伍生，高成发．GPS 测量原理及其应用[M]．北京：人民交通出版社，2002.

[2]李征航．GPS 测量与数据处理[M]．武汉：武汉大学出版社，2010.

[3]Leick A. GPS satellite surveying[M]. 3rd. New York: John Wiley & Sons, 2004.

[4]Jekeli C. Inertial navigation systems with geodetic applications[M]. Berlin: Walter de Gruyter, 2001.

[5]Farrell J. Aided navigation: GPS with high rate sensors[M]. New York: McGraw-Hill, 2008.

[6]Li X, Ge M, Dai X, et al. Accuracy and reliability of multi-GNSS real-time precise positioning: GPS, GLONASS, BeiDou, and Galileo[J]. Journal of Geodesy, 2015, 89(6): 607-635.

[7]Godha S, Cannon M E. GPS/MEMS INS integrated system for navigation in urban areas[J]. Gps Solutions, 2007, 11(3): 193-203.

[8]邓正隆．惯性导航原理[M]．哈尔滨：哈尔滨工业大学出版社，1994.

[9]刘洁瑜．导弹惯性制导技术[M]．西安：西北工业大学出版社，2010.

[10]毛奔，张晓宇．微惯性系统及应用[M]．哈尔滨：哈尔滨工业大学出版社，2013.

[11]Angermann M, Robertson P, Kemptner T, et al. A high precision reference data set for pedestrian navigation using foot-mounted inertial sensors[C]. 2010 International Conference on Indoor Positioning and Indoor Navigation (IPIN), Zurich, 2010.

[12]Fourati H, Manamanni N, Afilal L, et al. Position estimation approach by Complementary Filter-aided IMU for indoor environment[C]. 2013 European Control Conference (ECC), Zurich, 2013.

[13]Harle R. A survey of indoor inertial positioning systems for pedestrians[J]. IEEE Communications Surveys & Tutorials, 2013, 15(3): 1281-1293.

[14]House S, Connell S, Milligan I, et al. Indoor localization using pedestrian dead reckoning updated with RFID-based fiducials[C]. 2011 Annual International Conference of the IEEE Engineering in Medicine and Biology Society, Boston, MA, 2011.

[15]Wang D, Lv H, Jie W. In-flight initial alignment for small UAV MEMS-based navigation via adaptive unscented Kalman filtering approach[J]. Aerospace Science & Technology, 2017, 61: 73-84.

[16]Roh M S, Kang B S. Dynamic accuracy improvement of a MEMS AHRS for small UAVs[J]. International Journal of Precision Engineering and Manufacturing, 2018, 19(10):

1457-1466.

[17]Niu X, Nassar S, El-Sheimy N. An accurate land-vehicle MEMS IMU/GPS navigation system using 3D auxiliary velocity updates[J]. Navigation, 2007, 54(3): 177-188.

[18]董绪荣. GPS/INS组合导航定位及其应用[M]. 长沙: 国防科技大学出版社, 1998.

[19]汤勇刚, 练军想, 吴文启. 北斗载波相位时间差分/SINS紧组合技术与实验研究[J]. 国防科技大学学报, 2007, 29(2): 19-23.

[20]Han H, Wang J, Wang J. Reliable partial ambiguity resolution for single frequency GPS/BDS and INS integration[J]. GPS Solutions, 2016: 1-14.

[21]Nassar S, Shin E-H, Niu X, et al. Accurate INS/GPS positioning with different inertial systems using various algorithms for bridging GPS outages[J]. Institute of Navigation GNSS, 2005: 13-16.

[22]Han H, Wang J, Wang J, et al. Performanceanalysis on carrier phase-based tightly-coupled GPS/BDS/INS integration in GNSS degraded and denied environments[J]. Sensors, 2015, 15(4): 8685-8711.

[23]Ding W, Wang J, Chris R, et al. Improving Adaptive Kalman Estimation in GPS/INS Integration[J]. Journal of Navigation, 2007, 60(3): 517-529.

[24]Petovello M G. Real-time integration of a tactical-grade IMU and GPS for high-accuracy positioning and navigation [D]. Alberta: The University Of Calgary, 2003.

[25]Angrisano A M, Petovello, Mario V, et al. GNSS/INS integration methods[J]. Calgary: University of Calgary, 2010.

[26]Attitude determination GPS/INS integrated navigation system with FDI algorithm for a UAV[J]. Journal of Mechanical Science and Technology, 2005, 19(8): 1529-1543.

[27]Zhong L, Liu J, Li R, et al. Approach for detecting soft faults in GPS/INS Integrated navigation based on LS-SVM and AIME[J]. Journal of Navigation, 2017, 70(3): 561-579.

[28]Hwang D H, Sang H O, Sang J L, et al. Design of a low-cost attitude determination GPS/INS integrated navigation system[J]. Gps Solutions, 2005, 9(4): 294-311.

[29]Gertler J. Fault detection and isolation using parity relations[J]. Control Engineering Practice, 1997, 5(5): 653-661.

[30]Kim Y, An J, Lee J. Robust navigational system for a transporter using GPS/INS fusion [J]. IEEE Transactions on Industrial Electronics, 2017, 9(13): 1-1.

[31]王坚 张安兵. 卫星定位原理与应用[M]. 北京: 测绘出版社, 2017.

[32]Misra, Pratap. Global positioning system: signals, measurements, and performance[M]. Ganga-Jamuna Press, 2011: 83-105.

[33]高星伟, 过静珺, 程鹏飞, 等. 基于时空系统统一的北斗与GPS融合定位[J]. 测绘学报, 2012, 41(5): 743-748.

[34]杨元喜. 北斗卫星导航系统的进展、贡献与挑战[J]. 测绘学报, 2010, 39(1): 1-6.

[35]杨元喜. 综合PNT体系及其关键技术[J]. 测绘学报, 2016, 45(5): 505-510.

[36]Titterton D, Weston J L. Strapdown inertial navigation technology[M]. IET, 2004.
[37]冯庆奇. 激光陀螺捷联惯性导航系统组合导航及零速修正技术研究[D]. 长沙：国防科学技术大学，2009.
[38]王巍. 惯性技术研究现状及发展趋势[J]. 自动化学报，2013，39(6)：723-729.
[39]Bonnor N. Principles of GNSS, inertial, and multisensor integrated navigation systems-Second EditionPaul D. GrovesArtech House, 2013, 776 pp ISBN-13: 978-1-60807-005-3[J]. Journal of Navigation, 2013, 67(1): 191-192.
[40]Ding W, Wang J, Rizos C, et al. Improving adaptive Kalman estimation in GPS/INS integration[J]. Journal of Navigation, 2007, 60(3): 517-529.
[41]万德钧，房建成. 惯性导航初始对准[M]. 南京：东南大学出版社，1998.
[42]Grewal M S, Henderson V D, Miyasako R S. Application of Kalman filtering to the calibration and alignment of inertial navigation systems[J]. IEEE Transactions on Automatic Control, 1991, 36(1): 3-13.
[43]Jiang Y F, Lin Y P. Error estimation of INS ground alignment through observability analysis[J]. IEEE Transactions on Aerospace and Electronic Systems, 1992, 28(1): 92-97.
[44]Goshen-Meskin D, Bar-Itzhack I Y. Observability analysis of piece-wise constant systems. I. Theory[J]. IEEE Transactions on Aerospace and Electronic Systems, 1992, 28(4): 1056-1067.
[45]Julier S J. Unscented filtering and nonlinear estimation[J]. Proceedings of The IEEE, 2004, 92(3): 401-422.
[46]Hong H S, Lee J G, Park C G. Performance improvement of in-flight alignment for autonomous vehicle under large initial heading error[J]. IEE Proceedings-Radar, Sonar and Navigation, 2004, 151(1): 57-62.
[47]Noureldin A, Shin E H, El-Sheimy N. Improving the performance of alignment processes of inertial measurement units utilizing adaptive pre-filtering methodology[C]//ION 58th Annual Meeting/CIGTF 21st Guidance Test Symposium. 2002: 63-69.
[48]Van Der Merwe, Rudolph, Doucet A, De Freitas, Nando, et al. The unscented particle filter[C]. International Conference on Neural Information Processing Systems. 2000.
[49]王丹力，张洪钺. 惯导系统初始对准的非线性滤波算法[J]. 中国惯性技术学报，1999(3)：18-22，47.
[50]杨莉，汪叔华. 采用 BP 神经网络的惯导初始对准系统[J]. 南京航空航天大学学报，1996(4)：43-47.
[51]Noureldin A, Irvinehalliday D, Tabler H, et al. New technique for reducing the angle random walk at the output of fiber optic gyroscopes during alignment processes of inertial navigation systems[J]. Optical Engineering, 2001, 40(10): 2097-2106.
[52]严恭敏，秦永元，马建萍. 车载导航系统动态高精度初始对准技术[J]. 系统工程与电子技术，2006(9)：1404-1407.

[53]郝雨时，徐爱功，隋心，王长强．噪声协方差自适应控制下的双天线 GNSS/INS 初始对准方法[J]．测绘学报，2018，47(4)：473-479.

[54]钱伟行，刘建业，李荣冰，郑智明．INS/GNSS 组合导航系统空中快速对准方法[J]．航空学报，2009，30(12)：2395-2400.

[55]刘毅，刘志俭．捷联惯性导航系统传递对准技术研究现状及发展趋势[J]．航天控制，2004(5)：50-55.

[56]Groves，Paul D. Optimising the transfer alignment of weapon INS[J]. Journal of Navigation，2003，56(2)：323-335.

[57]Hao Y，Xiong Z，Wang W，et al. Rapid transfer alignment based on unscented Kalman filter[C]. American Control Conference. IEEE，2006.

[58]米刚，田增山，金悦，等．基于 MIMU 和磁力计的姿态更新算法研究[J]．传感技术学报，2015，28(1)：43-48.

[59]张红良，郭鹏宇，李壮．一种视觉辅助的惯性导航系统动基座初始对准方法[J]．中国惯性技术学报，2014，22(4)：469-473.

[60]肖烜，王清哲，付梦印，等．里程计辅助陆用惯导行进间对准方法[J]．中国惯性技术学报，2012，20(2)：140-145.

[61]宫晓琳，房建成．基于预测滤波的捷联惯导任意双位置对准方法[J]．北京航空航天大学学报，2008，34(5)：533-536.

[62]彭卓，郭美凤，张嵘，等．基于北向陀螺零偏自观测的捷联惯性导航系统双位置初始对准方法[J]．清华大学学报：自然科学版，2016(10)：1066-1071.

[63]Tanizaki H，Mariano R S. Nonlinear filters based on taylor series expansions[J]. Communications in Statistics，1996，25(6)：1261.

[64]Julier S，Uhlmann J，Durrant-Whyte H F. A new method for the nonlinear transformation of means and covariances in filters and estimators[J]. IEEE TRANSACTIONS ON AUTOMATIC CONTROL AC，2000，45(3)：477-482.

[65]Zhou Z，Gao Y，Chen J. Unscented Kalman filter for SINS alignment[J]. Journal of Systems Engineering and Electronics，2007，18(2)：327-333.

[66]Dmitriyev S P，Stepanov O A，Shepel S V. Nonlinear filtering methods application in INS alignment[J]. IEEE Transactions on Aerospace and Electronic Systems，1997，33(1)：260-272.

[67]丁杨斌，王新龙，王缜．Unscented 卡尔曼滤波在 SINS 静基座大方位失准角初始对准中的应用研究[J]．宇航学报，2006，27(6)：1201-1204.

[68]Zhang Y，Huang Y，Ning L，et al. SINS initial alignment based on fifth-degree Cubature Kalman Filter[C]. IEEE International Conference on Mechatronics & Automation. 2013，Takamatsu，Japan.

[69]Gustafsson，Fredrik. Particle filter theory and practice with positioning applications[J]. IEEE Aerospace and Electronic Systems Magazine，2010，25(7)：53-82.

[70]Chiang K，Huang Y，Niu X. Rapid and Accurate INS Alignment for Land Applications

[J]. Survey Review, 2010, 42(317): 279-291.
[71]严恭敏, 严卫生, 徐德民. 简化UKF滤波在SINS大失准角初始对准中的应用[J]. 中国惯性技术学报, 2008(3): 253-264.
[72]Siddiqui S M. Integrated navigation and self alignment using Square Root Unscented Kalman filtering [C]. International Bhurban Conference on Applied Sciences & Technology. IEEE, 2013.
[73]谭兴龙, 王坚, 李增科. 基于SVD的改进抗差UKF算法及在组合导航中的应用[J]. 控制与决策, 2014, 29(10): 1744-1750.
[74]Shin E H, El-Sheimy N. An unscented Kalman filter for in-motion alignment of low-cost IMUs[C]. Position Location & Navigation Symposium. IEEE, 2004.
[75]Koo W, Sung S, Lee Y. Development of real-time heading estimation algorithm using magnetometer/IMU[C]. Iccas-sice. IEEE, 2009.
[76]Wu Y, Zou D, Liu P, et al. Dynamic Magnetometer Calibration and Alignment to Inertial Sensors by Kalman Filtering[J]. IEEE Transactions on Control Systems Technology, 2017: 1-8.
[77]郑健. 基于9轴传感器的姿态参考系统研究与实现[D]. 成都: 电子科技大学, 2013.
[78]Havinga M C. Flight test results of a MEMS IMU based transfer alignment algorithm for short range air-to-air missiles[C]. Aiaa Guidance, Navigation, & Control. 2013.
[79]Alonso R, Shuster M D. TWOSTEP: A fast robust algorithm for attitude-independent magnetometer-bias determination[J]. Journal of the Astronautical Sciences, 2002, 50(4): 433-451.
[80]Alonso R, Shuster M D, et al. Complete linear attitude-independent magnetometer calibration[J]. Journal of the Astronautical Sciences, 2002, 50(4): 477-490.
[81]Gebreegziabher D. Calibration of strapdown magnetometers in magnetic field domain[J]. Journal of Aerospace Engineering, 2006, 19(2): 87-102.
[82]Vasconcelos J F, Elkaim G, Silvestre C, et al. A geometric approach to strapdown magnetometer calibration in sensor frame[J]. IFAC Proceedings Volumes, 2008, 41(1): 172-177.
[83]Wu Y, Shi W. On calibration of three-axis magnetometer[J]. IEEE Sensors Journal, 2015, 15(11): 6424-6431.
[84]Haifeng X, Zhiyong C, Haotian Y, et al. Self-alignment MEMS IMU method based on the rotation modulation technique on a swing base[J]. Sensors, 2018, 18(4): 1178.
[85]罗建军. 组合导航原理及应用[M]. 西安: 西北工业大学出版社, 2012.
[86]刘智平, 毕开波. 惯性导航与组合导航基础[M]. 北京: 国防工业出版社, 2013.
[87]Shao Y. Observability and performance analysis of integrated GPS/INS navigation systems [M]. ProQuest, 2006.
[88]丁传炳, 王良明, 常思江. 制导火箭弹GPS/INS全组合导航系统仿真研究[J]. 仪

器仪表学报，2010(5)：1179-1183.
[89] Wendel J, Trommer G F. Tightly coupled GPS/INS integration for missile applications [J]. Aerospace Science and Technology, 2004, 8(7): 627-634.
[90] Yang Y. Tightly coupled MEMS INS/GPS integration with INS aided receiver tracking loops[J]. University of Calgary, 2008.
[91] Hirokawa R, Ebinuma T. A low-cost tightly coupled GPS/INS for small UAVs augmented with multiple GPS antennas[J]. Navigation, 2009, 56(1): 35-44.
[92] Dyrud L, Woessner B, Jovancevic A, et al. Ultra-tightly coupled GPS/INS receiver for TSPI applications[J]. Proc. IEEE/ION GNSS, Fort Worth, TX, USA, 2007: 2563-2572.
[93] Babu R, Wang J. Ultra-tight GPS/INS/PL integration: a system concept and performance analysis[J]. GPS solutions, 2009, 13(1): 75-82.
[94] Lapucha D, Schwarz K P, Cannon M E, et al. The use of INS/GPS in a highway survey system[C]. IEEE Symposium on Position Location and Navigation. A Decade of Excellence in the Navigation Sciences, 1990: 413-420.
[95] Grejner-Brzezinska D, Da R, Toth C. GPS error modeling and OTF ambiguity resolution for high-accuracy GPS/INS integrated system[J]. Journal of Geodesy, 1998, 72(11): 626-638.
[96] Grejner-Brzezinska D A, Yi Y, Toth C K. Bridging GPS gaps in urban canyons: The benefits of ZUPTs[J]. Navigation, 2001, 48(4): 216-226.
[97] GREJNER-BRZEZINSKA D A, Wang J. Gravity modeling for high-accuracy GPS/INS integration[J]. Navigation, 1998, 45(3): 209-220.
[98] Kennedy Y, Hamilton J, Martell H. GPS/INS Integration with the iMAR-FSAS IMU[J]. 2006.
[99] Kennedy S, Cosandier D, Hamilton J. GPS/INS integration in real-time and post-processing with NovAtel's SPAN System[C]. Proceedings of the International Global Navigation Satellite Systems Society Symposium 2007. 2007: 4-6.
[100] 孙红星．差分 GPS/INS 组合定位定姿及其在 MMS 中的应用[D]．武汉：武汉大学，2004.
[101] 孙红星，李德仁．非线性系统中卡尔曼滤波的一种新线性化方法[J]．武汉大学学报(信息科学版)，2004(4)：346-348，358.
[102] 孙红星，袁修孝，付建红．航空遥感中基于高阶 INS 误差模型的 GPS/INS 组合定位定向方法[J]．测绘学报，2010(1)：28-33.
[103] 吴富梅．GNSS/INS 组合导航误差补偿与自适应滤波理论的拓展[D]．郑州：中国人民解放军信息工程大学，2010.
[104] 高为广．自适应融合导航理论与方法及其在 GPS 和 INS 中的应用[D]．郑州：中国人民解放军信息工程大学，2005.
[105] 高为广，杨元喜，崔先强，等．IMU/GPS 组合导航系统自适应 Kalman 滤波算法

[J]. 武汉大学学报(信息科学版), 2006(5): 466-469.

[106]高为广, 杨元喜, 张双成. 基于当前加速度模型的抗差自适应 KALMAN 滤波[J]. 测绘学报, 2006(1): 15-18, 29.

[107]韩松来. GPS 和捷联惯导组合导航新方法及系统误差补偿方案研究[D]. 长沙: 国防科学技术大学, 2010.

[108]Houzeng Han, Jian Wang. Robust GPS/BDS/INS tightly coupled integration with atmospheric constrains for long range kinematic positioning[J]. GPS Solutions, 2017: 1-15.

[109]Li T, Zhang H, Niu X, et al. Tightly-Coupled Integration of Multi-GNSS Single-Frequency RTK and MEMS-IMU for Enhanced Positioning Performance[J]. Sensors, 2017, 17(11): 02462.

[110]Zhang Y, Gao Y. Performance analysis of a tightly coupled Kalman Filter for the integration of un-differenced GPS and inertial data[C]. Proceedings of the 2005 National Technical Meeting of The Institute of Navigation, 2001: 270-275.

[111]Roesler G M H. Tightly coupled processing of precise point positioning (PPP) and INS data[C]. The 22nd International Technical Meeting of the Satellite Division of the Institute of Navigation, ION GNSS 2009, Savannah, GA, 2009.

[112]Rabbou M A, El-Rabbany A. Tightly coupled integration of GPS precise point positioning and MEMS-based inertial systems[J]. GPS Solutions, 2015, 19(4): 601-609.

[113]Li Z, Gao J, Wang J, et al. PPP/INS tightly coupled navigation using adaptive federated filter[J]. GPS Solutions, 2017, 21(1): 137-148.

[114]刘帅. 模糊度固定解 PPP/INS 紧组合理论与方法[J]. 测绘学报, 2017(6): 803-803.

[115]Bruggemann T S, Greer D G, Walker R A. GPS fault detection with IMU and aircraft dynamics[J]. IEEE Transactions on Aerospace and Electronic Systems, 2011, 47(1): 305-316.

[116]Bhatti U I, Ochieng W Y, Feng S. Performance of rate detector algorithms for an integrated GPS/INS system in the presence of slowly growing error[J]. Gps Solutions, 2012, 16(3): 293-301.

[117]Shi J, Miao L, Ni M, et al. Optimal robust fault-detection filter for micro-electro-mechanical system-based inertial navigation system/global positioning system[J]. IET Control Theory & Applications, 2012, 6(2): 254-0.

[118]Zhong L, Liu J, Li R, et al. Approach for detecting soft faults in GPS/INS integrated navigation based on LS-SVM and AIME[J]. Journal of Navigation, 2017, 70(3): 561-579.

[119]颜东, 张洪钺. INS/GPS 组合导航系统故障检测问题研究[J]. 航空学报, 1996, 17(2).

[120] Song H, Zhang H, Chan C. Fuzzy fault tree analysis based on T-S model with application to INS/GPS navigation system[J]. Soft computing, 2009, 13(1): 31-40.

[121] 曹梦龙，崔平远．基于小波故障检测的 INS/GPS 导航系统信息融合技术[J]．宇航学报，2009，30(5)：1885-1890.

[122] Noureldin A, El-Shafie A, Bayoumi M. GPS/INS integration utilizing dynamic neural networks for vehicular navigation[J]. Information Fusion, 2011, 12(1): 48-57.

[123] Sharaf R, Noureldin A, Osman A, et al. Online INS/GPS integration with a radial basis function neural network[J]. IEEE Aerospace & Electronic Systems Magazine, 2005, 20(3): 8-14.

[124] Semeniuk L, Noureldin A. Bridging GPS outages using neural network estimates of INS position and velocity errors[J]. Measurement Science and Technology, 2006, 17(10): 2783-2798.

[125] Abdolkarimi E S, Mosavi M R, Abedi A A, et al. Optimization of the low-cost INS/GPS navigation system using ANFIS for high speed vehicle application[C]. 2015 Signal Processing and Intelligent Systems Conference (SPIS). IEEE, 2015.

[126] Li Z, Wang J, Li B, et al. GPS/INS/Odometer integrated system using fuzzy neural network for land vehicle navigation applications[J]. Journal of Navigation, 2014, 67(6): 967-983.

[127] Yao Y, Xu X, Zhu C, et al. A hybrid fusion algorithm for GPS/INS integration during GPS outages[J]. Measurement, 2017, 103: 42-51.

[128] 高为广，杨元喜．神经网络辅助的 GPS/INS 组合导航故障检测算法[J]．测绘学报，2008(4)：403-409.

[129] 谭兴龙，王坚，韩厚增．支持向量回归辅助的 GPS/INS 组合导航抗差自适应算法[J]．测绘学报，2014，43(6)：590-606.

[130] 高周正．多模 GNSS PPP/INS 组合系统算法与应用研究[D]．武汉：武汉大学，2016.

[131] El-Sheimy N. The development of VISAT-a mobile survey system for GIS applications[D]. Calgary: University of Calgary, 1996.

[132] 李德仁，郭晟，胡庆武．基于 3S 集成技术的 LD2000 系列移动道路测量系统及其应用[J]．测绘学报，2008，37(3)：272-276.

[133] 卢秀山，李清泉，冯文灏，等．车载式城市信息采集与三维建模系统[J]．武汉大学学报(工学版)，2003，36(3)：76-80.

[134] 梁诚．面向 GIS 的车载空间数据采集系统研究[D]．南京：南京师范大学，2008.

[135] Kennedy S, Hamilton J, Martell H. Architecture and system performance of SPAN - NovAtel's GPS/INS solution[C]. Position, Location, & Navigation Symposium, IEEE/ION. IEEE, 2006, 1-9.

[136] XU G. GPS: Theory, algorithms and applications[M]. 2nd ed. Berlin; Springer, 2007.

[137] 李征航，张小红．卫星导航定位新技术及高精度数据处理方法[M]．武汉：武汉

大学出版社，2009.
[138]李金龙，杨元喜，徐君毅，等．基于伪距相位组合实时探测与修复 GNSS 三频非差观测数据周跳[J]．测绘学报，2011(6)：717-722.
[139]Zhang Xg，He X. BDS triple-frequency carrier-phase linear combination models and their characteristics[J]. Science China Earth Sciences，2015，58(6)：896-905.
[140]Yao Y，Gao J，Wang J，et al. Real-time cycle-slip detection and repair for BeiDou triple-frequency undifferenced observations[J]. Survey Review，2016.
[141]张成军，许其凤，李作虎．对伪距/相位组合量探测与修复周跳算法的改进[J]．测绘学报，2009(5)：402-407.
[142]黄令勇，宋力杰，王琰，等．北斗三频无几何相位组合周跳探测与修复[J]．测绘学报，2012(5)：763-768.
[143]李林阳，吕志平，崔阳，等．伪距相位和无几何相位组合探测与修复多频周跳的比较[J]．大地测量与地球动力学，2015，35(3)：396-400.
[144]韩厚增，王坚，李增科．GPS/INS 紧组合的 INS 辅助周跳探测与修复[J]．测绘学报，2015，44(8)：848-857.
[145]Younsil K，Junesol S，Changdon K，et al. GPS cycle slip detection considering satellite geometry，based on TDCP/INS integrated navigation[J]. Sensors，2015，15(10)：25336-25365.
[146]Lipp A，Gu X. Cycle-slip detection and repair in integrated navigation systems[C]. Position Location & Navigation Symposium. IEEE，1994.
[147]Altmayer C. Enhancing the integrity of integrated GPS/INS systems by cycle slip detection and correction[C]. Proceedings of the IEEE Intelligent Vehicles Symposium 2000 (Cat. No. 00TH8511). IEEE，2002.
[148]Lee H，Wang J，Rizos C. Effective cycle slip detection and identification for high precision GPS/INS integrated systems[J]. The Journal of Navigation，2003，56(3)：475-486.
[149]Du S，Gao Y. Inertial aided cycle slip detection and identification for integrated PPP GPS and INS[J]. Sensors，2012，12(11)：14344-14362.
[150]Yang Y，Farrell J A. Fast ambiguity resolution for GPS/IMU attitude determination[C]. Proceedings of the 14th International Technical Meeting of the Satellite Division of The Institute of Navigation (ION GPS 2001)，2001：2990-2997.
[151]Schwarz K，El-Sheimy N，Liu Z. Fixing GPS cycle slips by INS/GPS-methods and experiences[J]. Proc. KIS94，1994：265-275.
[152]Da R，Dedes G，Shubert K. Design and analysis of a high-accuracy airborne GPS/INS system[C]. Proceedings of the 9th International Technical Meeting of the Satellite Division of The Institute of Navigation (ION GPS 1996)，1996：955-964.
[153]Li X. Strapdown INS/DGPS airborne gravimetry tests in the Gulf of Mexico[J]. Journal of Geodesy，2011，85(9)：597-605.

[154] Nassar S, Shin E-H, Niu X, et al. Accurate INS/GPS positioning with different inertial systems using various algorithms for bridging GPS outages[J]. Institute of Navigation GNSS, 2005: 13-16.

[155] Skaloud J. Optimizing georeferencing of airborne survey systems by INS/DGPS[D]. University of Calgary, 1999.

[156] Chen A, Zheng D, Ramanandan A, et al. INS aided GPS integer ambiguity resolution [C]. IEEE International Conference on Control Applications, 2011: 567-572.

[157] Lee H K, Wang J, Rizos C. An integer ambiguity resolution procedure for GPS/pseudolite/INS integration[J]. Journal of Geodesy, 2005, 79(4): 242-255.

[158] Takasu T, Yasuda A. Kalman-Filter-Based Integer Ambiguity Resolution Strategy for Long-Baseline RTK with Ionosphere and Troposphere Estimation[J]. Proceedings of International Technical Meeting of the Satellite Division of the Institute of Navigation, 2010, 7672(6): 161-171.

[159] Teunissen P J G. An optimality property of the integer least-squares estimator[J]. Journal of Geodesy, 1999, 73(11): 587-593.

[160] Wang J, Feng Y. Reliability of partial ambiguity fixing with multiple GNSS constellations[J]. Journal of Geodesy, 2013, 87(1): 1-14.

[161] Henkel P, Günther C. Partial integer decorrelation: optimum trade-off between variance reduction and bias amplification[J]. Journal of Geodesy, 2010, 84(1): 51-63.

[162] Parkins A. Increasing GNSS RTK availability with a new single-epoch batch partial ambiguity resolution algorithm[J]. GPS Solutions, 2011, 15(4): 391-402.

[163] Li J, Yang Y, Xu J, et al. GNSS multi-carrier fast partial ambiguity resolution strategy tested with real BDS/GPS dual- and triple-frequency observations[J]. GPS Solutions, 2015, 19(1): 5-13.

[164] Jekeli C. Inertial navigation systems with geodetic applications[M]. Walter de Gruyter, 2001.

[165] Mathur N G, Grass F V. Feasibility of using a low-cost inertial measurement unit with centimeter-level GPS[A]. In: Proceedings of ION AM 2000[C]. Fairfax VA: U S Institute of Navigation, Inc., 2000: 712-720.

[166] 高钟毓. 惯性导航系统技术[M]. 北京: 清华大学出版社, 2012.

[167] 严恭敏. 惯性仪器测试与数据分析[M]. 北京: 国防工业出版社, 2012.

[168] Zhang Q, Niu X, Chen Q, et al. Using Allan variance to evaluate the relative accuracy on different time scales of GNSS/INS systems [J]. Measurement Science and Technology, 2013, 24(8): 085006.

[169] 格鲁夫, P. D. GNSS与惯性及多传感器组合导航系统原理[M]. 北京: 国防工业出版社, 2011.

[170] Dan S. Optimal State Estimation: Kalman, H, and Nonlinear Approaches[M]. Wiley-Interscience, 2006.

[171] Bar-Itzhack I Y, Berman N. Control theoretic approach to inertial navigation systems [J]. Journal of Guidance, Control, and Dynamics, 1988, 11(3): 237-245.

[172] Jiang Y, Lin Y. Error estimation of INS ground alignment through observability analysis [J]. IEEE Transactions on Aerospace and Electronic Systems, 1992, 28(1): 92-97.

[173] Goshen-Meskin D, Bar-Itzhack I Y. Observability analysis of piece-wise constant systems. II. Application to inertial navigation in-flight alignment (military applications) [J]. IEEE Transactions on Aerospace and Electronic Systems, 1992, 28(4): 1068-1075.

[174] 曹通. 光纤陀螺捷联惯导系统在线对准及标定技术研究[D]. 哈尔滨: 哈尔滨工程大学, 2012.

[175] 金翔, 王大海, 赵小明, 等. 光纤陀螺捷联系统最优多位置对准[J]. 中国惯性技术学报, 2003(2): 11-15.

[176] 严恭敏, 严卫生, 徐德民. 基于欧拉平台误差角的 SINS 非线性误差模型研究[J]. 西北工业大学学报, 2009(4): 511-516.

[177] Kolas S, B. A. Foss, Schei T S. Constrained nonlinear state estimation based on the UKF approach[J]. Computers & Chemical Engineering, 2009, 33(8): 1386-1401.

[178] 李涛. 非线性滤波方法在导航系统中的应用研究[D]. 长沙: 国防科学技术大学, 2003.

[179] Julier S J. Reduced sigma point filters for the propagation of means and covariances through nonlinear transformations[J]. Proceedings of the American Control Conference, 1999.

[180] Julier S J. The scaled unscented transformation[C]. American Control Conference, 2002.

[181] Allaire G, Kaber S M. Numerical linear algebra. New York: Springer, 2008.

[182] Hunger R. Floating point operations in matrix-vector calculus. Technical Report TUM-LNS-TR-05-05. Munich University of Technology, 2005.

[183] 庞鸿锋, 潘孟春, 王伟, 等. 基于高斯牛顿迭代算法的三轴磁强计校正[J]. 仪器仪表学报, 2013, 34(7): 67-72.

[184] 聂琳娟, 邱耀东, 申文斌, 等. IGRF12 和 WMM2015 模型在中国区域的精度评估及其适用性分析[J]. 武汉大学学报(信息科学版), 2017, 42(9): 1229-1235, 1291.

[185] Vasconcelos J F, Elkaim G, Silvestre C, et al. A geometric approach to strapdown magnetometer calibration in sensor frame * [J]. IFAC Proceedings Volumes, 2008, 41(1): 172-177.

[186] 马昌凤. 最优化方法及其 Matlab 程序设计[M]. 北京: 科学出版社, 2010.

[187] Fan J Y. A modified levenberg-marquardt algorithm for singular system of nonlinear equations[J]. Journal of Computational Mathematics, 2003, 21(5): 625-636.

[188] 宋宇, 翁新武, 郭昕刚. 基于四元数 EKF 算法的小型无人机姿态估计[J]. 吉林大

学学报(理学版), 2015, 53(3): 511-518.
[189]杨元喜. 自适应动态导航定位[M]. 北京: 测绘出版社, 2006.
[190]杨元喜, 宋力杰. 双因子方差膨胀抗差估计[J]. 测绘学报, 2001(2): 1-5.
[191]李增科. 多源传感器增强的精密单点定位与惯性测量组合导航系统[D]. 徐州: 中国矿业大学, 2015.
[192]王胜利. 多星座融合 GNSS 定位地面增强关键技术研究[D]. 南京: 东南大学, 2013.
[193]谢钢. GPS 原理与接收机设计[M]. 北京: 电子工业出版社, 2009.
[194]Yao Y, Hu M, Xu X, et al. GLONASS inter-frequency phase bias rate estimation by single-epoch or Kalman filter algorithm[J]. GPS Solutions, 2017, 21: 1871-1882.
[195]段举举, 沈云中. GPS/GLONASS 组合静态相位相对定位算法[J]. 测绘学报, 2012, 41(6): 825-830.
[196]聂文峰. 多系统 GNSS 全球电离层监测及差分码偏差统一处理[D]. 威海: 山东大学, 2019.
[197]李博峰, 沈云中, 徐培亮. 不同 GPS 接收机观测值的随机模型评估[J]. 科学通报, 2008, 53(16): 1967-1972.
[198]戴吾蛟. GPS 精密动态变形监测的数据处理理论与方法研究[D]. 长沙: 中南大学, 2007.
[199]Hou P, Zhang B, Yuan Y. Combined GPS+BDS instantaneous single- and dual-frequency RTK positioning: stochastic modelling and performance assessment[J]. Journal of Spatial Science, 2019: 1-24.
[200]薛志宏. GNSS 动态变形测量关键技术研究[D]. 郑州: 解放军信息工程大学, 2012.
[201]Ge M, Gendt G, Rothacher M, et al. Resolution of GPS carrier-phase ambiguities in precise point positioning (PPP) with daily observations[J]. Journal of Geodesy, 2008, 82: 389-399.
[202]戴吾蛟, 丁晓利, 朱建军. 基于观测值质量指标的 GPS 观测量随机模型分析[J]. 武汉大学学报·信息科学版, 2008, 33(7): 718-722.
[203]戴吾蛟, 丁晓利, 朱建军. 基于载噪比及参数先验信息的抗差模型[J]. 武汉大学学报·信息科学版, 2008, 33(8): 834-837.
[204]Brunner F, Hartinger H, Troyer L. GPS signal diffraction modelling: the stochastic SIGMA-δmodel[J]. Journal of Geodesy, 1999, 73(5): 259-267.
[205]宁一鹏, 王坚, 扈旋旋, 等. 惯性辅助强多径环境中的北斗三频周跳探测与修复[J]. 测绘学报, 2016, 45(S2): 179-187.
[206]韩厚增. 惯导辅助 BDS/GPS 高精度动态定位模型研究[D]. 徐州: 中国矿业大学, 2017.
[207]Chang G. Robust Kalman filtering based on Mahalanobis distance as outlier judging criterion[J]. Journal of Geodesy, 2014, 88(4): 391-401.

[208]Xia Q, Rao M, Ying Y, et al. Adaptive fading Kalman filter with an application[J]. Automatica, 1994, 30(8): 1333-1338.

[209]Mitchell T, Buchanan B, Dejong G, et al. Machine Learning[M]. Machine learning, 2003.

[210]Schwenker F, Kestler H A, Palm G. Three learning phases for radial-basis-function networks[J]. Neural Networks, 2001: 14.

[211]Buhmann, Martin D. Radial Basis Functions: Theory and implementations[C]. Of Cambridge Monographs on Applied & Computational Mathematics, 2003.

[212]王小川. MATLAB神经网络43个案例分析[M]. 北京: 北京航空航天大学出版社, 2013.

[213]Yang Y, Gao W. A new learning statistic for adaptive filter based on predicted residuals [J]. Progress in Natural Science, 2006, 16(8): 833-837.

[214]Dai Z, Knedlik S, Loffeld O. Real-time cycle-slip detection and determination for multiple frequency GNSS[C]. Positioning, Navigation and Communication, 2008. Wpnc 2008. Workshop on. IEEE, 2008: 37-43.

[215]李金龙, 杨元喜, 何海波, 等. 函数极值法求解三频GNSS最优载波相位组合观测量[J]. 测绘学报, 2012, 41(6): 797-803.

[216]姚一飞, 高井祥, 王坚, 等. 北斗三频载波观测值的周跳实时探测与修复[J]. 中国矿业大学学报, 2014, 43(6): 1140-1148.

[217]韩厚增, 王坚, 李增科. GPS/INS紧组合的INS辅助周跳探测与修复[J]. 测绘学报, 2015, 44(8): 848-857.

[218]Chiang K W, Duong T, Liao J K. The performance analysis of a real-time integrated INS/GPS vehicle navigation system with abnormal gps measurement elimination[J]. Sensors, 2013, 13(8): 10599-10622.

[219]Ding W. Optimal integration of GPS with inertial sensors: Modelling and implementation [D]. Sydney: the University of New South Wales, 2008.

[220]Mitchell T, Buchanan B, Dejong G, et al. Machine Learning[M]// Machine learning, 2003.

[221]袁林果, 黄丁发, 丁晓利, 等. GPS载波相位测量中的信号多路径效应影响研究[J]. 测绘学报, 2004, 33(3): 210-215.

[222]程鹏飞, 李玮, 秘金钟. 北斗导航卫星系统测距信号的精度分析[J]. 测绘学报, 2012, 41(5): 690-695, 708.